岩波現代文庫／学術 399

テレビ的教養

一億総博知化への系譜

佐藤卓己

岩波書店

凡例

①　引用文の典拠はなるべく本文中にタイトルを示し、その書誌情報は巻末リストに記載した。数字のみ記載の場合は当該頁を示している。それ以外は（編著者・刊行年・頁数）で文末に表記した。また同一文献の引用が連続する場合は（同：頁数）と表記した。

②　引用頻度の高い雑誌『日本の教育』、『放送教育』、『視聴覚教育』はN、H、Sと略記した。引用文末尾に（雑誌・刊行年(月)・該当頁）を示した。たとえば、（H1953-4：2-3）は、『放送教育』一九五三年四月号二―三頁である。

③　本文中で新聞、雑誌、書籍は『　』、論文、演題は「　」、映画、テレビ番組は《　》で統一した。

④　読み易さを重視して旧字体の漢字は新字体に改めたが、歴史的かな遣いは原文のままとした。明らかな誤字・誤植は訂正した。

⑤　引用文中の省略についてのみ（略）と表記し、「前略」および「後略」は省いた。また、引用文中の改行は原則として省略した。引用文中の強調とルビは特記しない限り、引用者による。引用文中の語句解説は〔　〕内で行った。

⑥ 本文中に引用した人物の肩書きは、原則として引用文発表時のものを優先した。

⑦ 引用中に差別などにかかわる不適切な語句があるが、今日の視点で史料に手を加えることはしなかった。ご理解を賜りたい。

⑧ 二〇〇八年の旧版以降の法律、制度、機構などの変化については、必要最小限の範囲で本文カッコ内に補筆した。それに必要な文献については引用文献リストに追加している。ただし、旧版の典拠はそのままとした。たとえば、(吉見 2003)は今日では吉見俊哉『視覚都市の地政学――まなざしとしての近代』(岩波書店、二〇一六年)に収載されているが、元論文を表記している。

目　次

昭和天皇「こどもさんたちは，みんな喜んで見ていますか.」
川上行蔵教育局長「テレビでいろいろおもしろいものが見られるので，先生が見せないと，こどもたちが催促するほど喜ばれています.」
(出典：『放送教育』1958 年 9 月号巻頭グラビア「国の象徴とマス・コミの象徴」)

図 1　1958 年 7 月 11 日 NHK 放送会館のスタジオ副調室で学校放送撮影を見学中の昭和天皇と香淳皇后

序章　「テレビ的教養」を求めて

記者「いろいろお楽しみもあると思いますが、たとえばどういうふうなテレビ番組をご覧になりますでしょうか。」

昭和天皇「テレビはいろいろ見てはいますが、放送会社の競争がはなはだ激しいので、今、どういう番組を見ているかということには答えられません（場内爆笑）。」

（一九七五年一〇月三一日、日本記者クラブでの会見）

私が生まれた一九六〇年、テレビが家にやってきたらしい。一九五九年「ミッチー・ブーム」を巻き起こした美智子妃と皇太子（現在の天皇）の御成婚が、私の家でもやはり引き金になったようだ。この国民的慶事を昭和天皇もテレビで観ており、その喜びをこう詠んでいる（田所 1999: 242）。

皇太子の契り祝ひて人びとのよろこぶさまをテレビにて見る

一九六〇年当時、テレビの普及率はすでに四四・七%に達しており、「三種の神器《じんぎ》」の他の二つ、洗濯機四〇・六%、冷蔵庫一〇・一%と比べても急速に普及していた(内閣府「消費動向調査」)。昭和三〇年代前半の庶民生活を描いた大ヒット映画《ALWAYS三丁目の夕日》(二〇〇五年)で、白黒テレビが家にやってくる感動のシーンがある。当時のテレビには眩《まぶ》しいような希望があった。

私が二歳の頃、ベストセラーだった岩波新書に松田道雄『私は二歳』(一九六一年)がある。テレビ購入の「是か非か」を解説した章で、「うちの教育コースが無茶苦茶になってしまいますわ」というママに対して、パパはこう説得している。

> ほかの子がみんなテレビみて暮してるのに自分とこの子だけみせんいうてたら、やっぱり子どもの精神の発育がおくれる思うにゃ。世の中がそれだけ開けてきたんや。そこに住んどったら、それにしたがわんならんわ。交通事故があるさかい道路はあかんいうわけにいかんのとおんなじや。テレビがええかわるいかやなしに、テレビをどうしてでもようしていかんならんということや。(松田 1961: 201)

なるほど、こうしたテレビ理解のもとで私たち「テレビっ子」は成長したのだろう。

「ほかの子がみんなテレビみて暮してるのに」という同調圧力が、当時は民主的と考えられた。結論からいえば、この意識が一億総中流意識を実現させたのである。

続けて、松田道雄はテレビの「益と害」も解説している。テレビが日本人の生活を一変させたことがよくわかる。

テレビは家の生活に大きな変化をあたえた。まず第一はパパが早く帰ってくるようになったことである。今まででも、おばあちゃんとママとの間の調節のため、なるべく早く帰るようにしていたのだろうが、このごろは帰ってくる時間も大へん正確になった。（略）ママはテレビの恩恵をこうむること、もっとも大といっていい。テレビをおばあちゃんといっしょにみるようになって、おばあちゃんと共通の話題ができたために、意思疎通とやらが大へんよくなった。おたがいにそんなにちがった人間でないということを相互に理解したのである。いままで夜、私をねかせるためにパパとママとが二階にあがってしまうと、おばあちゃんがぽつんと新聞をみていたのが、このごろは夜おそくまでテレビのまえで、みんなが笑い声をたてている。

（同：202）

テレビは家族のコミュニケーションを破壊するという批判がいまでは圧倒的だが、テレビ登場以前の一般家庭に必ずしも豊かなコミュニケーションが存在していたわけではない。むしろ、テレビが共通の話題を提供して一家の結束を高めたことを、この記述は示している。もちろん、松田も子どもが「宵《よい》っ張り」になる害にも言及しているが、全体としてテレビ絶賛というべきだろう。私も、父親と一緒に《日曜洋画劇場》(日本教育テレビ(現・テレビ朝日)系列・一九六七年―二〇一七年)や《月曜ロードショー》(TBS系列・一九六九年―一九八七年)を深夜まで観て成長した「テレビっ子」の一人である。当時のテレビ体験を回想すると、映画解説者・淀川長治や荻昌弘のソフトな語り口とともに「テレビ的教養」と呼ぶべき何かが存在したように感じる。

しかし、それから半世紀を経た現在、『私は二歳』のようなテレビ礼賛論を目にすることは稀である。当然ながら、私と子どもとのテレビ体験も、私と父とのものとは大きく異なっていた。テレビ視聴のあり方も、家族のあり方も、わずか一世代で急速に変化した。

教育的テレビ観と「教養のテレビ」

もう一つ、忘れられない思い出がある。小学生だった頃のこと、教室でドリフターズの《8時だョ！　全員集合》(TBS系列・一九六九―一九八五年)のギャグに興じていたときである。一人の友人が言った。「うちではNHKしか見せてもらえないんだ」。

五〇年近くも前のことながら、そのセリフはよく覚えている。もっとも、それを口にした友人の表情までは残念ながら思い出すことができない。また、アニメからプロレス、洋画まで自由に観ていた私が、彼を可哀想だと同情したか、お上品ぶるなと反発したか、それも今ではよくわからない。いずれにせよ、私がテレビ文化を考える原点は「NHKしか見せたくない」という、今でも一部で根強い教育的テレビ観である。その当時刊行された文献として、児童文学者・上笙《かみ》一郎『テレビと幼児』(一九六九年)がある。

周知のようにホワイトカラー層は、支配階級そのものではないまでも、絶えず自分を支配階級に近づけたがっている階層だから、思想的にも道徳的にも、そしてその生活態度においても、いわゆる健全で上品であることを理想とします。そうであればあるほど、ホワイトカラー層にとっては、いわゆる教育的で上品なNHKテレビは、その好みにかなうものであり、したがってホワイトカラー層の幼児は、民間の商業テレビよりNHKテレビを多く見るという傾向をもつことになったのです。(略)労働者や農民を中心とするまずしい階層の人びとにあっては、ホワイトカラー層の生活や感覚を基準として決められたNHKテレビの品の良さは、どこかそらぞらしいものとしてしか受け取ることができません。(上 1969: 123)

こうした教育的テレビ受容は、社会学的にいえば文化資本と階級再生産の問題、すなわち教育投資による迂回的な「遺産相続」を意味している。

中間層以上の階層の幼児たちは、豊かで安定した家庭のなかで十分に保護されながら育つため、かつての芸術的児童文学雑誌『赤い鳥』の系譜に属すると言ってよい番組を好み、それより下の階層の幼児たちは、早くから浮世の風にあたるので、大衆的児童雑誌『少年倶楽部』の系統をひく番組を好むようになるのでしょう。(同：131)

この階級論的視点からのテレビ教育論は、その後の一億総中流意識の拡大において、正面から議論されることは少なくなった。むしろ、テレビ番組論の大半は娯楽文化論である。もちろん、選挙報道の影響から戦争プロパガンダまで「テレビと政治」の分析も盛んだし、「子どもとメディア暴力」や「メディア・リテラシー」という教育的テーマには十分な研究蓄積が存在する(小平 2002)。

だが、教養のメディアとしてテレビを組織的に論じた研究は、きわめて少ない(堀川 1960、小平 1997、藤岡 2005)。一般にテレビ史の概説では、一九五三年の本放送開始と「街頭テレビ」、一九五四年から始まる力道山のプロレス中継などから語り起こし、その普及のエポックとして一九五九年の皇太子御成婚や一九六四年の東京オリンピックが繰り返し論じられてきた。また、「街頭テレビ」に続いて、「テレビが家にやって来た」(吉見 2003)は詳述されても、それと並んで「教室にテレビがやって来た」が回顧されることは稀である。現在のテレビ朝日(旧・日本教育テレビ)やテレビ東京(旧・日本科学技術振興財団テレビ事業本部＝東京12チャンネル)がそもそも商業「教育専門局」として設立された経緯を体系的に記述したテレビ史は少ない。

しかし、テレビが日本に登場した一九五〇年代、あるいは高度経済成長期の一九六〇年代、つまり同時代のテレビ論に目を通せば、テレビは教育・教養の問題として盛んに議論されている。その影響は、二〇一〇年に大改正された現行「放送法」の条文を一瞥するだけでも明らかだろう。

　第一〇六条「基幹放送事業者は、テレビジョン放送による国内基幹放送及び内外基幹放送の放送番組の編集に当たつては、特別な事業計画によるものを除くほか、教養番組又は教育番組並びに報道番組及び娯楽番組を設け、放送番組の相互の間の調和を保つようにしなければならない。」

この番組調和原則の条項はＮＨＫと民放の教育専門局が開局した一九五九年三月の改

正で書き込まれたものだが、放送法に「教育」は一二回、「教養」は四回登場する。しかし、「報道」、「娯楽」はそれぞれ四回と三回に過ぎない。本稿で使用する「教育」と「教養」も、基本的には放送法第二条の定義、「「教育番組」とは、学校教育又は社会教育のための放送の放送番組」「「教養番組」とは、教育番組以外の放送番組であつて、国民の一般的教養の向上を直接の目的とするもの」に準じる。

放送法および省令「基幹放送局の開設の根本的基準」の規定により、各局が総務省(二〇〇一年以前は郵政省)に提出を義務付けられている年次報告で、テレビ番組は「教養・教育・娯楽・報道・その他」と「目的」ごとに分類されてきた(図2参照)。一九六六年、日本民間放送連盟放送研究所の「番組分類の方法」レポートで、TBSの横倉巧史郎はこう記述している。

> この目的分類は、番組そのものの諸特性を客観的にとらえたうえでおこなわれる分類ではない、という点に注目する必要があるだろう。(略)それぞれの局の意識した目的でその番組をどれかの項目に割りつけてしまえばよい。「目的」という主観性が問題だから割つけ作業の客観的基準はもともとないし、表現の豊富化複雑化とは無関係にこの分類は永久的でありうる。この持続力・耐久性はしかし、送り出し行為者の主観的目的という人為的指標に依存したために必然的に生ずる現実遊離とい

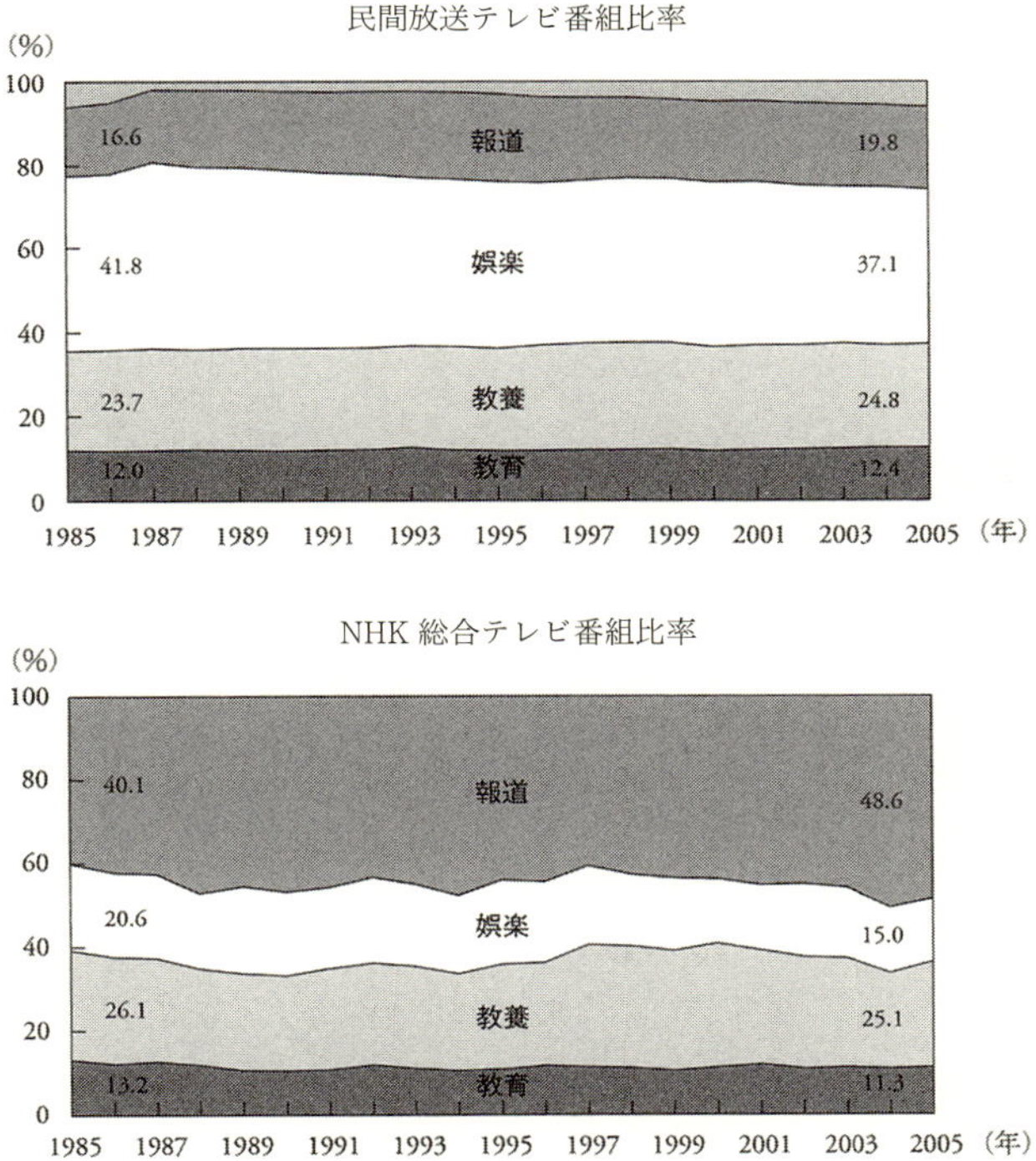

図2 1985年から20年間における民放テレビとNHK総合テレビの年間番組比率 免許条件としてNHK総合局，民放各局など一般局は教育番組10%以上，教養番組20%以上，NHK教育局は教育番組50%以上，教養番組30%以上で常時編成するよう義務付けられている．グラフ内の数値はそれぞれ左側は1985年，右側は2005年のもの．(『日本民間放送年鑑』，『NHK年鑑』より作成)

う高価な代償を伴っていることは忘れてはならないだろう。(日本民間放送連盟放送研究所 1966: 17f・強調は原文)

つまり、各局がそれぞれ自社の主観的な判断で分類した数字が報告されてきたわけであり、しかも、現場での番組分類はかなり杜撰《ずさん》に行われていた。日本民間放送連盟放送研究所副所長としてこのレポートをまとめた金沢覚太郎は『テレビの良心』(一九七〇年)でこう書いている。

あるとき、NHKと民放の番組編成・制作の責任者たちの座談会が開かれた。そこで娯楽〔番組〕と教養番組の限界があいまいになっていることが問題になった。おしまいに、そんなことは一向差支えない、番組の分類などというものは大学の先生に任せておけばいいんで、こちらはせいぜい分けにくいものを作っていこうじゃないかと大笑いで終ったことがあった。放送番組の制作者たちの意気込みはそれでなければなるまい。そうあって欲しい。(金沢 1970: 198f)

NHKサービスセンター副理事長・島浦精二は「座談会　教養番組よもやま」(『放送文化』一九六八年一〇月号)でこう回顧している。

事実、番組を分類するに当って、プロ野球の場合は「娯楽」だが、学生野球は「教養」であるというようなことが言われたことさえあった。（池島ほか 1968 : 39）

「一億総白痴化」と「一億総中流意識」

第二章で詳述するように、一九五〇年代に大宅壮一の「一億総白痴化」という刺激的な言い回しが流行語になったのも、逆にいえば当時の人々が「教養・教育のテレビ」をタテマエでは信じていたからに他ならない。

だが、「教養・教育のテレビ」が議論された時代を多くの人々はすでに忘却している。それでも、都市と地方あるいは学校間の教育格差をテレビは解消するのか、あるいは勤労青年や家庭婦人の教養をテレビは向上させるのか、そうした半世紀前のテレビ議論は今日注目を浴びている「格差社会」問題に直結している。「デジタル・デバイド」が問題となる今こそ、かつて私たちに「教育機会の平等」を幻視させたテレビを振り返る絶好のチャンスなのではあるまいか。「一億総中流化」が一九六〇年池田勇人《はやと》内閣の所得倍増計画発表以後の国民意識であるとすれば、それが一九五七年の流行語「一億総白痴化」を上書きしたイメージであることはまちがいないのである。

「教養・教育のテレビ」の系譜をたどる必要性は、より具体的なレベルでも見出すことができる。たとえば二〇〇七年に問題化した関西テレビ制作の情報番組《発掘！　あるある大事典Ⅱ》の納豆ダイエット虚偽データ事件である。これが問題化した際、二〇〇七年四月二四日付『朝日新聞』の「天声人語」は、ちょうど半世紀前の「一億総白痴化」に言及していた。

テレビの普及台数が約一億と聞き、今さらながら驚いた。低俗番組を批判して「一億総白痴化」と言われた昭和三〇年代初めが約五〇万台だから、ざっと二〇〇倍に増えたことになる。暮らしに寄与してきた半面、悪しき影響への心配はどこも同じとみえ、英語には「愚者のランプ(イディオッツ・ランタン)」と呼ぶ俗語もある。これを「阿呆《あほう》の提灯《ちょうちん》」と訳したのは誰だったか。ともあれ一億台となれば、ほぼ国民ひとりが一つずつ、提灯を提げている計算になる。

このデータ捏造スキャンダルの結果、関西テレビは民間放送連盟を除名され(一年半後に完全復帰)、社長は引責辞職、さらに政府内には番組捏造事件を起こした放送事業者に新たな行政処分を実施できる項目を放送法に盛り込む動きまで生まれた。だが、大学構内で私の耳に聞こえてくる反応は冷めた評言が圧倒的に多かった。

「あんな擬似科学を信じるほうがどうかしている」

「メディア・リテラシーの欠如でしょうね」
「相関関係と因果関係のちがいもわからない人たちが作っている番組ですから」
たしかに、多少なりとも実験や統計、科学的思考の訓練を受けた人間なら、あのような「情報番組」の怪しさは常識なのである。だが、そうした常識が必ずしも世間で一般的でないことがまず問題である。もちろんメディア・リテラシー(批判的視聴力)を学校で教えることも大切だが、それ以上に制作者の自覚が必要である。

ここでは「放送による表現の自由を確保すること」を謳った放送法の精神に立ち戻って、テレビの社会的使命を考えてみたい。《発掘！　あるある大事典Ⅱ》などは一般に情報番組と呼ばれているが、先にふれたように放送法で番組は「教養番組」「教育番組」「娯楽番組」「報道番組」の四つに分類されている。つまり、法律上は「情報番組」というジャンルは存在しない。以前、情報番組がどのジャンルに入るのか各テレビ局に問い合わせてみたが、「教養」「教育」「娯楽」「報道」の複合的番組という回答しか得られなかった。もちろん、二〇一〇年の放送法改正で番組種別の公開が義務付けられたが、今日も配分比率や分類基準までは公開されていない。そもそも二〇一〇年大改正の背景には、テレビ通販番組を「教育」「教養」と分類した放送局への批判があった(村上 2011: 2)。

『日本民間放送年鑑』によれば、二〇〇五年度の民放テレビ局の番組平均では「教育」・「教養」三七・二%が「娯楽」三七・一%より多く、しかもNHK総合の「教育」・「教養」三六・四%を上回っている。この比率は近年もほとんど変化していないのだが、私たちの常識からみて、民放番組で「娯楽」より「教養」・「教育」が多く放送されているという事実を信じることは難しい(図2参照)。占いやスピリチュアルの要素を含む番組なども一〇〇%が「娯楽」には分類されてはいない。

こうした数字合わせが発生するのは、放送局の免許条件としてNHK総合、民放など一般局は「教育」一〇%以上、「教養」二〇%以上で常時編成することが明示されているためである。この基準をクリアするために、勧善懲悪の時代劇に「武道教育」、スポーツ報道に「社会教育」といった要素を読み込む慣行が続いてきた(S1968-4: 69)。だが、実態とかけはなれた教育・教養番組のタテマエが、制作現場にモラル・ハザードを引き起こしていないだろうか。放送法は「報道は事実をまげないですること」と定めているが、それが娯楽番組にも適用されるとは一般に考えられていない。制作現場で情報番組は「娯楽」として制作されているのであろう。それは「教養」への理解が乏しいためともいえる。情報番組は「教養」でもあると、今こそ制作者は認識すべきではあるまいか。

もちろん、本当の「教養番組」が脚光を浴びる機会もないわけではない。たとえば、二〇〇一年一月三〇日に放送されたNHKのETV特集《戦争をどう裁くか》第二回「問われる戦時性暴力」への政治的圧力とテープ改変をめぐる論争は数多くの知識人を巻き込み、朝日新聞社とNHKの二大メディア間の対立にまで発展した。だが、当該番組の視聴率は〇・五％で論争の参加者さえ、リアルタイムで観たものは少なかったようだ。

教育＝教養＋選抜

こうした現状を踏まえて、本書では「教養・教育のメディア」としてテレビ史を再構成しつつ、二一世紀における「テレビ的教養」を公共性論として再定義してみたい。「格差社会」への不安のなかで、政府は「教育再生」を公約に掲げ、さらにNHK改革も政治的争点として浮上している。教育再生と放送改革は一見すると別ものにみえるが、社会の情報化のなかで公共性(圏)、すなわち公的意見public opinionを生み出す社会関係(空間)の構造転換として必然化したものだろう。公共圏への参加者を育てること(公教育)と、その参加者にあまねく情報を伝えること(公共メディア)はその機能上、不可分である。だが学校教育と「テレビ的教養」の関係はほとんど論じられてはいない。

まず、本書のタイトルでもある「テレビ的教養」を定義することが必要だろう。「テレビ的教養観」調査(第三章三節参照)によると、「具体的でわかりやすい教養」ということになる。だが、それだけではわかりにくいので、比較メディア論(**図3**参照)から伝統的な「活字的教養」との対比で仮にモデル化しておこう。

「活字的教養」が内容メッセージを理解するために必要な論弁型シンボルの運用能力

活字メディア	⇔	電子メディア
内容メッセージの伝達 (communication)	中心機能	関係メッセージの表現 (expression)
抽象的情報(文字) 事実の説明	情報 目的	具象的情報(身体表現) 印象の操作
プロパガンダ 読書による理解	説得 形式	アジテーション 発話による共感
公的領域 意識的制御	空間バイアス 機能	私的領域 無意識的表出
論弁型(言語) 段階的習熟	シンボル 理解力	現示型(映像) 即時的把握

図 3　活字メディアと電子メディアの比較メディア論

であるとすれば、「テレビ的教養」は関係メッセージを示す現示型シンボルへの感応力といえるかもしれない。公的領域で重視される「活字的教養」が意識的な読書による段階的習熟を必要とするとすれば、私的領域を覆う「テレビ的教養」は無意識的な視聴によって手軽に体得される可能性をもっている。伝統的な説得コミュニケーション・モデルとの対応関係でいえば、エリートに向けた読書による理解(プロパガンダ)に必要な「活字的教養」に対して、大衆に向けた発話による共感(アジテーション)の受け皿としての「テレビ的教養」といえなくもない。ただし、あらゆる情宣活動においてアジテーションとプロパガンダ、共感と理解が連続的であるように、「テレビ的教養」と「活字的教養」の対極性より、その連続性に目を向けるべきだろう。

たとえば、テレビアニメで《赤毛のアン》(フジテレビ系列・一九七九年)を観た少女が、原作を読むために大学で英文学を志望する可能性はあるはずである。私自身の体験でいえば、中学生時代に『中国古典文学大系』(平凡社)をむさぼり読んだ直接のきっかけは、横山光輝の漫画を原案とする中村敦夫主演の日本テレビ開局二〇周年記念大作《水滸伝》(日本テレビ系列・一九七三—七四年)を観たことである。施耐庵の原作とはかなり異なるストーリーだったが、少年には魅力だった。さっそく、集英社デュエット版『世界文学全集』で抄訳を読み、完訳を求めて吉川幸次郎訳の岩波文庫を購入し、さらに東洋文庫の陳忱『水滸後伝』を書店で取り寄せた。初めての岩波文庫購入であり、教養的図書の発注だった。やがて私が京都大学文学部を志望するようになったのは、その東洋学の薫りに惹かれたためである。第二外国語で中国語を選んだ私の大学生活には紆余曲折があったが、いずれにせよ教養への橋渡しはテレビドラマだった。その意味で、個人的には「テレビ的教養」から「活字的教養」への接続性に違和感はまったくない。

だが、今日なお学校の教室で努力して身につける「活字的教養」が正統とされているため、「テレビ的教養」が世間一般でいわゆる教養として認識されているとはいえない。むしろ、教養と対立するものと考えられることの方が多いだろう。たとえば、『思想』(岩波書店)の特集「マス・メディアとしてのテレビジョン」における清水幾太郎の巻頭論文である。清水は、読書活動の最後に苦労の末に獲得できるイメージ(心象)が、テレビ聴視活動では最初からリアリティとして投げ出されていると指摘する。

そのリアリティから自分を剝ぎ取るのには大変な努力が必要であっても、自分でリアリティを作り且つ支えるという苦労は完全に免かれている。(清水 1958: 6)

この文脈では、テレビのリアリティから距離を取ることが「教養的」ということになるだろう。

いずれにせよ、以下では「テレビ的教養」をまずは「活字的教養」と異なる新しい可能性としてのみ位置づけ、具体的な記述の中でそのイメージを浮かび上がらせることにしたい。多くの教養論が「教養」の解釈をめぐってエネルギーを消耗するばかりで、それが現実の教養向上にはあまり役に立っているとは思えないからである。それは「放送の公共性」という抽象論が、公共的な放送改革に役立っていない現実とよく似ている(武田 2006: 245)。同じ理由から「教養」の定義にもあえて深くは立ち入らない。

ただ、教育番組と教養番組の存在するテレビ放送を考える本書においては便宜上、「教育」と「教養」の操作的な定義だけはしておく必要があるだろう。「教育＝教養＋選抜」、逆にいえば「教養＝教育－選抜」、すなわち教養とは学校教育や社会教育から入試・資格など選抜的要素を除いたものである。今日の中学校の教育では高校入試合格が主目的となっているから、「教育≒選抜」となり「教養」は限りなくゼロに近づいてしまう。逆に、戦前の旧制高等学校などで教養が高く見積もられた理由も、この関係式である程度説明できる。難解な「デカンショ」など哲学書が愛読されたのは、選抜試験なしで帝国大学への進学が保証されていたからである。一九七一年の放送教育研究会全国大会のシンポジウムで京大東洋史の碩学・貝塚茂樹はこう述べている。

戦前の旧制大学は、国家に枢要な知識を修めるということで、専門家養成のためのものでありましたから、思想性とか政治性とか人間教育といったことはまったくネグレクトされているはずであったんですが、しかし実際には、高校から大学へはほとんどフリーパスの状態だったものですから、旧制高校の三年間は非常に自由な生活をして、かってに遊んだり本を読んだりしていた。その間に、高度な教養というか、人間教育ができたわけです。(H1972–1: 32)

つまり、教養主義の培養基は旧制高等学校であった(竹内 2003: 47ff)。戦前でも高等学校入試を控えた旧制中学校では教養主義は花開かなかったし、高等文官試験や入社試験を控えた帝国大学でも同様だった。三木清は大衆雑誌『キング』程度のものしか読まない帝大生を『文藝春秋』一九三七年五月号でこう批判している。

「キング学生」は必ずしも学校の成績が悪くはないかも知れない。現在の学生はむしろ学校の成績に対して甚だ神経質になつてゐる。「高文学生」といはれる種類の学生、即ち高等文官試験にパスすることを唯一の目的として勉強する種類の学生の数は殖えてゐるであらう。（三木 1967：371）

戦後の大学も、一九五〇年代までは戦前の旧制高校のような状況が続いていた。大学入試で実質的な選抜が終わっており、入社は学校歴で決まったため、大学キャンパスには教養主義はなお存在していた。しかし、大学入試が選抜として十分機能しなくなると、次の入社試験が重要な「選抜」（＝教育－教養）となり、大学における教養主義は必然的に衰退していく。

そのため、本書ではテレビ論における学校教育と選抜入試を検討することで、「テレビ的教養」を浮かび上がらせる迂回的アプローチ（教育－選抜＝教養）を採用する。また主な資料としては、日本放送教育協会の月刊機関誌『放送教育』と、日本最大の教職員組合である日教組が毎年開催する教育研究全国集会（以下、教研集会と略記）の報告書『日本の教育』を利用した。ＮＨＫが編集協力として全面的にサポートした『放送教育』は、テレビ実験放送開始前の一九四九年四月創刊号から二〇〇〇年一〇月休刊号まで半世紀以上にわたり教育テレビの動向を伝える貴重な資料である。また、テレビ放送開始の一九五三年に創刊され今日まで継続刊行されている『日本の教育』は、教育現場におけるテレビ受容＝批判の変遷を定点観測できる数少ない資料である。各章の概略は次のようになるだろう。

第一章「国民教化メディアの一九二五年体制」では、日本におけるテレビ放送の前史(一九五三年まで)を扱う。一九三六年ベルリン・オリンピックでテレビ中継が行われているように、その技術は戦前から実用化段階にあった。テレビに先行するマスメディアであるラジオ放送において「教育」「教養」がどのように扱われ、次世代「視聴覚メディア」であるテレビに何が期待されていたかを検討する。さらに、戦前における学校放送が総力戦体制の「一億総動員」にどのように組み込まれたか。そして学校放送が戦争、民主主義に続く占領民主主義を経て「一億総中流化」を推進した経緯を、放送教育運動の連続性から明らかにする。それは、戦時下で放送教育にたずさわった研究者、理論家が、GHQ占領下で民主教育の指導者になるプロセスと重なる。

第二章「テレビの戦後民主主義」は、テレビ放送開始期の理想と現実を放送教育の視点から再検討する。一九五三年の二月一日に日本放送協会(NHK)、同年八月二八日に正力松太郎の日本テレビ放送網(NTV)が本放送を始めた。いずれのテレビ放送も階級、性別、地域の格差を超えた国民文化形成の理念を強調していた。そうした中で、一九五七年に大宅壮一が行った「一億総白痴化」批判はむしろ「一億総博知化」の国策に取り込まれ、日本独自の教育テレビ体制を一九五九年に誕生させる呼び水となった。

第三章「一億総中流意識の製造機」では、テレビ文化の黄金時代を検討する。同時に一九六〇年代から七〇年代前半はテレビの子どもに対する悪影響が最も喧伝された時期でもあり、教育界ではテレビをめぐり激しいイデオロギー闘争が展開されていた。放送教育運動も最盛期を迎え、テレビを使った通信教育も盛んになった。特に、テレビは主婦層の意識に大きな変化をもたらし、男性的な教養主義から女性主導の教養趣味へと文化シーンは一変した。

第四章「テレビ教育国家の黄昏」は、一九八〇年代に情報化の進展により「放送の公共性」概念が解体されていくプロセスを考察する。VTR（ビデオ録画機）やファミコン（テレビゲーム機）などの普及により、テレビ受信機は公的情報のメディアから私的趣味のメディアに変わった。それは、新自由主義路線の規制緩和と連動しており、学校での画一的な放送教育は急速に勢いを失っていった。それにかわって、「生涯学習社会」のテレビ的教養が模索されはじめる。

終章「「テレビ的教養」の可能性」では、「最後の国民統合メディア」を文化的細分化の視点で再検討する。放送と通信の融合が進むなかで、テレビは「情報弱者」のメディアとなった。一九九〇年代以降、メディア・リテラシー教育が注目されてきた背景には、情報格差の拡大が存在している。教養のセイフティ・ネットとして、テレビ的教養は再発見されるべきだろう。

格差社会や教育再生が叫ばれる今、かつて「一億総中流」社会を幻視させたテレビを振り返ることは無駄なことではない。二一世紀の新たな公共圏への入場券は、やはりまずは「テレビ的教養」なのではないだろうか。やがて、テレビがインターネットに完全に飲み込まれる日が来るとしても。

第一章　国民教化メディアの一九二五年体制

「現代及び将来における国家生活と社会生活を支配する一大新勢力の勃興、それが即ちラヂオである。これを成功させ、発達させると否とは一無線電話の消長のみでなく、実に国家禍福の分れるところである。」

（後藤新平「一九二五年三月二二日東京放送局開局挨拶」）

1　放送メディアの連続性

「日本の現代」を映すテレビ

「遠方」を表す接頭語 tele と「見る」vision の新造語「テレビジョン」television は、『オックスフォード英語辞典』ＯＥＤによれば、一九〇九年に技術用語として登場している（英米では一般に「ＴＶ」と略称され、「テレビ」という短縮表記は日本特有だが、その日本的性格を問題とする本書ではあえて和製略語を使用することにする)。ドイツ語 Fernsehen の登場も英語とほぼ同時であり、一九一〇年代から各国で発明競争が始まっている。とすれば、テレビも一世紀以上の歴史をもつメディアである。それゆえ、「テレビ放送」だけを個別に論じるメディア史の困難さは、その歴史の短さに由来するものではない。グーテンベルクから五〇〇年以上の伝統がある出版史は別としても、テレビに先行する他のマスメディアの歴史、映画史やラジオ史の長さと比べて遜色があるわけではない。

むしろ、その歴史叙述の難しさは、今なおテレビが日常生活の機軸メディアであるからに他ならない。新聞雑誌や映画やラジオがテレビの登場によって娯楽的にも政治的にもオールド・メディアになったのに対して、「テレビ政治」telepolitics はますます盛んであり、その影響力は衰えをみせない。またグローバル化の中で注目を浴びている「クール・ジャパン」戦略のアニメやJポップも、本質的にはテレビが育んだ文化である。テレビ文化そのものは、まだその黄昏《たそがれ》をむかえていない。

しかし、後述するように一九八〇年代以降の急速なニュー・メディア台頭、あるいは「通信と放送の融合」の中で、すでに四半世紀前から「ポスト・テレビ時代」は語り始められていた。だが、それは同時に衛星放送、CATV(ケーブルテレビ)、ハイビジョン化、デジタル化といった「テレビの進化」と同時進行しており、テレビはいまだオールド・メディアではない。それにもかかわらず、同時代を映すテレビへの知的関心は薄らいできているように思える。文書史料主義の歴史研究者にとってテレビへのアプローチが難しいのは当然だが、最先端志向の強いメディア研究者はケータイやインターネットなどにその関心を集中してきた。つまり、極端に短い黄金時代(一九六〇年代から一九七〇年代前半)の後、テレビ研究は新旧メディアの狭間《はざま》に埋もれてしまった感がある。そのため、過去でも未来でもないテレビは、歴史化を拒絶する「永遠の今」を生き続けている。

とはいえ、テレビ史の先行研究は少なくない。だが、その多くはハードウェアの技術史とソフトウェアの番組史である。

「イ」の字が映った！　という発明論(一九二六年浜松高等工業学校(現・静岡大学工学部)における高柳健次郎のテレビ実験成功)か、街頭テレビと力道山という大衆娯楽論(一九五三年民間テレビ放送開始)から始まる叙述が定番である。たしかに、テレビは高度な電子テクノロジーであり、大衆社会の娯楽文化なのだが、そこから抜け落ちる重要な領域がある。本書が論じる「教養メディア」としてのテレビである。

テレビ文化の日本的性格を求めるならば、世界にも珍しい「教育テレビ体制」の特異な発展にこそ、目をむけるべきだろう。テレビ本放送開始から四年後、NHK教育テレビと日本教育テレビ(NET(現・テレビ朝日))の新設が決まった一九五七年、文部省社会教育局視聴覚教育課はこう宣言している。

教育テレビ局のあるのは米国、ブラジルと日本だけである。その規模や機能の点から日本は世界一となるであろう。(H1957–10: 37)

だとすれば、日本のテレビ史は、より教育的に書かれてしかるべきなのではあるまいか。

視聴覚教育か、聴視覚教育か

一方、教育学の領域ではテレビは「視聴覚教育メディア」の系譜に位置づけられてきた。J・A・コメニウス『世界図絵』(一六五八年)から説き起こし、掛け図や写真、映画、ラジオを経てテレビに至り、VTR、パソコン、インターネットと続く教具メディア史が一般的である。その意味では、教育テレビの前史として教育ラジオを扱う本書の視点とは別に、教育映画から論じる立場が存在することは十分承知している。実際、文部省社会教育局に視聴覚教育課がつくられたのは一九五二年だが、直接の設置目的は米軍貸与のナトコ映写機を使用した映画の教材利用にあった(H1963–5: 24)。当時は、映画教育(視覚教育)のために置かれた同課が、逓信省(一九四九年に郵政省と電気通信省に分割)と共管するラジオ教育(聴覚教育)も担当していた。audio-visual education を直訳すれば「聴視覚教育」となるはずだが「視聴覚教育」と呼ばれた理由も、ラジオ教育に対する映画教育の先行優位を前提としている。もちろん、戦前から映画教育と放送教育の双方に着目した研究者も存在していた(関野 1956: 25)。その一人、お茶の水女子大学教授・波多野完治は「視聴覚教育雑感」でこう書いている。

> 戦前は放送は放送、映画は映画と二派にわかれ、おたがいに連絡がなく、いや、ときには反目しあっており、この二つがむすびついたのは戦後、視聴覚教育の輸入とともにだ、という仮説を立てていたのである。(波多野 1955: 17)

波多野は「仮説」の見直しを提案しているのだが、それは困難だった。テレビ登場後も二つの運動では、「平行的という如き外々《よそよそ》しさのみではなく時には対立さえ」みられた(S1953-9: 8)。テレビ放送開始一年後、日本映画教育協会の機関誌『視聴覚教育』一九五四年七月号の巻頭言「組織合併論ちらほら」は、放送教育と映画教育の教員団体を合併するよう働きかける文部省―教育委員会からの圧力に強く反発している。

> 現場の教師たちは、視覚と聴覚と二つの方法を使い分けて利用しているし、この二つの方法は全然別のもので何の共通点もないから、それぞれの専門的分野で研究し

て行くよりほかはない。だから二つの組織が合併してみたところで一人二役は永久に解消されないし、合併した組織の中にもこの二つの専門分野が合併以前のままのかたちで必要になつて来る。(S1954-7: 11)

明治期に「見世物」として持ち込まれた映画は、悪場所の大衆的娯楽から出発した。しかし、ラジオは富裕な小市民層から普及したため、最初からブルジョア的教養主義の色合いを帯びていた。戦前からプロレタリア映画運動(プロキノ)の伝統がある映画教育と、国家管理のもとで発展した学校放送では参加した教育者の思想傾向もかなり異なった。一九五〇年代の日本映画教育協会と日本放送教育協会の機関誌、『視聴覚教育』と『放送教育』の誌面を一瞥すればよいだろう。『視聴覚教育』にある「ソ同盟のラジオとテレビ」(一九五二年九月号)や日教組中央委員情宣部長・長田忠男「平和教育と視聴覚教材」(一九五三年一〇月号)など共産圏賛美や反戦平和運動の記事は、『放送教育』にはまったく存在しない。また、視聴覚教育で使われるテレビ「放映」という言葉も、NHKでは使わないことが放送用語委員会で決められていた(H1989-5: 14)。

決定的な違いは、映画教育運動の側で特徴的な「映画 vs. マスコミ」の発想である。ラジオやテレビがマスメディアであることは自明だが、学校放送と比べて教育映画は講堂なり教室なり空間を限定した小集団向けメディアだと考えられた。

とはいえ、テレビはその公開時から「家庭映画館」、あるいは「映画の大量伝達機関」として喧伝された。実際、初期民放テレビ放送はニュース映像から連続ドラマまで主要なコンテンツ制作において映画産業に依存していた。しかし結果的には、テレビ普及が映画興行にも映画教育にもダメージを与えたことは否定できない。それゆえ、テレビ教育の前史を映画教育に求めることはできない。以下ではラジオ―テレビという「放送」教育運動の連続性に着目する。

アマチュア無線のナショナリズム

最初期の大衆向け「無線遠視《テレビジョン》」解説記事に、逓信省電気試験所技師・槇尾年正「驚くべき無線遠視の発明」(『キング』一九二七年一〇月号)がある。

> 後世にもし人類文化史を論ずる者ありとすれば、大正末葉に布汎したラヂオに就《つい》て先づ力強く筆を染めつゞいて昭和の年代に亙《わた》つて発達完成された所のテレビジョンに就ても亦其の鋭筆を捧げる事と思ひます。テレビジョンは実に大正末期から昭和に亙って所産した文明利器の最も光輝あるものゝ一つであります。(槇尾 1927:202f)

槙尾はイギリスのジョン・ベアードによる一九二五年の公開実験や、アメリカのベル・テレフォン研究所の機械式テレビ装置を写真入りで詳しく紹介している。ベアードの公開実験の翌年一九二六年一二月二五日、大正天皇崩御の日、「日本テレビの父」高柳健次郎のテレビ実験は浜松高等工業学校で行われた。世界初のブラウン管式テレビに「イ」の字が映った瞬間である。

社団法人東京放送局JOAKが東京・芝浦の東京高等工芸学校(現・千葉大学工学部)の図書室の一角に設けた仮設スタジオからラジオ実験放送を開始したのは、その前年一九二五年三月二二日(現在は放送記念日)午前九時三〇分のことである。

私たちは「ラジオからテレビへ」という放送史をしばしば「戦前から戦後へ」の時系列に重ねているが、技術史上の位置で両者は極端に近接している。NHKなどが編集する放送史(正確には「放送局史」)で強調される高柳のテレビ実験とは別に、一九二五年のラジオ放送開始に先立って民間のテレビ公開実験が繰り返されていた。飯田豊は「「放送」以前におけるテレビジョン技術社会史の射程」(二〇〇五年)において、こうした民間のアマチュア文化が「技術報国」に編成されてゆくプロセスを丹念に考察している。

それにしても、アマチュア無線家たちがイデオロギーにおいて「放送局史」のナショナリズムを超えた存在だったかどうかは別問題である。早稲田実業学校の教師であり衆立無線研究所を主宰した「無線電話の伝道師」苫米地貢が『教育』「放送教育特集号」

（一九三六年）に寄せた論文を見てみよう。苫米地は東京放送局に先立つこと三年前、一九二二年にラジオ実験放送を開始し、一九二九年には『趣味のテレビジョン』を出版していた。自らの実験を日本放送史の起点と考えていた。

一般の人が、ラヂオが日本に行はれたのは、ＪＯＡＫが開始せられた、大正十四年三月廿二日に思つて居るが、此は料金を徴集して、政府の許認可事業としての放送のことであつて、実際の放送実験は、大正十一年に著者の実験室から行はれ、これを受信する人々は、陸海軍人の無線電信に関係ある諸君と民間に於ける五、六のアマチュア研究家のみであつたが、兎も角、電波は日本の空を飛交はして居つたことは事実である。（苫米地 1936: 122f）

このアマチュア実験放送が「陸海軍人」に支えられていた事実は重要だ。「アマチュア」という言葉で「インターナショナル」を連想するのが誤りなのは、アマチュア・スポーツであるオリンピック大会の国威発揚を見れば明らかだろう。国家を超えるアマチュアが文字通り「超国家主義者」である場合も少なくなかった。そうしたウルトラ・ナショナリストは階級なき平等な国民国家を夢想しがちである。苫米地はラジオの大衆的魅力として時間と空間を超えるメディア特性をあげ、それが一君万民、八紘一宇を体現すると考えていた。

階級性を打破して、受信設備を有するものは、王侯貴族も漁夫農夫も受信内容は対等であり得る点も挙げねばならぬ。（略）江木〔理一〕アナウンサーの毎朝の体操の号令は、日本中はおろか、満州、支那に在留する邦人も皆々聞いて居ります。否、体操を実施して居ります。即ち、九千万の同胞は、江木君のアナウンスに依つて、全く同じ時に同じ働作をして居るのであります。併《しか》も、其時に、雲上遥かなる尊き御方々にあらせられても、諸君と全く同じ号令と音楽を受信して、体操を遊ばせられ居るを思ふ時、洵《まこと》に感激これに過ぐるもののその比がありません。（同：121f）

苫米地は皇太子殿下〔現在の天皇〕が「毎朝ラヂオ体操を御励げみ被遊《あそばされ》る」と書いている。その虚実はともかく、ラジオ体操の規律化、同調化の機能が国防教育に応用されないはずはなかった。ラジオ体操は一九二八年一一月昭和天皇即位の大礼を記念するイベントとして開始されたが、満州事変勃発の一九三一年に組織された「ラジオ体操の会」によって急速に普及した。厚生省が設置された一九三八年にはラジオ体操は国民精神総動員運動の実践の一環として位置づけられ、一九三九年には約三万会場でのべ参加人員二億一千万人に達していた。

ラジオ体操が今日も続いているように、その近代的規律訓練も戦前・戦中・戦後を通じて連続している。一九五七年文部省視聴覚教育課の鹿海信也は、テレビが生み出す「大きな姿なき教室」をこう語っている。

時間的に規則正しい生活を子どもたちに涵養《かんよう》するには、子どもがどのような場所にいても、またどのような生活をしていても、時間的なよりどころを得るような生活態度を涵養したい。そういう意味で、電波によって、どのようなところへも届けられる放送の価値がクローズアップされてくる。子どもたちを一カ所に集める必要がない。(略)すなわち、町も、山も、海べもすべてを含んで大きな姿なき教室が形成され、電波によってつながれた規則ある生活の展開が可能になる。(H1957-8: 67)

ラジオ放送の登場以来、子どもたちは「大きな姿なき教室」のなかで「規則ある生活」を過ごしてきたのである。

教化宣伝のラジオ放送

電波による教育という発想は、ラジオ放送の開始時から存在していた。一九二五年三月二二日の東京放送局開局で挨拶した後藤新平総裁の演説が象徴的である。日本放送史で必ず引用されるが、後藤は特に「社会教育」的な意義を強調していた。後藤によれば、ラジオ放送の使命とは「文化の機会均等」「家庭生活の革新」「教育の社会化」「経済機能の敏活化」の四つである。「経済機能の敏活化」を除けば、すべて教育・教養に関する内容であり、ラジオによる国民教化の宣言と呼ぶことさえできるだろう。

また、前年まで内務大臣だった後藤のラジオ演説は、その一週間後に成立した普通選挙法との関係でも注目すべきだろう。後藤が大衆の政治参加、その公共性の前提として、無線電話(ラジオ放送)による国民大衆の政治的成熟に期待していたことも明らかだろう。この歴史的な演説は、次のように結ばれている。

わが無線事業をして広く世界の模範たらしめよ。この事業をして盛大に且つ善美ならしめ、もつて国家社会の福祉を大いに促進することを期待してやまない。(河澄 1951: 136)

一九二五年度における東京放送局の一日平均放送時間(五時間一八分)の内訳は、《講演講座》一時間一七分(二四・八%)、《子供の時間》一七分(五・三%)に対して、「報道」一時間二三分(二五・四%)、「音楽」一時間一五分(二三・八%)、「演芸」五九分(一八・五%)、「雑」七分(二・二%)であった。《講演講座》と《子供の時間》という教養・教育番組が、「報道」

や「音楽」を上回っていたのである。ちなみに「教養」という言葉がラジオ番組で最初に使われたのは、一九二六年一一月一九日放送の《婦人講座》、吉岡弥生による「子女の教養に対する母の心得」である(日本放送協会 1965: 86)。

関東大震災から二年足らず、わずか受信契約数三五〇〇から出発したラジオ放送は娯楽的要素が乏しいにもかかわらず、急速に普及していった。一九三一年には教育・教養番組を専門とする第二放送が始まり、翌一九三二年二月ラジオ受信契約数は一〇〇万を突破した。満州事変勃発から四カ月後のことである。とはいえ、当時の受信契約数一〇〇万の内訳は、市部住民六〇万に対し、郡部住民は四〇万で、職業的には商業従事者四二%、公務員・自由業者三七%で、当時の就業人口の過半数を占めた農業従事者は四%に過ぎない(日本放送協会 2001: 80)。

もちろん、「国民教化ラジオ」という発想は、後藤の創意でも日本独特でもない。特に第一次大戦後、娯楽本位のハリウッド資本に自国の映画産業を牛耳られたイギリスでは、同じことがラジオ放送で繰り返されることが懸念されていた。そのため、一九二二年に設立(一九二七年に公社化)されたBBCでは最初から教養主義的な番組編成が行われていた。また、後藤の演説における「機会均等」や「社会化」の主張には、ソビエト成立後に流入した社会主義思想の影響さえ読み取れるだろう。レーニンが労働者大衆運動の未熟なロシアで社会主義実現のために期待したニュー・メディアもラジオ放送だった。

一九二二年五月一九日付スターリン宛文書が残されている。

無線電話連絡によって生きた人間の言葉を可能なかぎり遠距離につたえることが、われわれの技術でまったく実現可能である。(略)われわれのゆるしている、社会科学のブルジョア教授の大部分が、まったく不適格であり、有害でさえある現在、われわれとしては、社会科学について講義をする能力をもったわが国の少数の共産主義的教授たちに、連邦のすみずみまで、何百という地方に向けてこれらの講義をおこなわせるようにするほかには、活路はない。(レーニン 1959: 373f)

ちなみに、後藤新平は一九二七年暮れに日露協会会長として訪ソしており、スターリンとも直接会談している。もちろん、戦前の日本ではプロレタリア文化運動におけるラジオへの関心は映画と比較しても限られていた。だが、放送が文化の階級性に与える衝撃力に期待を寄せるマルクス主義者は少なくなかった。平林初之輔は『新青年』一九三一年三月号に「テレヴイジヨン大学」を書いている。大学の講義がテレビ放送されるようになれば学歴は無意味となり、「知識が一部の階級の独占物にならないで、それを欲する凡ての人々のものになる」と予測している(平林 1975: 852)。

だが、平林の「テレヴイジヨン大学」から半世紀後、テレビ講義は実現したが学歴はいまだ無意味になっていない。一九八五年の名古屋大学テレビ公開講座の担当者・織田守矢は、テレビ講義に学内でなお反対意見があったことを記録している。

外国の学説を安易に紹介している輸入業の先生とか、誰にでもわかることをわざと難しく論じているペダンチック先生とか、昔の仕事に安住する権威だけの先生にとっては、容易に見破られる機会の増大は脅威と言うことになるであろう。(織田 1989: 49)

この発言はメディアが人間を変えるよりも、人間によってメディアが編成されることを改めて教えてくれるだろう。日本のテレビを教育的に編成しようとした人間を一人あげるとすれば、それは「放送教育の父」西本三十二《みとじ》である。

2　学校放送と戦時教育の革新

「放送教育の父」西本三十二

一九三三年九月から大阪中央放送局は全国放送に先駆けて「学校向けラジオ放送」を開始している。それを担当した社会教育課長が、西本三十二である。その自伝『放送五〇年外史』(一九七六年)奥付には、一九七六年当時の西本の肩書きとして日本放送教育協会会長、日本放送教育学会会長、日本通信教育学会名誉会長、日本視聴覚教育学会顧問などが列挙されている。生い立ちについての記述は自伝にないが、次のインタビューが残されている。なぜ、西本が教育の機会均等に終生こだわり続けたかがわかる語りである。

僕の出身地は大阪の河内。当時、大阪には中学は私立を除くとわずか三校しかなかった。三校のうち一校は河内にあったのだが、農村地帯のその中学、実はそれが僕の母校で、教育施設のそまつな三流校でした。僕はそのことをよく知っていたから、中央の一流校にかよいたかった。でも当時は市電が通っていないため、歩いて四、五時間はかかるし、さりとて下宿するだけの余力がなかったので、地元の中学であきらめました。それが結果的には災いし、成績はよくても天王寺師範の第二部に進学する以外になく、このときほど正直にいって骨身にこたえたことはありません。余力さえあれば、余力さえあったならば——とね。(塩沢 1967: 240)

西本は戦後の教育テレビ局設立からティーチング・マシン導入や放送大学開設に至るまで、放送教育の発展を一身に体現した人物である。つまり、日本の放送教育発展史とは狭義には西本三十二の歩みである。一九五七年に民俗学者・柳田國男や連続ラジオ劇《新諸国物語》(一九五二—六〇年)の放送作家、北村寿夫などとともに「第八回放送文化賞」を受賞した際(**図4**)、自ら発行人たる『放送教育』に掲載した経歴は以下の通りである。

大正十四年コロムビア大学、教育学部大学院卒業。奈良女子高等師範学校教授を経て、昭和八年九月大阪中央放送局社会教育課長となり、学校放送を創始、昭和十年四月学校放送が全国的に展開されたについては毎月大阪から上京して学校放送番組編成会議に出席した。昭和十三年三月東京に転任NHK編成部長、昭和十六年二月教養部長となり、国民学校令施行規則の中に「文部大臣ノ指定スル種目ノ放送ハ、コレヲ授業ノ中ニ採リ入レルコトヲ得」と条項を入れることに力をつくした。昭和十七年七月から三カ月、朝鮮、満

図4　「第8回放送文化賞」受賞の西本三十二(左，右は柳田國男)　同賞金を基金として西本は「放送教育賞」を創設した．(出典:『放送文化』1957年5月号グラビア)

州、北支、中支に於ける学校放送実施に関する懇談会と放送教育講演会に出席のため、大陸に出張、昭和十八年五月NHK理事となり札幌中央放送局長に選任された。戦後NHKを退き、昭和二十三年十二月日本放送教育協会を創設し、専務理事となる。昭和二十四年四月月刊「放送教育」を創刊、同年八月高野山において全国放送教育研究大会を開く。これがその後毎年開かれる放送教育研究会全国大会の先駆をなすものである。(H1957-4: 13)

「戦後NHKを退き」とあるのは、もちろん公職追放を意味する。だが、その前文に「朝鮮、満州、北支、中支に於ける学校放送実施」計画への関与が明記されているように、西本自身は戦時下の活動歴を隠す必要性を感じていなかった。講和条約成立後、一九五三年に国際基督教大学教授となり視聴覚教育センターを設立している。

戦前から戦後を貫く放送教育運動の連続性は、「放送教育の鬼」とも呼ばれた指導者の活動から明らかだろう。まずは、戦前の学校放送について概観しておこう。

そもそも何ゆえ、大阪で学校向けラジオ放送は始まったのだろうか。一九三一年四月から東京放送局は教養番組や語学教育番組を中心とするラジオ第二放送をスタートしたが、大阪局、名古屋局は資金繰りから開始が二年間遅れることになった。東京への対抗心を燃やして教育番組の強化をめざす大阪局は、一九三二年八月には《家庭教育講座(両親再教育講座)》三〇回を企画し、西本は嘱託として「特殊児童の教育」などラジオ講義を担当した。その好評もあり、翌年開局する大阪局第二放送担当の社会教育課長として西本に白羽の矢が立てられた。

一九二五年のラジオ放送開始から一九三三年九月に大阪中央放送局が圏内の学校放送を開始するまで、八年間を要していた。その最大の理由は、学校と放送をそれぞれ所管する文部省と逓信省の調整が困難を極めたからである。文部省が「教育」を専掌しているため、逓信省は放送に「教養」のみを求めた。西本は当時の文部省と逓信省の縄張り争いを次のように説明している。

> 放送局創立以来、東京でも大阪でもその職制に社会教育課、教養課、教養部という名称をつけ、「教育」と呼ぶことをできるだけ避けてきたのは、ここに起因するといってよい。(略)学校放送という国民教育の根底につながる重要なもの(文部省の立場)、危険なもの、面倒なもの(逓信省の立場)には、一切触れないこと、手を出さないことという方向に傾斜していったことである。学校放送を語ることは、逓信省にとっても、文部省にとっても、そして放送局にとってもタブーであった。(西本 1976: 122f)

大阪局はそうした省益が錯綜した政治的中心から離れていたため、逆に地の利があったといえるだろう。こうした緊張関係は戦後も教育テレビ開局や放送大学新設をめぐって郵政省と文部省の間で繰り返された構図である。検閲制度が存在した戦前においては、さらに「危険なもの、面倒なもの」だっただろう。もしラジオ放送に文部省の主張を入れるならば、それは電波行政の一元化原則を破ることになり、報道番組や時局関連の講演に内務省が検閲の権利を主張することは明らかだった。放送局にとっても、複数省庁が番組内容に介入する状況は悪夢だったはずである。

西本が編成した大阪局圏内の学校向け教育放送は、そのため「学校放送」という種目では許可されず、まず「学校へのラジオ体操」という名称でようやく認可された。

大阪逓信局は、中央から離れていて、文部省に対して遠慮する気持は少なく、われわれの計画する学校への放送には特別の警戒心をもつこともなく認可してくれたのは、幸運であった。(同：127)

西本は受信圏内の学校教員に向けて『教育放送通信』を創刊していたが、「教育放送」では文部省を刺激するとの逓信局の指摘により、第二六号から『教養講座通信』に改題された。大阪中央放送局による学校放送開始の意義を、国立教育研究所・小川一郎は放送教育史の中で次のように位置づけている。

学校放送は国定教科書のように、文部省から生れた子供ではないのであります。一九三三年十月に大阪中央放送局からローカル放送として電波になつたのが、その始めであります。大阪中央放送局は学校放送につゞいて、英国のB・B・Cで行つた集団聴取(Wireless Listening Group 或いは Discussion group)を、青年を対象として試みたのであります。(H1949-6: 6)

一九三五年全国学校放送開始

全国学校放送は一九三五年四月一五日午前八時、松田源治文部大臣の朝礼放送をもって開始された。日本放送協会は学校放送実施のために教養部長に文部省社会教育局成人教育課長として映画教育を担当した小尾範治を迎え入れた。さらに、連絡調整のために一九三四年六月から教育関係者を集めた学校放送委員会を開催していた。この委員会名称で「学校放送」という名称は公認され、テキスト『学校放送』が創刊された。関西では一九三三年以来西本によって各府県に放送教育研究会が続々と結成され、西本三十二『学校放送の理論と実際』(一九三五年)は放送教育運動のバイブルとなった。さらに一九三九年には城戸幡太郎、宮原誠一など教育科学研究会のメンバーが東京学校放送研究会を結成し、同年一一月には『学校放送研究』を創刊している。

学校外のラジオ集団聴取運動も展開され、一九三四年四月《農村への講座》、一九三七年四月《青年講座》(農村向・都市向)も開講された。同じく、夕方家庭にいる青少年に向けて教養番組《中学生・女学生の時間》も編成されたが、当時中等学校進学者は同年齢層の一七%(高等学校以上は三%)に過ぎなかった。こうした教育番組は学齢別、性別、居住地別に聴取対象をあらかじめ想定し、最も相応しい時間帯に編成されていた。その意味では教育放送は最初から聴取者細分化(オーディエンス・セグメンテーション)を前提に実施されていたと見るべきだろう。

一九三五年ラジオ受信契約数は二〇〇万を超えたが、ラジオ普及率は市部で三六・八%、郡部で八・一%に止まった。この地域格差――それは経済格差であり教育格差だが――は、総力戦に耐える国防国家建設のために克服すべき課題であった。戦時体制における学校放送の機能について、東京大学教授・海後宗臣は「日本教育史における放送教育の系譜」でこう記述している。

昭和十年に学校放送が本格化したがこの年には教学刷新評議会が文教の基本方針の改変を求める答申を出した。この答申が皇国の道による教育内容の改善を急速に進め、もって国民精神の振作をしなければならないという基本方向を出していた。この文教政策の決定した年に学校放送開始となったのであるから、学校放送番組の編成もこうした情勢の中で行われなければならない歴史的な性格を担った。（略）このような非常事態に入ろうとするときにおいて学校放送が成長してきていたのであって、全般として考えて、放送がもつ国民の影響から、これを政府の非常時政策のために動員するようになったことは当然である。（H1963-5: 19）

一九三八年二月西本は東京中央放送局編成部長として上京した。日中戦争はすでに半年前から始まっていた。一九四〇年「奢侈品等製造販売制限規則」により家庭電化製品一般の製造が縮小される中で、唯一例外であったのは教育財と認められたラジオ受信機であり、ラジオの普及率は上昇し続けた。一九四一年二月に西本は教養部長に就任し、日本放送協会を代表して文部省に国民学校制度の中にラジオ放送を明確に位置づけるよう働きかけた。

映画とレコードが〔施行〕規則の中にとり入れられているのに、ラジオが入っていないのです。これはけしからんと思って、文部省に働きかけると同時に、当時貴族院議員であった下村（海南）さんを動かして、おくればせながら、その条項を国民学校令施行規則の中に入れるのに成功したのです。あぶないところでした。（H1960-4:

18) この結果、一九四一年三月公布の「国民学校令」施行規則第四一条として「文部大臣の指定する種目の放送はこれを授業の上に使用することを得」が挿入された。

当初、文部省も学校放送より教育映画の可能性を重視していた。一九二八年より「文部省推薦映画」は制度化されており、文部省は一九三九年の映画法制定により内務省と映画行政を共管していた。西本は映画に劣らぬ放送の影響力を強調し、学校放送に同等の位置を与えるべきだと主張し続けた。

この結果、一九四一年九月二日付文部省告示で、《朝礼訓話》《学校向ラジオ体操》《各学年向放送》《学校新聞》の授業利用が正式に認められた(西本 1943: 59f)。日米開戦の約三カ月前である。

一九四一年一二月八日の対米英開戦は臨時ニュースで放送されたが、国民にラジオで必勝を訴えた最初の政府高官は、午前九時《朝礼訓話》に登場した菊池豊三郎文部次官(戦後は日本教育テレビ取締役)である。ラジオ設備のある学校は例外なく一日中ラジオ放送のスイッチが入れられ、各時間ごとのラジオ・ニュースの解説も教室で行われたという。正午の時報とともに「君が代」が流され、中村茂告知課長の「宣戦詔書」奉読に続いて、東条英機首相の演説「宣戦の大詔を拝し奉りて」が放送された。一九四二年一月二四日の日付をもつ「学校放送戦時体制の展開」で、西本は開戦日の教育的意義を高く評価している。

このまたと得難い尊い教育の機会を児童に提供することは、教育者として児童に対する義務といふべきである。この好機に恵まれた児童は、その感激性に富む脳裡に終生忘れることの出来ない強い印象をうけ、折に触れ、時に触れて、この感激を思ひ出し、或ひは後輩に語り継ぐことであらう。これによつて輝かしき伝統を有つ我が国の歴史が国民によつて永久に継承されて行くのである。（西本 1942: 29）

しかし、今日では宣戦詔書が奉読された一二月八日の開戦放送を語り継ぐメディアはなく、「永久に継承されて行く」のは八月一五日の「玉音放送」である。学校ラジオで聴いた開戦の放送より、夏休み中の玉音放送が人々の記憶に残ったことの意味を、私たちは改めて問い直すべきではないだろうか。

この一二月八日以降、定時ニュースも一日六回から一一回に倍増され、ラジオは生活の区切りを印象づける「チャイム」となった。西本は「学校放送と教育新体制」で次のような生活合理化論を展開している。

放送教育はラジオによつて送られる知識の教育を軽んずる訳ではないが、それと同時に行はれるところの生活の訓練を重んずるものである。教育は不断に行はれるところの人生の改造である。（西本 1943: 28）

低学年の時間に《前線だより》《共栄圏童話の旅》、高学年の時間に《軍事講話》《戦線地理》、高等科の時間に《大東亜共栄圏講話》《戦争と科学》など、戦時即応の番組が編成された。テキスト『学校放送』も『戦時国民学校放送』と改題されたが、西本は戦時学校放送の「比較的自由な立場」を「統制的な教科書」と次のように対比している。

学校放送は、独自の分野であるという建前をもって、われわれは、編成会議の空気を参考にしつつ、特別の統制を受けることなく、比較的自由な立場で、戦時番組を放送することができた。（略）学校放送の利用が躍進し、速報性、時事性に富むラジオは戦時教育になくてはならぬ存在という自覚が現れてきた。文部省も、満州事変のころから、軍の教育通と自負する鈴木庫三陸軍少佐など急進派に属する軍人の意見を大幅に採り入れて、非常時意識を盛りあげた教科書の監修に苦心していた。（西本 1976: 176f）

ここで言論統制の首魁として鈴木庫三陸軍少佐の名前をあげているが、これはやや戦後の教育史パラダイムに寄りかかった記述だろう。鈴木少佐は一九四〇年一一月日本出版配給株式会社の設立会議で、「新聞やラジオがあるから雑誌や書籍は発行しなくてもいい」と放言したとされる人物である(佐藤 2004: 315)。それは出版文化に対する無知な軍人の横暴の象徴として戦後語り継がれてきたが、ラジオ放送で教育機会の均等を実現するという一点においては、明らかに西本の思惑と合致していた。実際、『教育の国防国家』(目黒書店・一九四〇年)などを公刊した鈴木は教育科学運動指導者である東京帝大教授・阿部重孝に師事しており、戦後も日本教育学会会長など歴任した海後宗臣やユネスコ本部教育局長となる平塚益徳と交流を続けていた(佐藤 2004: 391-401)。だが、西本の回想をよく読めば、ここで彼が主張したかったのは、教科書や放送番組に対する戦時言論統制の存在ではない。むしろ以下の一文である。

> 学校放送では、その日の戦況をはじめ、国の内外の情勢の変化を、直ちに番組に反映できる。これは教科書教材のとうてい企て及ばないところであり、太平洋戦争が、はからずも学校放送の重要な教育的意義を実証し、放送のもつ独自の教材性に目を開かせるに至ったことは、その後の放送教育の発展を促進する一因となったことは言うまでもない。(西本 1976: 178)

戦時の学校放送が戦後の放送教育発展のスプリング・ボードになったというのである。一九世紀的な教科書中心主義の超克という目的において、放送教育運動の戦時と戦後は完全に連続している。それは西本が日米開戦直後に執筆した「学校放送戦時体制の展開」の末尾で揚言した信念でもあった。

戦争の進展に伴なひ国内情勢の安定するにつれて学校放送は戦前の体制に復帰するものではない。勿論戦前に於て効果を挙げたものにして、戦時並に戦後に於ても非常に効果的に活用し得るものを復活せしめることについては吝《やぶさか》ではないが、今後の学校放送は戦争勃発によつて展開することを得た学校放送の報道教科第一主義を土台として、新時代に相応しきより高度の国家的、教育的意義を有つ新しい学校放送体制の創造に向つて邁進すべきである。（西本 1942: 31f）

「報道教科第一主義」は、西本にとってラジオ放送を副教材にとどめる旧式教育を超克する教育改革の切り札だったのである。

学校放送の「役に立った戦争」

戦時動員体制が学校放送を「国定教科書の侍女」から解放した。こうした認識は、多くの同時代人が共有している(川上 1955: 16、鈴木 1955: 11)。海後宗臣は、戦時下の文部省が放送番組へ積極的に介入したことで放送聴取が学校で徹底されるようになったという。

ニュースが重要な聴取内容として即時に全国の学校へ送られて状況の判断のために用いられたことも、学校の中に入ったメディアの役割を認めてのことである。戦況が厳しくなると共に学校放送も、戦時教育の体制に入り、学校放送の内容は教科書から離れて更に非常時体制とならざるを得なかった。(H1963-5: 20)

総力戦を学校放送の「役に立った戦争」useful war(ダワー 1990: 161ff)と位置づけるこの解釈は放送教育全般においても十分に説得的である。戦後、テレビが教室に入る地ならしは戦中のラジオによって行われていたのである。

日本放送協会の「学校ラジオ受信設備調査報告」は、ラジオ設置校の利用状況を学校単位で調べたものだが、一九三八年度(調査期間一九三六年六月―三七年七月)では「尋常科の時間」五一%、「高等科の時間」四二%、国民学校令後の一九四二年度(調査期間一九四一年一一月―一二月)では「初等科」七九―八四%、「高等科」七〇%となっている。ちなみに、戦後の一九四八年度調査(一九四七年一〇月調査・学級単位)では「小学校」八四・九%、「新制中学校」七五・七%、「併設の中学校」四六・四%となっている。日中戦争から日米戦争を挟んで戦後まで、学校放送利用の量的拡大が続いていた(H1949-4: 17f)。

一九四二年三月東京で開催された東亜放送協議会で、西本は戦時国民学校放送の説明を行い、大陸視察と朝鮮・満洲・中国での講演旅行に招かれた。京城、大連、北京の講演「放送教育の意義」「放送教育の課題」「新時代と放送教育」は、いずれも占領終了後の一九五三年に公刊された『放送教育の展望——放送教育二十年』に収録されている。満州では新京放送局長・金沢覚太郎に出迎えられて満州電電株式会社本社に案内された。金沢は戦後、電通を経てラジオ東京編成局長、日本教育テレビ編成局次長、日本民間放送連盟放送研究所副所長などを務めたテレビ人である。また戦後、西本とともに『放送教育』を編集した高橋増雄も満州電電の出身である(H1990-7: 68)。

一九四三年五月、日本放送協会会長に下村宏が就任した。終戦時に情報局総裁として玉音放送を演出した下村は、逓信省貯金局長から台湾総督・明石元二郎に抜擢されて台湾民政長官となり、朝日新聞社副社長、貴族院議員を務めた元逓信官僚である。「新会長のもと戦時体制をいっそう強化することになった」協会で、西本は理事に選任され、「北の護り」につくべく札幌中央放送局へ配置された。広大な北海道では放送教育の需要が特に高く、西本を中心に一九四三年九月札幌放送教育研究会が結成されている。

一九四四年末からアメリカ軍による本土空襲が本格化すると、警報を伝えるラジオは生命に関わる必需品となった。廉価受信機の普及により、情報の地域格差は急速に平準化されつつあった。戦時期のラジオ放送が科学知識の普及に果たした役割について、興味深い座談会がある。通俗的な戦時期「暗黒」論を説く司会者・島浦精二に対して、池島重信と吉田正が反論している。

島浦は戦前の名アナウンサーだが、一九四一年に前線での録音隊として中支、北支に出張し、一九四二年からはジャワ放送管理局放送部長に派遣されていた(志賀 1981: 93)。つまり一九四六年に帰国するまで、島浦は戦時中の国内放送を体験していないのである。一方、池島重信は一九三五年に日本放送協会に入局し、教養部副部長などを歴任した後、一九四六年に法政大学助教授に就任した哲学者であり、吉田正は一九三九年より教養番組企画を担当し、戦後は教育局長などを歴任した放送人である。

島浦　戦争中は教養番組はなしですね。軍が号令をかけて士気高揚ばかりだもの。
池島　でも科学知識の普及にはずいぶん貢献しましたね。生産拡充でいろいろな方面の日本の機能が上がったでしょう。
吉田　軍の機密に属するものは別として、かなりの程度に普及しましたね。(池島ほか 1968: 43)

科学知識の普及は「国語」の近代化とも並行しており、日本放送協会標準アクセントが選定されたのは一九四三年である。西本は「学校放送と音声言語問題」を次の言葉で締め括っている。

> 大東亜共栄圏確立のためにはその共通語となるべき日本語政策が確立されなければならぬ。海外に進出する日本語は国内において常に醇化《じゅんか》され、その根本が確立されてゐなければならぬ。学校放送は我が国国語政策確立への一翼として、今後一層その重要性を加へるに至るものといふべきである。（西本 1943: 205）

一九四三年末までラジオ受信契約数は増加を続けて七四七万に達し、普及率は五〇％を突破していた。一九四五年四月の学校放送中断の経緯を西本はこう記述している。

> 太平洋戦争の旗色もわるくなつた昭和二十一《ママ》年〔二十年の誤記〕四月、放送用真空管の不足などの理由によつて中止のやむなきに至つたわが国の学校放送は、同年十一月連合国軍の勧告によつて再開された。（H1952-11: 1）

西本にとって学校放送の敗戦を挟んだ八カ月の中断はあくまでも「真空管の不足などの理由」であり、「八・一五革命」(丸山眞男)のような政治的断絶をほとんど意識することなく、学校放送は「再開」されたのである。もちろん、西本も八月一五日の玉音放送を聴いているが、北海道での終戦体験は本土のそれとは異なっていた。ソビエト軍はまさに八月一五日に千島侵攻作戦を発動した。その後も日本人捕虜をシベリアに抑留、酷使したソビエトに対して、「身の毛がよだつ思い」が消えることはなかったという(西本 1976: 234)。他方で、九月に北海道に進駐したアメリカ軍との交渉はスムーズにこなしている。新憲法草案要綱が公表された一九四六年三月になって西本は日本放送協会理事会に出席のため東京に出張し、公職追放令に先立って理事を退任している。

3　戦争民主主義と占領民主主義

教育民主化のプロパガンダ

西本は一九四六年五月までに札幌放送局の引継ぎを終え、東京に戻った。同六月北海道で知り合った堤清次郎が会長を務める日魯漁業株式会社にＧＨＱとの交渉担当顧問として迎えられた。コロンビア大学時代のコネと経験を生かして、政治家や実業家を「追放」から守るためのＧＨＱ向けの書類作りを担当したという(H1988-3: 54)。この過程で知り合った河野一郎との交流から、追放解除後に自由党からの立候補を勧められたとも回想している(西本 1976: 266)。一九四七年五月には極東軍事裁判所から西本自身も出頭命令を受け、戦時学校放送の責任者として証言している(H1976-9: 54)。

いずれにせよ、西本も他のメディア関係者と同様に裁判で戦争責任を問われることはなかった。むしろ戦時放送教育の実績を買われてGHQ民間情報教育局(CIE)の仕事を請け負うことになった。占領下で放送を管轄したCIEは、一九四五年一〇月から教員向けに《教師の時間》、翌一一月から《子供の時間》《生徒の時間》の放送を開始させた。日本占領下での学校放送利用は、すでに戦争中からアメリカで研究が進められていた。国務省極東局日本担当のH・ローリーが起草した一九四四年七月一日付「日本・軍政下の教育制度」では次のように書かれていた(佐藤正晴 2002: 28)。

> 学校のラジオ、映画および録音装置が民事当局によって、できるだけ多く利用されるべきである。それは、連合国の平和目的を広めたり日本が外国と関係を結んでいることは名誉であり、その責任は大切にしなければならないことを生徒たちに印象づけるためである。

学校放送を民主化宣伝に使おうとするCIEにとって、コロンビア大学OBの「学校放送の父」西本三十二は余人をもって代えがたい人材だった。

西本はＣＩＥとの交渉の様子を一九五四年三月一九日ＮＨＫラジオ第二放送《教師の時間》で放送されたＮＨＫ教育局長・川上行蔵、東京大学教授・宮原誠一との鼎談「放送教育を展望する」で次のように回想している。当時、ＣＩＥは進駐軍向け放送局ＷＶＴＲとともに放送会館に同居していた。

> わたしがラジオ体操を復活しようと、ＮＨＫ六階（ＣＩＥ教育部）へ行つたんです。そしたら教育関係や体育関係の米人は賛成なんです。ところがああいう国民精神をコントロールするおそれのあるものは占領政策の立場からいかんというのです。進駐軍の方でも考えが二つに分れていたんですよ。（H1954-4: 4）

一九四六年四月、新しいラジオ体操の放送が開始された。一九四七年八月に休止したのち、現在のラジオ体操は一九五一年五月に再開された。ラジオ体操再開で日米の教育関係者が一度は合意できた理由は、戦時教育の共通体験によるだろう。それゆえ、ラジオによる教化動員において自由主義陣営と全体主義陣営の違いを過大視するべきではない。ＣＩＥスタッフと体験を共有していたのは、もちろん西本だけではない。一九四六年文部省学校教育局長として教育基本法制定などを推進した日高第四郎は以下のように回想している。

> 戦時中十八年の夏に霞ヶ浦の海軍の飛行学校を見学した時、映画による教育によって飛行士の養成年月を相当に短縮しうるときくとともに、その教材映画の実写を見せられて、普通の文部省系統の学校にもこれだけの設備と費用とを惜まなければ、必ずもっと有効な教育が出来るものをとうらやましく思いました。戦後書物をよんで、アメリカでも視聴覚教育は戦時中とくに緊急の要望から軍関係の教育に強力に応用実施されて長足の進歩をとげたことを知りました。（略）この機械化による能率化は、結局科学技術の勝利であります。人々はそれによって、時間の隔りと空間の障害とを征服して、昔の人の思い及ばぬ成果をあげていることを、ことにテレビジョンの放送実況を見てつくづく感じました。(H1953–2: 5)

占領下の教育改革で放送教育を推進した文部官僚の思考パターン——すなわち軍需技術の民生転換構想——を典型的に示している。日高は一九五〇年に米国政府の招きでアメリカ教育視察旅行に赴き、翌年、文部事務次官に就任する。「教育基本法は日本人が作った」という日高の自負は、教化動員システムの連続性を考えれば当然である。

ここで日高は「戦後書物をよんで」と述べているが、その書物とはエドガー・デール

『学習指導における視聴覚的方法』である。同書は文部省の有光成徳（のち日本映画教育協会会長）によって一九五〇年に翻訳され、長らく放送教育でも必携の書とされてきた。この著作について、西本と東京教育大学教授・富田竹三郎は一九五七年三月一九日放送の対談「視聴覚教育の意義――コミュニケーション革命と教育革命」で語り合っている。

富田　アメリカではAUDIO・VISUAL・EDUCATIONといっているようですが、アメリカでも戦後この教育が行われるようになったんでしょうか。

西本　いいえ、戦争中です。この第二次世界大戦中です。

西本は新兵教育はもちろん、「科学戦争」の技術教育や占領統治に向けた語学教育に視聴覚教具が活用されたことを具体的に説明し、この戦時コミュニケーション革命が復員した教員たちの手で平時の教育革命に拡大されたと指摘する。第一次大戦の教育革新が知能測定の普及であったとすれば、第二次大戦のそれは視聴覚教育の確立である。西本はデールとその著作についてこう語っている。

西本　デールさんは戦争中、国防省と空軍省の顧問になって、兵隊訓練用の映画をつくることに協力したということです。それから文字の読めない兵隊の教育につかう教科書を編集することもやったようです。

富田　デール先生の有名な書物『学習指導における視聴覚的方法』というのは一九四六年、終戦の翌年に出版されていますが、戦争中の経験などが採り入れられているわけですね。

西本　そうです。あれがアメリカの視聴覚教育の原理や方法をまとめたものとして最も権威あるものとして、大学でも広く参考書としてまた教科書としてもつかわれています。日本には一九四七年(すなわち昭和二十二年)の四月ごろCIEが沢山取りよせたのをこのNHKの六階のカーレー女史の部屋にあったのを借りて私も読んだ記憶があります。(H1957-4: 9f)

エドガー・デールの名を高からしめた「経験の円錐」cone of experience モデルの視聴覚理論は、一九四三年陸軍省空軍顧問(報道部映画班付)、一九四四年国防省宣伝分析研究所顧問など軍関係の調査研究のなかで生み出された(H1956-7: 4)。視聴覚教育の奥義とされた「経験の円錐」(図5)は、具体(下部)から抽象(頂点)に至るあらゆる経験を体系化したものである。教育の目的とは学習者が具体的経験から抽象的経験へ段階をのぼり、言語シンボルである概念を獲得することだとデールは主張した。テレビが展示と映画の間に挿入されたのは一九五四年第二版、教育テレビと表記されるのは一九六九年第

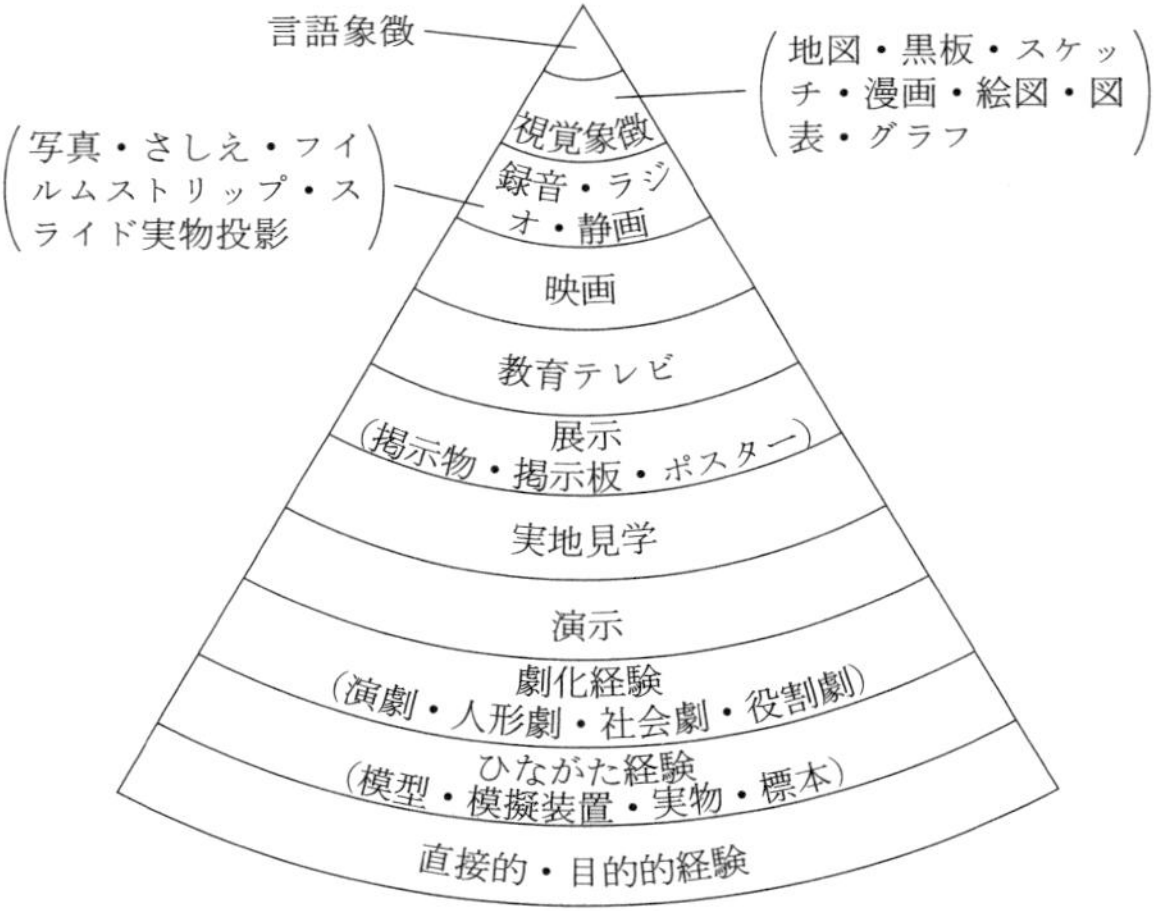

図5　エドガー・デール「経験の円錐」モデル(第3版による)
(出典:『放送教育大事典』186頁＝E. Dale, *Audiovisual Methods in Teaching*, 3ed., 1969.)

三版である。一般の比較メディア論からすれば、映画は集団視聴と不可分な規律＝訓練が目的であり、個人視聴への志向性が強いテレビでは自主性の動員が目的と考えられる。だが、初期のテレビ体験はアメリカでも日本でも、集団視聴の街頭テレビや学校テレビから始まっていた。テレビが集団視聴メディアである限り、映画教育とテレビ教育は連続的であった。それにしても、今ではこれといって斬新なアイデアとも思えない「経験の円錐」モデルは、なぜ放送教育界で「神聖化」されたのだろうか。その理由について、波多野完治は興味深い説明をしている。

マスコミというのは、第二次大戦後にいわれた時には、いわゆる「コピーの理論」といって、マスコミは直接経験ではない、間接経験である、という形で教育界ではいわれました。直接経験でなければ教育ができないのに、マスコミは間接経験だから、それはほんとうの教育はできないんだ、というような言い方でいわれてきたわけです。これに対して非常に有力な反証になったのが、いわゆるデールの「経験の円錐」というものです。これですと、その中味が間接になるか、直接になるかという違いはあるが、経験というものはそれ自身全部直接的なものなんです。これでいまの問題は一応克服されてきたと思います。(波多野ほか 1968: 63)

この「円錐」モデルは教育界を支配していた「直接経験」至上主義に突破口を開くものと見なされていたわけである。

軍隊教育―社会教育―放送教育

「経験の円錐」モデルが描く視聴覚教材の段階的進化(展示―映画―録音・ラジオ)という連続性の視点も重要だろう。戦前からの連続性にメディア史の思考では違和感を覚えないが、一般の教育史では六・三・三制導入にともない旧制中学―旧制高校―帝国大学の「旧制度」が解体されたため、戦前・戦中から続く教育システムの段階的進化や連続性は見えにくくなっている。すでに述べたように、放送教育においてはGHQの民主化は戦時総動員と地続きであり、一九四五年の「敗戦」は存在しなかった。というのも、放送教育でアメリカの進歩的な「民主主義教育」と呼ぶものは、正確には「戦時動員教育」だからである。それゆえに、ニューディールのアメリカでもナチズムのドイツでも通用するプロパガンダ研究、すなわち「マス・コミュニケーション研究」が受け入れられた。戦前はナチ宣伝学の権威であった小山栄三が、GHQ占領期にはCIE顧問として国立世論調査所所長に就任している。小山は戦前のプロパガンダと戦後のマス・コミュニケーションの同一性をこう記述している。

輿論《よろん》指導の手段に関しては第一次世界大戦までは専ら宣伝Propagandaと云う言葉が使用されていた。然し両大戦を通じ事実的にも意識的にも宣伝とは、「嘘をつく技術」と云う風にとられてしまった。それで宣伝のこの悪い意味を避けるため、プロパガンダと云う代りにマス・コミュニケーションと云う言葉が使用されるようになったのである。（小山 1953: 44）

それは宣伝と教育の関係にも及んでいる。波多野完治は「今日のコミュニケーションと教育」で宣伝、扇動、教育が心理学的にまったく同義であり、すべて「学習心理学」の原理から考えるべきだと主張している。

教育と宣伝とを峻別する考えは教育の方については、理想的な限界概念で考え、宣伝は現実のものを一般化して考える、という「次元」の錯誤におちいっている。双方を同じ現実のレベルで一般化するなら、宣伝も教育もかわりがない。(S1972-10:56)

同じことは日本放送協会で学校放送の編成を担当した後、一九四二年に法政大学教授に移って『文化政策論稿』(一九四三年)を公刊した宮原誠一の社会教育論における「文化政策」と「啓発宣伝」ついてもいえる。宮原はまず「文化政策」という概念が第一次大戦の思想戦で生み出されたことを指摘する。

文化政策の国家総力戦的本義からいふならば、文化政策とはまづ第一に国民の精神と生活とを国家目的にむかつて動員し訓練することについての政策である。何か漠然と文化の興隆といふやうなことについて国家的な配慮をするといつたやうなことではない。(略)国民に対する最も動的な、最も政治的な教育、それが文化政策の第一の課題である。国民の精神と生活とを国家目的にむかつて動員し訓練するために啓発宣伝のあらゆる手段が駆使され、科学者・芸術家・教育者・文化事業関係専門家のすべての力が結集されなければならないのである。(宮原 1943: 4f)

宮原の「放送新体制への要望」は、「盟邦」第三帝国の放送政策をモデルとして展開されている(同：131-155)。終戦後、宮原は文部省社会教育局調査課長(戦前の教学局思想課長)に就任したのち(H1960-10: 44)、一九四九年に東京大学教育学部助教授に就任した。その社会教育論において総力戦体制と戦後民主化が大きく異なっていたわけではない。実際、宮原教育学において「科学化・計画化・集団化」は戦時＝戦後を通じて一貫している。

それこそ、高度国防国家を目標とする総力戦体制の中で放送教育の主張が「比較的自由な立場で」(西本 1976: 176)貫徹された理由でもある。高度国防をめざす軍隊教育と機会均等を唱える放送教育は同じ目標、すなわち平等な社会国家の実現を掲げていた。もちろん、学校教育と軍隊教育の相似から目をそらす思考が戦後教育界の主流であった。たとえば、京都学芸大学教授・主原正夫は両者の差異を「視聴覚教育の根本問題」でこう強調していた。

軍隊教育は統制せられたる環境の中に於いて行われる特殊教育なのであり、その目標や内容が分化せられていて、極めて単純なのである。これに対して学校教育は静かなる革命としての人間形成であり、人間改造なのであり、蓄積せられた文化の伝達と、新しい文化の創造の基礎を養うという綜合的な目標と内容を持つている。(S1953-9: 9)。

しかし、第一次大戦以後の大衆化された軍隊はさほどに単純な組織ではない。また学校を工場や軍隊と比較する思考は、ミシェル・フーコー以後の社会科学ではむしろ常識である。高度国防国家のプランナーである統制派指導者・永田鉄山少将が『岩波講座教育科学』に寄せた「陸軍の教育」(一九三三年)の冒頭は次の一文で始まる。

陸軍に於ける平時業務の大部分は教育であると謂《い》つても差支へない。(永田 1933: 6)

永田は総力戦体制とは「社会全般の軍隊化」であると考えたが、一方で実利的動機を欠く軍隊教育で兵員の自発性を引き出すことの困難さも十分理解していた。第一次大戦がもたらした軍事革命は、老若男女全てが参加する国民総動員システムと兵士の自主性の組織化だった。隊形を組んだ歩兵部隊の激突から、長大な前線での小集団の攻防に変化した第一次大戦では、下士官や兵士の自主的判断、すなわち兵士個人の能力が重視されるようになった。命令による強制ではなく、自発的戦闘参加により個人の能力を全開させること、それが総力戦の要請であった。この結果、兵卒の自覚・自主性を涵養する新たな軍隊教育が求められた。一九二一年三月に改定された軍隊内務書の綱領三は「自覚ナキ外形ノミノ服従ハ何等ノ価値ナキ」と断じている。かくして軍隊教育は自主性を組織する教育科学に接近していった。

一方、明治初頭の「大教宣布」から始まる国民教化運動のなかで、「通俗教育」と呼ばれていた学校外の教育は、第一次大戦後から「社会教育」と呼ばれるようになった。もちろん、軍部以上に社会教育に関心を示したのは、治安を担当する内務省である。東京放送局初代総裁として最初のラジオ演説を行った後藤新平は寺内正毅内閣、第二次山本権兵衛内閣の内務大臣であり、放送がもたらす「自治的観念」にとりわけ期待を寄せていた。ちなみに、ラジオ放送開始の前年に虎ノ門事件の警備責任を問われて警視庁警務部長を辞任した正力松太郎に讀賣新聞社買収の資金を提供したのも、後藤新平である。後藤がラジオ放送に託した国民教化の夢は、戦後の正力による民間テレビ放送構想にも及んでいたと見るべきだろう。

こうした自主性、自発性の涵養は、西本三十二が全国学校放送開始の一九三五年に刊行した『学校放送の理論と実際』においても特に強調されていた。

学校に於て教師が強制や威圧によつて児童を束縛し、学習せしめて居ても、そこには望ましい学習が行はれてゐるのではなくして、却つてその学科を嫌ひ、先生を嫌ひ、果ては学校を嫌ひ、学習や勉強そのものを嫌ふに至る等、実に多くの望ましからぬ教育が行われてゐる。強制といふものは心理的に考へて教育的価値の非常に少いものである。(略)故にラヂオが児童に対して何等強制を感ぜしめる事なしに、其の特殊な機能を活用して、児童の興味を唆り、児童に幾多の暗示を与へ、児童の自発活動を促し、児童の現在並に将来の生活に潤ひを与へる事に成功するならば、学校放送は直接間接に非常に多くの教育的価値を持ち学校教育に大きな革命を齎《もた》らすに至るであらう。(西本 1935: 33f)

いずれにせよ、「自律教育」の視点は永田の軍隊教育、宮原の社会教育、西本の放送教育のどちらにも確認できる。戦後、国民皆兵の「あまねく」理念は、社会教育と放送教育の中で生き続けた。一九四九年公布の社会教育法で「社会教育」は次のように定義された。

社会教育とは、「学校の教育課程として行われる教育活動を除き、主として青少年及び成人に対して行われる組織的な教育活動(体育及びレクリエーションの活動を含む)」である(第二条)。国および地方公共団体は、「すべての国民があらゆる機会、あらゆる場所を利用して、自ら実際生活に即する文化的教養を高め得るような環境を醸成するように努めなければならない」とされている(第三条)。社会教育が「すべての国民があらゆる機会、あらゆる場所を利用」することを前提とするならば、それが「あまねく日本全国において受信できるように豊かで、かつ、良い放送番組による国内基幹放送」(放送法第一五条)、すなわち日本放送協会と結びつくことは自然である。一九五四年には日本社会教育学会初代会長に選出される宮原は、「社会教育の本質と問題」で次のように述べている。

> 社会教育の発達を支える大きな二つの条件は、やはりデモクラシーとテクノロジーである。(宮原 1949: 164)

テクノロジー、すなわち「交通・通信手段の発達という技術的・物理的条件」が、総力戦の中で整えられたことは元日本放送協会職員の宮原も正確に把握していた。同じ一九四九年、海後宗臣は『放送教育』創刊号に「自律教育に於ける放送の性格」を寄せている。日本の教授法は教科書中心主義で生徒の自律性を損なっているとするアメリカ教育使節団の批判を引きつつ、海後は学校放送も教科書の補助教材とされてきたことを批判している。最終的目標としては、生徒自身が放送プログラムから学習プランをつくり、「スイッチは教師の手から生徒の手へ渡され、生徒はダイヤルを自ら廻して聴く世界を探る」べきだ、とまで海後は主張する。

生徒はこの放送の内容を把《つか》むことによつて自ら自分を育てているのである。この形をとつた教育を自己教育といつたり或は自己啓発などと称しているのである。（略）私は教材を教師が授ける形をとつたものを陶冶と称し、放送による教育の如く聴いていたり映画の如く見ていたりするとそれで教育になるものを教化と名づけて両者を区別している。（H1949-4: 4）

海後の用語法では「陶冶《とうや》」は教科書的教育であり、映画・放送教育は「教化」ということになる。こうした自律性を育てる教化主義は、機会の平等主義とともに放送教育の二本柱であった。放送による機会の平等について海後の言葉を引用しておこう。

音楽会へ行くことは地方の生徒にとつては容易ならぬことであるが、その演奏を毎

日でも僻村の子供に送ることができるというのは放送によつて初めて可能になつている内容の一つである。(同：3)

こうした平等主義の発想は、当然ながら社会主義教育とも連続的である。放送による社会主義化を唱えた東京学芸大学教授・倉沢剛は、戦時下に『総力戦教育の理論』(一九四四年)を著している。倉沢は『放送教育』に「新教育を支えるもの」を寄稿し、次のような主張をしている。

これまでの教室はひとを押しのけても自分の成績をよくしようという、競争主義・個人主義の教室であった。それでは利己的な人間ができるだけで、社会的な民主的な人間はとうてい育つはずがない。そこで戦後の新教育では、学習は社会的人間を形成するためのものと信じ、学級で一つ一つ問題をとりあげ、これを全体の問題として、学年にふさわしく解決し、みんなの力でよい学習をもりあげる、というたてまえにした。これによって、学級の雰囲気を百八十度きりかえ、学習の態度を個人主義から社会主義に、大きくきりかえようとしているのである。(H1956-6: 6)

倉沢が「教室革命」と呼ぶものは、果たして本当に「戦後の新教育」だろうか。倉沢も、西本や宮原と同じく、戦中の仕事を自己批判する必要など感じなかったはずである。「教育国家」の精神が不変だったからである。この連続性を、松下圭一は『社会教育の終焉』で次のように指摘している。

戦後、たしかに国民教化としての教育への批判が当然なされ、その原典も『教育勅語』から『教育基本法』におきなおされてゆく。だが、日本型教育発想こそが『教育基本法』をうんだのである。（松下 1986: 78–79）

つまり、日本帝国憲法＝教育勅語の二本立て構造は、戦後の日本国憲法＝教育基本法の関係と基本的に同じというのである。「勅語」と「基本法」の語感は違うが、教育を国家理念として掲げること自体が「教育国家」の精神を示している。おそらく、戦後民主主義者だけでなく教育勅語復活を主張する保守主義者も、この点を誤解していたのではあるまいか。高度国防国家であれ高度経済成長、あるいは社会主義革命であれ、いずれも平等な教育国家に通じていた。現在では、軍隊教育や社会主義教育は消滅し、社会教育は生涯学習に改称されたが、「教育革命」は相変わらず追求されている。

広報教育学と日本放送教育協会

公職追放中の西本三十二が、ＧＨＱ占領下でまず手がけたのはラジオ放送による通信教育の組織化だった（佐藤 2007: 85-90）。一九四七年九月、文部省は教育研修所所長・城戸幡太郎を中心に通信教育の認定と指導者養成のために通信教育委員会を発足させた。教育研修所は戦時中の国民精神文化研究所―教学錬成所が衣替えした組織であり、教員再教育のために通信教育部を特設していた。小学校教員約一万五〇〇〇人、中学校教員約一万人が通信教育を申請したが、ＣＩＥの検閲が厳しく実施に至らなかった。城戸所長の依頼で通信教育部長に就任した西本はＣＩＥを訪れ、通信教育にラジオ放送を利用することを提案した。ＣＩＥとの折衝の後、西本は教育研修所で《教育心理》《生徒指導》《児童の理解と指導》《教育社会学》の四科目を通信教育大学講座として開設した。この段階で西本は後にＮＨＫ学園、放送大学に至る構想を見すえていた。

将来わが国に放送法案が制定された場合、現在の放送局以外に、多くの放送局が設置されることになるかも知れない。そしてその中には高等学校、大学に附設された放送局から、ラジオと印刷物を有効に組み合せた新しいラジオ通信教育講座の開設されるに至ることも想像に難くはない。（H1949-6: 3）

一九四八年から五〇年にかけて文部省はＣＩＥと協力して教育指導者講習（ＩＦＥＬ）

を開催するが西本も日本側の主任講師として参加していた。このセミナーから戦後の放送教育運動の指導者が数多く生み出された。広島大学教授・渡辺彰もその一人である。戦時中は京城女子師範学校附属国民学校主事を務めた渡辺は、『大東亜建設と国民学校教育』(一九四三年)に「国體本義透徹の教育施設」を執筆している。特に「学校家庭の渾然一体化」を強調し(渡辺 1943: 71–73)、時局体認の手段として、ラジオ、写真、ニュース映画の利用を訴えていた。

大本営発表の重大ニュースは時局係に於て校内放送により速報す。ニュース写真・ニュース地図・戦果統計表等を貼付す。講堂映写施設未完につき、現在は映画館と連絡して観覧す。朝鮮映画教育協会に加入し月一回の割にて出張映写をなさしむ。(同：78)

戦時中から視聴覚教育に関心を寄せていた渡辺にとって、ＣＩＥのセミナーは目新しいものではなかったろう。渡辺は『現代ＴＶ教育論』(一九六九年)で、自らのテレビ教育論の来歴を一九三〇年代、つまりナチ第三帝国期に、ドイツ教育科学運動の旗手であるイエナ大学教授ペーター・ペーターゼンが唱えた広報教育学 Verkehrspädagogik から語り起こしている(渡辺 1969: 14–18)。

ドイツ語 Verkehr は英語 communication と同義であり、当時は新聞教育、映画教育、ラジオ教育などを含むコミュニケーション教育の意味で使われた(ただし、現在のドイツでは外来語の Kommunikationspädagogik を使用するので、Verkehrspädagogik は交通教育、つまり自動車教習を意味する)。ワイマール共和国期に教育民主化にむけた田園教育や実験学校運動(イエナ・プラン)を実践したペーターゼンは、国民社会主義に「学校と授業の変革」の可能性を見出していた。「新しい教育科学」を唱えた『現代の教育学』(原著は一九三七年)で次のように書いている。

ヒットラー青少年団の他に、「ドイツ労働戦線」もまた、従来国家に属してゐた学校施設の担当者として認められ、またこれら党の肢体と共に、ナチス党自体も、独自の教育機関を設立したのであるから、国家管理の学校の専一主義は、ドイツに於いては既に打破され、学校制度全体に対して、全く新しい道が指示されてゐるのである。(ペーターゼン 1943: 84)

国家管理の学校を社会に向けて開くという方向性では、国民社会主義者《ナチオナルゾチアリスト》とニューディーラーは一致していた。一九五〇年の教育指導者講習におけるアメリカ側講師は、ペンシルヴァニア州立大学通信教育主任ウィリアム・ヤング大佐である。ヤングはウィスコンシン州マディソンにあるアメリカ国防軍教育訓練所USAFI通信教育部の創設者である。第二次大戦中のアメリカでは出征学生が前線各地に設けられた支部を通じて、大学教育を継続できる制度が構築されていた。休暇中に取得した通信教育の単位も、除隊後に大学で認定された。この米軍システムを日本でも実現すべく、西本は一九五一年三月に日本通信教育研究会(一九五四年日本通信教育学会と改称)を設立した(西本 1957: 60)。

これに先立って、西本は一九四八年一二月に日本放送教育協会を設立している。それまで学校放送の番組台本はCIEの責任で作成されていたが、一九四八年九月以降は学校放送番組の内容を審議する文部省、制作する日本放送協会、最終的にチェックするCIEと、事務分掌が明確化された。

すでに一九四六年一〇月に日本映画教育協会が発足しており、一九四八年には文部省社会教育局は各県に視聴覚教育係を設置するよう指示していた(日本映画教育協会 1978: 144)。日本放送教育協会は映画教育運動との競合を強く意識しており、その設立趣意書はラジオによる社会教育を射程に入れた内容になっている。

学校はいうまでもなく、青少年団、婦人団体、公民館、文化団体と協力して、全国民がそれぞれ個人として、また集団として、ラジオを有効に聴取する態度を育成し、その教育的利用を促進することが目下の急務というべきである。ラジオを新時代の文化機関、教育機関として最大限まで活用して、放送教育の振興をはかるためには、日本放送協会を始め文部省その他関係諸団体諸機関の積極的な努力の必要であることは言うまでもない。（H1949-4: 17f）

専務理事（翌年から理事長）に西本、理事には新憲法施行記念国民歌「われらの日本」を作詞した歌人・土岐善麿を筆頭に、日本放送協会の現役役員から崎山正毅編成局次長、鷲尾弘準事業局長、小松繁技術局長、文部省から山崎匡輔、関口泰、小笠原道生など、言論界からは元朝日新聞社常務の鈴木文史朗、毎日新聞社顧問の阿部真之助（第九代NHK会長）などが名を連ねた。文部省、日本放送協会の全面的な支援を受けた教育団体であることがわかる。

図6　天皇，皇后が表紙を飾る『放送教育』創刊号　1949年3月24日放送会館で説明を受ける両陛下.（1949年4月1日発行）

創刊号の表紙には、一九四九年三月二四日放送会館を訪問した天皇、皇后の写真が飾られている(前頁図6)。NHK教育局長・川上行蔵はこの表紙を次のように回想している。

ことに天皇、皇后両陛下放送会館への御成を表紙にした第一号昭和二十四年四月号を見るたびに思い出す、日本の元首が大きなアメリカ憲兵に、抱えられるように護られて玄関を入られたあの光景が与えた複雑な印象。(H1958-4:15)

それはたしかに戦後日本の社会体制と放送制度を象徴するシーンであったに相違ない。創刊を控えた一九四九年二月一日当時、受信契約数は七三七万であり世帯普及率は四六%であった。戦後三年を経過するが、まだ戦前最高の一九四四年末の受信契約数まで回復していない。なお半数近い児童が家庭でラジオを聴く機会をもっていなかった。学校放送はまずそうした「恵まれることの少ない約八〇〇万の児童生徒にラジオを聴くよろこびを与える」、そうした教育格差を解消するために要求された。それは義務教育後の自己修養、今でいう生涯学習のために不可欠というわけである。西本は「新しい放送教育の出発」をこう宣言している。

学校時代にラジオに親しみ、ラジオを利用しラジオを生活の中に採り入れる積極的態度や習慣を養わせることによつて、学習や修養ということが人間一生を通じて持続されることになる。将来の社会は、現代の社会よりも一層変化がはげしく、従つて人間に対《むか》つて不断の教育を要求している。（略）小学校、中学校時代にラジオに親しみをもたせ、ラジオによつて自己修養の習慣をつくらせ、自主的な学習態度を養わせるためには、先ずラジオを聴かせることが第一の要件である。（H1949-6: 2）

これが戦時中の言葉であったとしても何の不思議もない。また、「ラジオ」を一九五〇年代以降なら「テレビ」に、一九八〇年代以降なら「パソコン」に置き換えれば、いつの時代でも使いまわしができるだろう。だからこそ、「新しい放送教育の出発」は、今日の課題にも直結しているのである。

第二章　テレビの戦後民主主義

「われわれは、この新しい独立の年が、テレビジョン教育発足の年であることを望むと共に、放送教育の一そう拡充強化される年であることを期するものである。」

（西本三十二「独立の春」一九五三年一月）

1　軍事兵器から家庭電化へ

テレビの一九四〇年体制

国防国家から文化国家への転換は、またテレビという軍事技術の民生品化ともシンクロナイズしている。敗戦後、「科学技術」はあたかも日本精神の反対語のように語られ始めた。また敗戦原因として「新型爆弾」、すなわち原子爆弾など「科学力の敗北」が繰り返し表明された。しかし、戦前から「科学国策」や「技術報国」が叫ばれなかったかといえば、そうでもない。とりわけ、テレビ技術の軍事利用には熱い視線が注がれていた。

一九三〇年三月一七日東京朝日新聞社と早稲田大学理工学部が朝日新聞社講堂で共催した機械式テレビの公開実験も大々的に報道された(**図7**)。朝日新聞社副社長・下村宏の開会挨拶に続き、小泉純一郎の祖父にあたる小泉又次郎逓信大臣は次のような祝辞を述べている。

> 斯くの如き発明は特に発明者諸君の御功績、御名誉が最上級のものであることは申すまでもなく、実に帝国科学の権威を世界に示して、御同様日本帝国の国民として誇るに足るべきものであると私は深く信じて疑はないのであります。(朝日新聞社 1930: 2)

「帝国科学の権威」とされた公開実験の記録は、翌四月四日に市政会館で行われたラジオ展における高柳健次郎の記念講演「テレヴイジヨン研究の難関」とともに、『テレヴィジョンの話』(朝日民衆講座　第十七輯)として公刊されている(同：61-116)。

翌月、五月三一日昭和天皇は、静岡県巡幸に際して高柳健次郎に率いられた浜松高等工業グループのブラウン管式テレビ実験を初めて天覧された。一九三〇年六月一日付

『東京朝日新聞』は次のように報じている。

早大理工学部の山本博士、川原田教授の一般用テレヴイジヨンの実験完成と共に我学界の誇りとされてゐるが、高柳教授の実験は一般向きの映写用と共に各家庭用としてのテレヴイジヨン完成に苦心が払はれ、受像器にはブラウン管を用ゐ高周波同期系統、低周波同期系統によつて像をだす点に特徴を持つてゐる、当日陛下には四間に五間のせまい実験室に入らせられまづ図面及び実物について高柳教授の説明を聞《きこ》し召された後暗室装置を施した上いよ〳〵実験に移つたがまづ垂幕に奉迎の文字が映じだされ君が代の全文と共に拡声機からは奏楽が起り続いて漫画桜の花、富士、少女、猫、桃、桃太

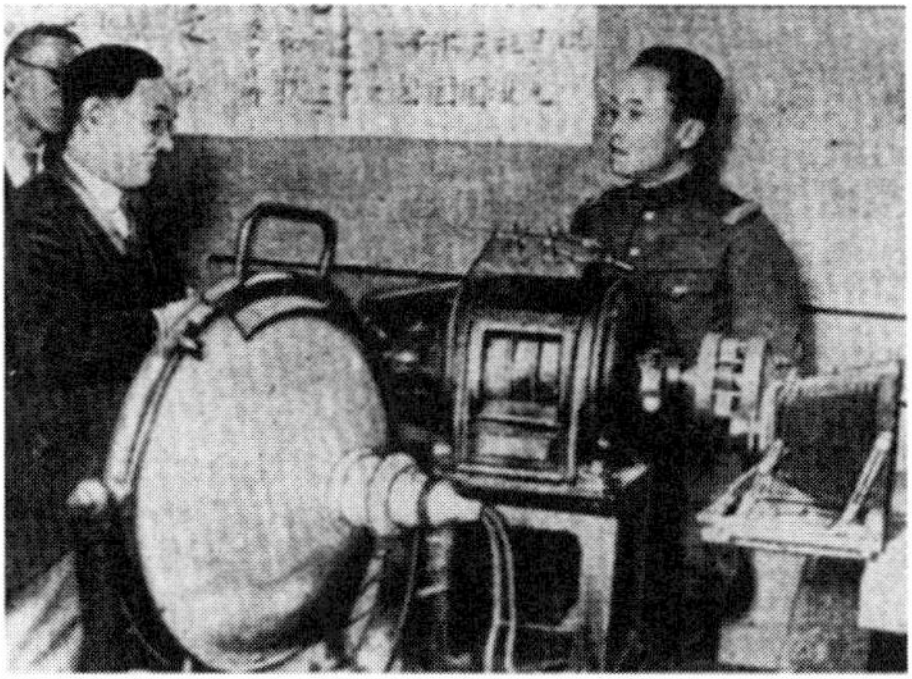

図 7 「実験御覧の東久邇宮殿下」 朝日新聞社講堂でのテレビ実験を見学する東久邇宮稔彦王．左に発明者・山本忠興早稲田大学教授，その背後に下村宏・朝日新聞社副社長(『東京朝日新聞』1930 年 3 月 18 日付)．なお，山本はのちに日独伊親善協会理事長，下村は玉音放送時の情報局総裁，東久邇宮は終戦直後の首相を務めた．

郎、犬、さる、きじが描きだされ最後に中島教授が礼装で動作を行ふさまがはつきりと幕に映写されるさまを御起立のまゝ非常に御興味深く御覧遊ばされた。

日本のテレビ放送計画が本格化するのは、一九三六年ベルリンで次期オリンピック大会の一九四〇年東京開催が決定されてからである。だが、日中戦争勃発のためにオリンピック開催は結局辞退され、テレビ放送実施も見送られた。それでも一九四〇年NHK技術研究所は日本初のテレビドラマ《夕餉前》を実験放送している。

ブラウン管を使った電子式テレビは、一九三三年六月アメリカ・ラジオ会社(RCA)のウラジミール・ツヴォルキンによる撮像管アイコノスコープ発明により実用化された。その一週間前、ローズヴェルト大統領は全国産業復興法(NIRA)を制定してニューディール政策を本格化している。しかし、最初の定期的なテレビ放送は第三帝国の首都ベルリンで一九三五年三月二二日に開始された。

ドイツ逓信省とドイツ放送協会は翌年のベルリン・オリンピックのテレビ中継による国威発揚をめざし、週三晩九〇分番組のテレビ定期放送を実現した。一九三六年八月に開幕したオリンピック大会では、アイコノスコープ・カメラを使ったテレビ中継が行われている。「国民車《フォルクス・ヴァーゲン》」の計画発表に続いて、一九三八年ドイツ郵政省は「国民テレ《フォルクス・》ビ受信機《フェルンゼアー》」の量産指導に着手したが、第二次大戦勃発により五〇台のみで製造中止となった。国民車の九九〇マルクと国民テレビ受信機の六五〇マルクも、一般大衆に手の届く価格ではなく、その普及は「戦後」に持ち越された。

一九三〇年代後半には、ドイツに続いて一九三六年一一月にイギリスがテレビ定期放送を始め、翌三七年五月にフランス、三九年にソビエト連邦、一九三九年四月にはアメリカが続いた。テレビ技術では世界をリードしていたアメリカだが、テレビ放送の規格統一が遅れたため定期実験放送はドイツに四年も遅れを取った。一九四〇年八月一五日、アメリカではテレビ方式の標準化にむけてNTSC(全米テレビジョン放送方式標準化委員会)が設立された。日米開戦の半年前、一九四一年五月にNTSC方式(走査線五二五本、毎秒画像三〇枚、音声FM波)が連邦通信委員会で承認された。いうまでもなく、戦後日本で採用されたテレビ方式は、このアメリカ標準方式である。その意味では、一九四〇年のNTSC設立も、戦後日本の「一九四〇年体制」を構成する重要な要素といえるだろう。

「一九四〇年体制」は、戦後日本システムが戦時動員体制下の社会経済改革に由来することを示す概念である(野口 1995)。日中戦争勃発の一九三七年に戦時計画経済にむけて企画院が設立されて以降、一九四〇年の大政翼賛会成立に至る新体制運動とともに源泉徴収制度、終身雇用を制度化した従業者移動防止令、年功序列賃金制を確立した賃金統制令改正などが実施された。総力戦は社会の合理性、効率性を極度に推し進め、先進各国において階級社会からシステム社会への移行が加速化された（山之内 1995）。メディアにおけるシステム社会化とは、階級・世代・性差による受け手の利害対立を「国民」という抽象性の高い次元で解消し、個人の主体性や自主性をシステム資源として動員可能にすることである。テレビは総力戦体制にむけた「国民」統合という技術的課題を担って登場したニュー・メディアである。

　とはいえ、戦時下ではアメリカも一九四二年五月の戦時物資動員計画によってテレビ免許は凍結された。アメリカのテレビ放送が再開されるのはノルマンディ上陸、サイパン占領により戦勝の目途がついた一九四四年七月である。一方、ドイツのテレビ放送は大戦中も継続され、ベルリンを中心に一日二〇〇〇人程度の視聴者がいた。もちろん、大衆運動を前提とするナチ宣伝の理想とはほど遠く、むしろ「技術帝国の威信」のためだけに継続されたというべきだろう。実際、ドイツは占領中のフランスでも一九四三年六月、エッフェル塔から映画やバレエのテレビ放送を開始している。逓信省技術局の上野収蔵は日米開戦直後のテレビの軍事利用を紹介する論文で、戦時下でテレビ放送を中止した「老英帝国の落日振りと、新興独逸の好対照」を確認していた。

> 小型テレビジョン送像機を爆撃機に乗せ、地上の状景を上空より撮像、直ちに百数十粁《キロ》を隔てる基地に送れる実験も米国、伊太利等に於て既に報告せられて居り、近

き将来第一線兵器として登場する日のあらう事は想像に難からず、その暁には戦争の相貌も亦《また》変化を余儀なくせられる事であらう。(上野 1942: 39)

さらに、ドイツでは小型カメラを内蔵した「テレビ爆弾」が開発中であり、遠隔操作で軌道修正を行う実験も行われていた(原 2003: 73f)。日本でも海軍第二技術廠で航空用レーダー担当部長に就任した高柳健次郎の指導下に「電波砲」など新兵器の開発が進められていた。高柳は戦時下のテレビ研究を次のように回顧している。

この間、飛行機にテレビ・カメラを載せて敵艦を偵察し、その画像を後方の基地に送って迅速な作戦立案に役立てようという研究を行なった。実用化はできなかったが、飛行機に搭載できるような小型のテレビ・カメラや受像機を試作したりして、貴重な成果を得たのである。(高柳 1986: 146f)

いずれにせよ、テレビ放送についても「戦争中の技術の進歩が役立って極短時日の中に驚異的な大進歩をとげた」ことは周知の事実とされていた(H1950-8: 19)。

国産技術の巻き返し

戦時中の軍事技術研究と戦後の視聴覚教育装置の連続性は、それを開発したメーカー側では特に自覚的であった。一九五五年に東京通信工業株式会社専務・盛田昭夫は、西本三十二が主宰する放送教育研究会全国大会で「我が国の録音機の現況と将来」を報告している。盛田によれば、テープレコーダーも第三帝国で発展した技術だという。

第二次大戦中にドイツで非常な進歩をとげて戦後訪れた米国技術調査団を驚かせ、此の技術が米国に持ち帰られ、公開されてテープレコーダーの発達普及が始った。(盛田 1955: 271)

一九五〇年東京通信工業株式会社は日本で初めてテープレコーダーを製作、販売した。この「聴覚教具の大立者」のヒットこそ、新興企業にとって大躍進の足がかりだった。盛田は急速なテープレコーダー普及を学校需要が支えていることを具体的な数字を挙げて指摘している。放送局用を別にすれば、標準型の四六・六%、普及型の一六%が学校で購入されていた。

諸外国に比べて大きな特徴は教育関係の比率が他のそれに比して高いことであろう。

勿論《もちろん》此れには価格等の点から個人の家庭への普及がおくれていることにもよるのであろうが録音機が直接教育に真剣に使用されている点では、わが国は最も進歩していると私は考えている。(同：273)

同社はテレビ放送開始の一九五三年からトランジスタ製造に着手し、一九五五年にはトランジスタラジオの販売を開始した。このときアメリカ輸出にむけて商標SONYが採用された。

だが、軍事技術を教育機材へ応用する思考は盛田個人のものというより、ソニーという企業の起源に由来する。戦時中、盛田は海軍技術中尉として、熱線誘導兵器の技術開発研究会で日本測定器常務の井深大《まさる》と知り合った。戦後、井深はラジオ修理を手がける東京通信研究所を立ち上げ、さらに一九四六年五月、井深の義父で東久邇宮・幣原《しではら》両内閣の文部大臣を務めた前田多門を社長、井深を技術担当専務、盛田を営業担当常務に東京通信工業株式会社を設立した。一九四六年一月、井深が起草した設立趣意書にはまず「戦時中、各方面ニ非常ニ進歩シタル技術ノ国民生活内ヘノ即事応用」が挙げられている。実際、旧軍用無線機をNHKの放送用中継無線機に改造したのを手始めに、NHKスタジオの改修工事のほとんどは東京通信工業が請け負っていた(ソニー 1998：44)。

一九五六年の第二回放送教育研究会全国大会でも盛田は「トランジスタ工業と放送教

育」を報告したが、トランジスタラジオの特長として、まず学校放送の維持費節約が強調されている。

昭和二三年度からＮＨＫが、全国の無電灯地区より指定した二〇〇の実験校に真空管式ポータブル受信機を貸与し、学校放送聴取を通じて放送教育振興をはかったが、ここでも電池代を主とする維持費の問題が大きな抵抗となった。トランジスタ・ラジオが出現した今日、ＮＨＫのこの運動は全面的にトランジスタ式への切換の大勢を示している。（盛田 1956: 1081）

学校受信機の納入でもＮＨＫと東京通信工業は密接に結びついていた。ラジオ受信契約数が最大に達するのは一九五八年であり、産業的にも教育的にもまだまだラジオの黄金時代だった。放送教育の発展とともに東京通信工業が急成長を遂げる様子は、日本放送教育協会専務理事・高橋増雄によって活写されている。

我が国での録音機の教育界登場は、東通工ＫＫの協力により学校放送の利用のための便宜供与という形であったが、いまや急坂を下る勢で普及した録音機は国語学習社会科学習を始め巾広い利用域を持ち、特に遠隔の地にある学校とことばをかわし、地方童唄《わらべうた》を味わい、名勝地誌の解説を聞く等、自作録音の交換が、同じ日本の地の学校の友達どうしに心情を通わせ心を温め社会科勉強の良き材料となっていることは嬉しい。（H1956-6: 21）

一六世紀の出版資本主義が「想像の共同体」として国民国家を成立させたことはベネディクト・アンダーソンの指摘するところだが、録音テープも二〇世紀における共感の創出に活用されていた(**図8**)。高橋は「強大な米国スコッチ製品」から国内メーカーを守るため、「教材」である録音テープの課税優遇策も要求している。

図8　国産録音テープによる「想像の共同体」　東京通信工業(現・ソニー)の急成長は，教室用録音機から始まった．(出典：『東通工10年のあゆみ』1956年)

放送用、一般用にも若干は廻されるが、六〇%から七〇%は学校教育社会教育用として利用されていることは毎号掲載される本誌記事にも明らかで、日本の録音機メーカーを支える大きな柱になっているのは、実に教育社会であるといっても過言でない。(H1957-2: 59)

この一九五七年、全国放送教育研究会連盟(全放連)は、無線通信機械工業会と共同して教育用に特別価格で普及させる「全放連型テレビ」を発表した(図9)。一九四八年発足の無線通信機械工業会は一九五八年に日本電子機械工業会(現・電子情報技術産業協会)に拡大改組され、一九六八年には電子教育機器普及推進委員会が設置された。同委員長・山口勝寿(日本ビクター株式会社)は、「全放連型テレビ」がこの産学連携システムの契機だったと回想している。

この協力体制は、電教委の前身である業務委員会の頃から全放連形《ママ》教育テレビの制定を機に作られたものです。当時、テレビは一〇万円以上でしたが、それを学校でも使えるように六万円前後の価格でなんとかならないかという話が全放連からありました。テレビは一億総白痴化するものだと言われた頃でしたから、これを教育に利用したいという申入れは画期的なことだったし、また教育に貢献することは国民としての義務でもあり、メーカーとしての責務でもあるというので、いろいろ相談した結果、利益は全部吐きだして協力しようということになりました。(H1972-9:

図 9 「これが全放連型テレビ」「六万円の最新式テレビです.」
(出典:『放送教育』1958 年 2 月号グラビア)

15)

「全放連型テレビ」発表の一九五七年、文部省視聴覚教育課は「テレビジョンと教育」と題した文書を出している。それはテレビについて七つの教育的価値(具象性・リアリティ・総合性・時間の短縮・距離の圧縮・共有性・簡便性)と五つの限界(高価・画面サイズ・編集複雑・一方向性・反復不能)を示している(H1957-10: 30f)。それはメーカーへの技術開発の指針ともなったはずである。やがて「編集複雑」はコントローラー、「反復不能」はVTR、「一方向性」はCATVなどによって技術的に克服されたが、一九七〇年代までのテレビ教育はこの技術的限界を前提として行われていた。

こうした放送教育と電器メーカーの産学連携の中で、強大なアメリカ製テレビを押し返して「電子立国・日本」は立ち現れる。文化国家の産業戦略的シンボルが「全放連型テレビ」であったと見ることも可能だろう。西本はその未来をこう展望している。

二十世紀の後半は、原子力の平和利用と相俟《あいま》って、テレビによる新しい教育、文化の躍進が約束されている。テレビによる都市と農村、中央と地方、および地方相互の間に横たわる教育および文化の落差をなくすることが、激動する社会を安定させるために、われわれが考えなければならぬ重要な問題である。これを解決する上に教育テレビの果す役割は実に大きい。（H1957–2: 9）

もちろん、西本が原子力とテレビを並べたことは、「民放テレビの父」にして当時、原子力担当大臣であった正力松太郎を意識していたわけではない。西本の率いる放送教育運動はＮＨＫと協働しており、正力が推進したアメリカ標準方式のテレビ導入に強く反発していた。そうした経緯があるにもかかわらず、「テレビによる新しい教育」の前置きとして「原子力の平和利用」を語ってしまうのは、「核の傘」、すなわち日米安保体制のもとにおけるテレビの政治的位置をよく示している。

アメリカの「視覚爆弾」

正力松太郎による日本初の民間テレビ放送、日本テレビ放送網株式会社(以下、日本テレビと略記)にスポットを当てたテレビ史、たとえば猪瀬直樹『欲望のメディア』(一九九〇年)、神松一三『「日本テレビ放送網構想」と正力松太郎』(二〇〇五年)、有馬哲夫『日本テレビとCIA――発掘された「正力ファイル」』(二〇〇六年)などで必ず言及される演説がある。

この〝視覚爆弾〟see bomb は、原子爆弾の破壊的効果にならぶほどの大きな影響力で、建設的な福利への連鎖反応を引き起こすことができると予言いたします。

これはアメリカ上院議員カール・ムントが一九五〇年六月五日に行った「ヴィジョン・オブ・アメリカ」演説の一節である。その前提には対外宣伝ラジオ放送「ヴォイス・オブ・アメリカ」VOAの実績が存在した。VOAは第二次大戦中の一九四二年、ドイツとその占領地区に向けて宣伝放送を行うため、戦争情報局OWIによって設立された短波放送である。戦後は、冷戦の激化とともに一九四七年からソビエト連邦とその衛星国に向けて放送が続けられた。

共産主義は飢餓と恐怖と無知の３大武器を持っている。（略）共産主義者に対する戦いにおいて、アメリカが持っているテレビが最大の武器である。われわれは『ＶＯＡ』と並んで『アメリカのビジョン』を海外に建設する必要がある。最初、試験的にやってみるに最も適当な場所はドイツと日本である。日本のすみからすみまで行き渡らせる完全なテレビの建設費は460万ドルであるが、これはＢ36爆撃機２機をつくるのとほぼ同じ金額である。（日本テレビ放送網 1978: 9–10）

ムント演説の二〇日後に朝鮮戦争が勃発しているが、ムントは共産主義の脅威に備えるべく日本を拠点として東アジアに自由主義陣営のテレビ・ネットワークを建設することを提言した。もちろん、豊かなアメリカ社会を示す文化宣伝の意味もあったが、軍事目的に利用するマイクロ・ウェーブの通信網と一体化されたシステムでもあった。この演説は公職追放中の讀賣新聞社主・正力松太郎が民間テレビ会社設立に向けて動き出す引き金になった。

日本テレビ社長に就任した正力は一九五五年二月、富山二区から衆議院議員に選出され、同年第三次鳩山一郎内閣で北海道開発庁長官として入閣した。翌一九五六年一月には原子力委員会委員長、同五月には科学技術庁設置により初代長官に就任した。原子力発電を積極的に推進し、一九五七年の岸信介内閣でも科学技術庁長官として日本初の東海村原子力発電所の稼動に立ち会っている。

「原子爆弾の破壊的効果」にテレビの影響力を喩《たと》えたムント演説から、アメリカ政府のドル借款による日本テレビ設立に至るまでの経緯は、アメリカの極東戦略とその心理戦の展開から分析されるべきだろう。一九五〇年代、日本テレビは合衆国情報局制作の「英語レッスンを中心とした番組」を毎週放送していたが、有馬哲夫は次のように指摘している。

明らかに日本人向けの、しかも教育番組なので、目くじらをたてるようなものではないだろう。また、日本テレビがこの番組を無料で提供されていたとしても、あるいは逆に電波料をもらっていたとしても、大した罪ではあるまい。日本テレビは良質の教育番組が手に入り、合衆国情報局は日本人の親米化にこれだけの実績を上げているとアメリカの納税者に対して誇れるのだから、双方にとって喜ばしい限りだ。ただし、合衆国情報サーヴィス報告書が「最近日本人が英語の学習に熱心になってきたのでこれを利用するように」と関係者に指示していたことは指摘しておこう。

（有馬 2006：295）

テレビを通じた親米化工作への批判は、テレビドラマや報道番組に対するものが多い。しかし、英会話番組など教育部門で最もソフトかつパワフルなプロパガンダが展開されていた。そう考えると、一九五〇年のムント演説の次の言葉に注目しないわけにはいかない。

元教育者として私は、一枚の絵は一万語に相当するという教育における原則をよく承知しております。この推定は我々の情報計画においては前提として受け容れられてきました。読む事ができない、聞いた事を理解できない人々も、絵なら見て理解する事ができます。（神松 2005: 6）

ムントもまた教師出身の政治家であったのである。ムントは一九〇〇年サウスダコタ州に生まれ、一九二七年コロンビア大学で文学修士号を得たのち、高校でスピーチと社会科の教師を務めた。その後、サウスダコタ州ブライアントの教育総監となり、一九四八年共和党から上院議員に選出された。一九七三年まで上院議員を務め、「ムント＝ニクソン反コミュニスト法案」の共同提案者として歴史に名を残している。日本初の民間テレビ会社の成立史では、正力の政治的背景とプロレス中継など娯楽番組にスポットが当てられるが、その精神的起源も第二次大戦時の総力戦教育と不可分である。

ムント構想に飛びついた正力は、一九五一年「ムント・ミッション」としてアメリカのテレビ技術者を招待し、日本の技術発展のために民間テレビ会社が必要であることを訴えた。一九五二年二月一六日付文書「日本テレビ放送網の設立について」で、正力は次のように語っている。

国家全体のうえから考えねばならぬことは、近代工業の基礎である真空管技術が日本では遅れていることで、これを発達させなければ、日本は、近代工業国家の列に入れないのであります。然るに、一たびテレビジョンが始まると、真空管工業は急速に発達し、工業の近代化が促進されるのであります。(略)それよりも大きなことは、これによって、国家の通信網が完備することで、従ってそれが又、直接治安国防の上にも、大きく貢献することであります。(室伏 1958: 15f)

こうした「工業化」と「治安国防」を掲げた正力のテレビ立国論はアメリカの世界戦略にリンクしたものであり、朝鮮戦争を契機にアジアの兵站《へいたん》基地として戦後日本は産業発展を遂げていった。一九五〇年からテレビ実験放送を開始していたＮＨＫに先駆けて、一九五二年七月三一日、日本テレビはテレビ放送予備免許の第一号を取得した。

正力の強引な民間テレビ放送開局工作に対して、ＮＨＫや教育界は「売国テレビは絶対お断り!」(図10)と強く反発した。最大の争点となったのは、テレビ送受信の標準方式をめぐる「メガサイクル論争」である。

図10 「売国テレビは絶対お断り!」ポスター 1952年日本テレビ開局に反対してNHK労働組合が配布したポスター. 輸入受像機から職場を守れ(左), 有害な商業テレビと学校では視聴覚教育の公共テレビ(上), 大都会だけの商業テレビと農漁村までみんなそろって公共テレビ(下). (出典:『大衆とともに25年〈写真集〉』日本テレビ放送網株式会社, 4頁)

2 一億総白痴化と教育テレビの誕生

「六メガ」娯楽と「七メガ」教育の日米決戦

わが国では二〇〇三年に「テレビ放送五〇年」の記念イベントが相次いだように、日本テレビとNHKテレビが開局した一九五三年を「テレビ放送元年」とするのが通説となっている。たしかにNHKのテレビ本放送開始は一九五三年二月一日だが、NHKがテレビ受信機を初めて一般公開したのは一九四八年六月であり、本放送開始までの約五年間、都内の百貨店などにおいてテレビの公開実験放送が繰り返し行われていた。また、NHKテレビ実験放送は一九五〇年一一月から開始され、まず学校向けの教育番組が放送された。同時にテレビ番組の作成、学習利用についての研究を進めるべく、有識者、教師、文部省、教育委員会の代表からなる「テレビ学校放送委員会」も立ち上げられた。

教育番組のディレクターとして加わった豊田昭(のちに日本放送教育協会理事長)によれば、のど自慢番組の企画者・丸山鉄雄(丸山眞男の兄)や、のちに《ふるさとの歌まつり》司会で国民的人気を集めた宮田輝アナウンサーなども実験放送スタッフだった(H1973-2: 52)。NHKのテレビ放送にかける意気込みは、正力の日本テレビに優るとも劣らぬものであった。

NHKがテレビ実験放送で採用したのは、アメリカで一九四〇年に標準化された「六メガ」方式ではなく、カラーテレビへの移行を視野に入れた「七メガ」国産方式であった。しかし、一九五二年二月二八日、電波監理委員会は「白黒式テレビジョン放送に関する送信の標準方式」を、日本テレビが主張するアメリカの「六メガ」方式に決定した。国産技術によるテレビ放送実現を戦前から「技術報国」の目標としてきた高柳健次郎を中心とするNHK技術陣にとって、それは第二の敗戦だったかもしれない。

西本を中心とする日本放送教育協会もこの「六メガ・七メガ論争」に積極的に参加している。一九五二年四月二六日、NHKと無線通信機械工業会が申し立てた白黒テレビの送受信標準方式への異議に対して聴問会が開かれた。その討議内容を伝える『放送教育』同年六月号掲載の「教育者の主張――テレビ聴問会における記録」でも、「七メガ」支持は強く打ち出された。

教養を主とした公共放送を主張するNHKと、アメリカ製の受像機をそのまま輸入して広告放送をもつて普及しようとする民間テレビ会社は、電波帯域をめぐつて、六メガか七メガかの論争を続けている。われわれは、アメリカ他各国の商業テレビの非教育性について、たくさんの弊害を知らされている。ラジオの場合と違つて直接視覚に訴えるテレビは、悪用すれば子供たちの清純な心情を汚染することは必至である。（H1952-6: 22）

教育者の立場から波多野完治のほか、北海道大学教授・中谷宇吉郎、東京都青山中学校教諭・岩本時雄などが参考人として意見陳述をしている。寺田寅彦の教え子である中谷は、『科学と社会』(岩波新書・一九四九年)などで知られる物理学者だが、《大雪山の雪》

(日本映画社・一九四八年)などの科学映画も手がけていた。岩波映画製作所は中谷研究室プロダクションを前身としているが、中谷は自らのアメリカ体験から、日本で「テレビが家庭に入るのはできれば止めたい」とまで断言している。

私はテレビはパチンコのようなものと思つているが、妙に頭の変な所に麻酔的な効果を持つており、それが又非常に有力なものであるから、おそらく普及したらそれが今後の文化を支配するものであり、新聞、ラジオの世論がもつているものもテレビには及ばない。テレビは恐るべき武器でもあり毒薬にもなるものであると確信する。将来テレビの普及により日本人の文化、思想はテレビに支配されると思う。これは機械文明に支配された今日の歴史をみて私はそう思う。日本のテレビは、出来るならばまず教育に使つてもらいたい。(H1952-6: 22f)

まだテレビ本放送が開始される以前であり、大宅壮一の「一億総白痴化」発言より四年も早い段階で、同じような懸念が公式に表明されている。この「麻酔的な効果」を回避するためには、七メガの教室用大画面テレビが優先されるべきであり、六メガのアメリカ製家庭用小型テレビを輸入するべきではないと、中谷は主張した。一方で、「文化国家」におけるテレビの戦略的重要性も指摘している。

テレビは文化国家をもりたてていく武器にも毒薬にもなるもので、軍国時代の大砲にも軍艦にも相当するものと思うから、やるとなると、テレビは電波の中でも最も大切にし割当なども優先的にすべきだ。（同）

波多野も視聴覚教育全般を見わたした上で、やはり七メガを主張した。教育費の乏しい日本では学校に教育映画を全面導入することは困難であり、その代用として高画質の七メガ導入が必要だと論じている。心理学と国民性論を結合した独特の論理が展開されている。

日本人は音には鈍感であるが、形及び色には敏感だといわれる。田舎ではラジオなど音色が悪くても皆結構よろこんで聞いているが、絵とか写真とか、あるいは映画などには敏感で、ゆがみとか、ぼやけとかをいやがる。学習に使う場合には画面が気にかかると学習をしなくなる可能性があり、その点からも画面の質をよくして欲しい。画面の質をよくするのに七メガの方がよいというのなら七メガにして欲しいというのが視聴覚教育を行う者のお願いであります。（同：25）

この視聴覚教育の立場を、岩本時雄が教室の実践例を引きつつ補足している。当時、街頭の俗悪文化としてPTAの批判にさらされていた紙芝居と「商業テレビ」を重ねている。「街頭テレビ」登場以前から、テレビは「電気紙芝居」として批判されていた。

昨年の米国の教育問題にテレビ出現により児童の朝寝坊と遅刻が多く、宿題を忘れた者が多いということです。街頭の紙芝居にかじりつく日本の子供達に、若し日本にテレビが入つたら、これ程子供の興味をひくテレビの番組には、教育的要素を豊かにもり込むことを希望します。(同：26)

路地裏で駄菓子を売りつつ自転車の荷台で演じられた大道芸である紙芝居は、都会の子どもにとって当時最大の影響力を誇ったマスメディアであった。最盛期の一九五二年には都内だけで絵の貸元約一〇〇軒、その傘下に二〇〇〇人以上が営業しており、「十円玉を握り締めた」観客は一日のべ一〇〇万人を超えていた(鈴木 2007：95)。禍々《まがまが》しい悪役像、陰惨なイジメや流血場面に満ちた紙芝居は、たしかに教育者の童心主義と対立したであろう。こうした「俗悪文化」の悪影響から子どもを守るため、一九四九年以降、各地で紙芝居業者条例が制定されていった。バイに立つ(商売する)、ショバがくさる(売り上げが減る)などのテキヤ用語を使う紙芝居屋は、学校関係者からは敵視される存在だった。

だが、この「俗悪文化」も一九五三年の街頭テレビ登場に続く経済成長の中で急速に衰退していった。その意味では、街頭テレビを「おとなの電気紙芝居」と評することもあながち的外れとはいえない。大卒の初任給が八〇〇〇円であった一九五三年当時、一七インチのアメリカ製受信機は二五万円もしていた。広告収入に依存する日本テレビは視聴者拡大のため、駅前や盛り場にテレビ受信機を設置し、帰宅途中のサラリーマンなどで連日、人山ができるようになった。とりわけ、力道山の活躍で爆発的なブームとなったプロレス中継には、屋台も立ち並びパブリックビューイング化の現象さえ見られた。「おとなの電気紙芝居」のヒットは識者の予想をはるかに凌駕していた。

さらに聴問会では東京都板橋第三中学校教諭・日比野輝夫、東京都南山小学校教諭・高萩竜太郎など現場教師が七メガ方式を強く主張しているが、結果的には日本テレビの六メガ方式が覆ることはなかった。こうして教育関係者が反対した六メガ・アメリカ方式の採用は、結果的には日本のテレビ製造業にダメージを与えるどころか、東南アジア、やがてはアメリカ本土のテレビ市場進出への糸口となる。

しかし、この「七メガ敗戦」はNHKテレビ技術陣のトラウマとして残り、一九六〇年代にはNTSC方式を超える次世代テレビの開発が始められた。第四章で触れる一九八〇年代の「日本標準」ハイビジョン・テレビは、そのリベンジとして挑戦されたといえる(服部 2001: 445)。

それにしても、アメリカ製六メガvs.日本製七メガの図式が、娯楽放送vs.教育放送の図式に重ねられたことの意味は大きかった。非アメリカ的な「教育放送」は、文化国家におけるナショナリズムの象徴になったのである。

このため、テレビ本放送開始にあたってはNHKも日本テレビも「教育機能」や「文化機能」を特に強調していた。NHKテレビジョン放送部長・宮川三雄は「テレビジョン番組の編成方針」についてこう述べている。念のためにいえば、NHK教育テレビは一九五九年開局だから、これは総合テレビの方針である。

NHKをまず青少年の教育に捧げる事を根本方針としたのは当然である。テレビが青少年の視聴覚教育の手段としてもっとも優れたものである事は論をまたない。わが国においてとくに遅れているといわれる科学教育、職業教育、社会教育の面にこれを活用し、あわせて青少年の道義の高揚に資するというねらいである。(日本放送協会 1965下：458)

NHKは本放送開始の翌日、一九五三年二月二日から一日一五分、週六本の学校放送番組を放送している。一日の放送が四時間だった当時、学校放送が総放送時間に占めた比率は六・二五%である。学校放送のみでなく、娯楽番組でも「楽しみかつ為になる」ことが目標とされた。西本三十二の「テレビジョンの教育的利用」という提言に対して、宮川企画部長はこう回答している。

家庭本位の娯楽機関の乏しい日本ではテレビの影響が〔アメリカより〕もっと大きいことさえ予想されます。ここに我々がまず社会的教具としてのテレビを考えずにはいられない理由があります。NHKの標榜する家庭本位の健全な娯楽と教養との提供はこうした顧慮から生れたものです。我々は家庭を単位として家庭の誰れもが楽しみかつ為になる番組を考えています。(H1953-2: 11)

他方、日本テレビの「日本テレビ放送網放送基準」(一九五三年五月三〇日制定)でも、第一に「文化的機能」が打ち出されていた。

日本テレビ放送網株式会社は、常に大衆の基盤に立つ民営テレビジョン放送機関としてテレビジョン放送独得の文化的機能を創造し、もってジャーナリズムと芸術の新しい分野を開拓して日本文化の発展に貢献すると共に、商業広告と宣伝の画期的な媒体として産業経済の繁栄に寄与しなければならない。(日本テレビ放送網 1978:

31）一九五三年八月二八日、日本テレビ開局式にあたり、吉田茂首相に続いて挨拶した堤康次郎衆議院議長は次のように述べている。堤は西武グループの創業者である。

戦後、道義の頽廃は眼にあまるものがあります。道義がすたれて、国が興るためしはありません。どうかこれからは、道義の昂揚に大いに力をいたし、国家的にこれ〔テレビ〕を運用して、充分その威力を発揮して頂きたい。（室伏 1958: 119）

学校現場からの放送文化批判

「メガサイクル論争」が巻き起こした愛国熱は、放送教育運動の関係者だけでなく、反戦平和運動をめざした日教組の教師たちにも大きな影響を与えた。彼らの目に、アメリカ製テレビは日本を「核の傘」に入れたアメリカ植民地主義の文化的象徴として映っていた。以下ではテレビ放送開始の一九五三年に創刊された日教組教育研究全国集会の報告書『日本の教育』によって、教育現場におけるテレビの受容／拒絶の変遷を定点観測してみたい。ちなみに、日教組の教研集会と全国放送教育研究会連盟（全放連）の全国大会は、一九八〇年代まで毎年一万数千人の教員を動員してきた教育界の二大イベントである。『日本の教育』の分析は、文部省・NHKなどが全面支援する日本放送教育協会の機関誌『放送教育』とは異なる角度からテレビ教育を検討するために不可欠な作業である。

『日本の教育』創刊の一九五三年当時すでに東京には街頭テレビがあったが、教研集会の第五分科会「教育をめぐる社会環境」で問題とされたのは地方におけるラジオ普及の貧困であった。高知県甲浦町(漁村)では「電灯のない家が二%もあり、ラジオのない家は八四%」と報告され(N1953: 246)、宮崎県南郷町(農村)でもラジオ聴取率は五六%、「問題はマス・コミュニケーションの質の善悪よりも、マス・コミュニケーションにならぬというところにある」と結ばれている(同：253)。また同時に、日米安保条約で温存された米軍基地と娯楽的アメリカ文化が厳しく批判されている。「アメリカの軍事基地は日本の社会の腐敗の結核的病状」(同：227)であり、「日本の子どもをむしばむ植民地性」の危機が強調された。

> 一般的にいって、子どもの時局認識もまた、マス・コミュニケーションの論調、つまり政府の世論指導の線に乗っている。新聞・ラジオを通じて直接に、また親や教師を通して間接に、子どもは教え導かれている。(同：273)

基地の子どもがパンパンをうらやましいと思う以上に、外国に対する一辺倒ないやらしい憧れが、日本のマス・コミュニケーションにはいくらでも横行しているのではないか。（同：292）

こうした「陰謀論」があながち無根拠と言えないことは、正力が日本テレビへの「娯楽番組の提供」をアメリカ国務省や合衆国情報局に依頼していたこと、その結果として西部劇《名犬リンチンチン》（日本テレビ系列・一九五六―六〇年）やホームコメディ《パパは何でも知っている》（同・一九五八―六四年）などのアメリカ製ドラマが「親米プロパガンダ」として格安に輸出されたことは、有馬哲夫によって実証的に裏付けられている（有馬 2006: 296f）。もちろん、こうしたホームドラマは街頭テレビ向けではなく、お茶の間テレビによって影響力を発揮した。

しかしながら、日教組講師団の総括も一九五三年段階では映画・ラジオ・新聞を念頭においており、放送開始直後のテレビが「社会環境」として論じられる余地はなかった。実際、私が生まれ育った広島市にNHKテレビ局が開局するのは、東京で本放送が開始されてから三年あまり後の一九五六年三月二一日である。さらに初の民放テレビ局・中国放送（現在はTBS系列）が開局したのは一九五九年四月である。

そのため、日本全国の映画館年間入館者数とラジオ受信契約数が絶頂に達するのは一九五八年であり、一九五〇年代後半はなお映画とラジオの黄金時代だった。特に音楽教師から目の仇にされたのはラジオの流行歌であり、対抗策として校内放送による名曲鑑賞や楽器演奏が主張されている。

私のところでは音楽的の雰囲気が高まって流行歌の問題は殆んどない。結局流行歌は学校教育の音楽を確立すればおそれるにたりないと思う。(N1954: 165)

今日の音楽教科書に流行歌が採用されていることを考えれば、まったくもって甘い認識である。だが、こうした教師の「流行歌」敵視に対して、「素人のど自慢」番組のプロデューサー・丸山鉄雄はかつて次のように弁明していた。

実際の審査に当つては「こんな女に誰がした」式のパンパンぶしや、アロハのアンチヤン好みのやくざぶしは敬遠されており、同じ歌謡曲でも応募者の曲目の選択が合格、不合格の一つの鍵となつているから、悪質な流行歌でも無条件に受け入れているわけではない。(略)所謂《いわゆる》健康な唄が「のど自慢」に少く、頽廃的なメロデイや低級な歌詞の流行歌が好んで唄われるのは今日の大衆の置かれた社会的環境の反映である。大衆の経済的基盤が向上してくることによつて、その文化的趣味、感覚が高まってくれば、自然に「のど自慢」の放送にも楽壇や教育界のお気に召す様な健康清純な風がもっと高く吹かれるであろう。(H1949-11: 9f)

流行歌に対する丸山のこうした啓蒙的配慮は良くも悪くも「ＮＨＫ的」である。だが一九五〇年の放送法制定により商業放送が認められると、一九五一年九月の中部日本放送、新日本放送(現・毎日放送)を嚆矢《こうし》として続々と民間ラジオ局が開設された。

水野正次の革新と抵抗

当時、ラジオ聴取者による番組改善運動を組織した水野正次は、その契機として《陽気な喫茶店》(ＮＨＫ第一ラジオ・一九四九年)の「司会者松井翠声、内海突破の両氏が使ったギヨッ、ギヨッという響きを意味する下品な言葉の流行」とＮＨＫラジオで放送されていた子ども向け連続ドラマ《三太物語》(ＮＨＫ第一ラジオ・一九五〇—五一年、原作・青木茂)を挙げている。「三太」シリーズは《三太物語》(一九五一年・新東宝)、《花荻先生と三太》(一九五二年・大映)、《三太と千代ノ山》(同年・新東宝)、《三太頑張れッ！》(一九五三年・新東宝)など次々と映画化された。水野はこれが「青少年たちに奇妙な言葉や気風の上に悪い影響を与えたこと」を憂慮し、番組改善運動を婦人団体、ＰＴＡなどに呼びかけた。一九五三年に結成された「日本放送聴視者連盟」専務理事として、水野は設立趣意書でこう述べている。設立発起人には、波多野完治、清水幾太郎から小山栄三、近藤春雄など錚々《そうそう》たる研究者も名を連ねているが、協力団体の筆頭には日本教職員組合が挙げられている(水野 1953: 83)。

わが国でも多数の商業放送局が開設されさらにテレビジョン放送の実施されるにおよび、われわれ国民はこの巨大な放送のマス・コミユニケーシヨン(大衆宣伝)の影響をますます深くこうむらざるを得ず、とくに青少年、学童にたいする心理的、感化的影響は、社会教育全般の上からも、決してゆるがせにできないものがあると思います。(同 : 81)

ここで「マス・コミュニケーション(大衆宣伝)」と表記されているように、アメリカで第二次大戦期に作られた新語「マス・コミュニケーション」が「プロパガンダ」の代用語であることを、水野は『マス・コミへの抵抗』(一九五七年)においてこう説明している。

第二次世界大戦いらい、従来「宣伝」とよばれてきたものが、「マス・コミュニケーション」という新しい名称をもって復活されたのは、いままでの宣伝が、多数の人々に錯覚をおこさせ「地獄を天国と思わせる」というヒットラーばりの「宣伝」にたいする不信をとりもどすためばかりではなく、火薬と大砲の発明が、封建の城壁（制度）とその思想とを吹き飛ばしたように、第二次大戦中に発達した電波技術の飛躍的進歩が「宣伝」の媒体と技術の内容を質的に変革し、今までの「宣伝」のカテゴリーのワクのなかに、とどまることのできない大きな質的転換がなしとげられ、「マス・コミュニケーション」と改名されざるをえなかったといえるのである。（水野 1957: 99）

水野は一九五三年一〇月から月刊誌『放送評論』を発行し、自らの番組改善運動を次のように誇示している。

一九五四年の五月、横須賀音頭とか八王子音頭という低調卑俗な歌が流行しこれが放送されたりして子弟に悪影響を与え教育に関心をもつ婦人団体や教育団体からレコード会社や放送局に抗議の運動が起るや、いち早く、この低俗な歌謡のボイコット運動に本連盟も先頭になつて活動した。（水野 1955: 6f）

こうした水野の「市民運動」は、東京大学教授・宮原誠一にも高く評価されている。

それは学校放送にばかり関心を向けて、民放ラジオ番組の子どもへの影響にあまり関心を示さない放送教育関係者への批判でもあった。

総評の国民文化会議準備会のきもいりで「ラジオの番組をよくする会」結成準備会がつくられた。好ましくない放送番組の追放と、優秀な番組の推奨によって放送文化を健康なものにしてゆく国民運動をおこそうというのである。ラジオによって国民の情操がいかに低下させられているか。子どもたちがどんなに悪影響をうけているか。ついにたまりかねて、国鉄の労働者や地域婦人団体の母親たちが立ち上って国民によびかけようということになったわけである。放送教育関係者は、何をしていたのか。(H1955-6: 1)

それにしても、「〈平和的手段による革命〉を主張していた急進的インテリゲンチャ」(松田 1980: 305)、水野正次とはいったい何者だろうか。『マス・コミへの抵抗』に記された経歴は、こうした「市民運動」がもつ反米ナショナリズムの深層をよく示している。翌年刊行の『テレビ――その功罪』(三一新書)では戦前の経歴がすべて消されているので、あえて全文を引用しておこう。

一九〇七年愛知県西尾市に生る。青山学院を経て東京外語独乙語科に学ぶ。一九三一年新愛知新聞入社、一九三八年名古屋新聞に転じ論説委員、一九四〇年精神科学研究所、大東亜省並に情報局嘱託、一九四四―四五年NHK名古屋中央放送局にて時事解説を担当、一九五三年『放送評論』創刊、一九五三年日本放送聴視者連盟設立、国民文化会議言論部会会員。訳書に『レーニン婦人論』『婦人運動当面の諸問題』『産業の合理化と労働者階級』その他。著書に『総力戦と宣伝戦』『戦火の背景』『謀略戦争と神経戦争』『スターリングラードの悲劇』その他。

たしかに「革新的思考の持ち主」にはちがいない。訳書に「レーニン」「婦人運動」「労働者階級」が並ぶと、著書の「総力戦」「謀略戦争」も発行年が書かれていないため左翼的な内容と誤読を誘う可能性がある。それにしては蓑田《みのだ》胸喜《むねき》率いる原理日本社の姉妹組織「精神科学研究所」や言論統制の総本山「情報局」など、右翼、政府との関係は隠されていない。水野は一九二〇年代末の共産党弾圧事件以後、国家社会主義に転向し、戦時中は思想戦の専門家として大活躍した人物である。右の経歴で省略されたサブタイトルを含めて主要著作を列挙しておこう。『総力戦と宣伝戦――ナチス思想謀略の研究』(新民書房、一九四一年)、『大東亜戦争の思想戦略――思想戦要綱』(霞ケ関書房、一九四二年)、『思想決戦記』(秀文閣書房、一九四三年)、『敵米英は何処を狙ふか――謀略戦争と神経戦争』(教育思潮研究会、一九四四年)、『国民組織と宣伝組織』(大日本翼賛壮年団中央本部、一九四四年)などである。敗戦後、水野は再度、あるいは三度の転向を遂げる。『延安より東京まで』(青年タイム社、一九四六年)などを編集し、一九五五年反戦平和を唱える国民文化会議(現・市民文化フォーラム)の創設に加わり、「進歩的」なマスコミ批判の中心的活動家となった。

『マス・コミへの抵抗』の章タイトル、「原爆帝国主義とマス・コミュニケーション」「労働階級と独占資本はマス・メディアをいかに評価したか」を一瞥するだけで、水野の論理展開はおよそ見当がつくだろう。今日ではこれほど直截《ちょくせつ》な「ブルジョア・メディア」批判はあまりお目にかかれない。ただし当時、民族文化の護持を求めるマスコミ批判は、むしろ左翼勢力に共鳴板を備えていた。戦時中の思想戦唱導者が「苛烈なゲンダイの思想戦」に向けて前衛党を次のように叱咤激励しており、そこに戦中＝戦後の連続した反米感情を嗅ぎ取ることはできるだろう。

マス・コミこそ、現代文化の集約的表現であり、帝国主義との思想の決戦場である。と考えるものにとって、聴取者大衆をいかに組織化するか、民族的文化を守って、いかにして帝国主義的文化にたちむかってたたかわしむることができるか、という具体的な組織の方法論にまで発展しない文化政策をいくらならべたところで、大衆

はたちあがることもできないであろう。（水野 1957：65）

水野の論理、というよりその感情は、日教組教研集会でも共有されていた。たとえば、次のような発言である。

与えられた悪質なマス・コミの中で、日本の子どもたち（おとなももちろんのこと）の多くは、真に人間として、そして国民として怒るべき時に怒れなくさせられている。（略）こうして、なるようにしかならないというあきらめと自暴自棄的な精神をたたきこまれ、その結果、生きる希望を失って、自殺したり、どろぼうやこじきになったり、自衛隊になったり、パンパンになったりするものが出ている現状である。（N1956：209）

自衛隊とパンパンを並べるレトリックは、アメリカに対する肉体的売春から精神的売春へ、すなわちＧＨＱ占領から日米安保体制への移行を想起させるためだろう。教研集会では学校放送の利用をめぐっては意見は分裂したが、ＰＴＡなど聴視者運動との連帯は常に意識されていた。

教科の学習やその他学校内の生活に学校放送をとりいれ、また一般放送を利用し話しあいの機会を多くすること、家庭で話しあう機会をもたせること、ラジオを子どもの手にゆだねる運動を進めること、教師自身がラジオの番組を知り電波を有効に利用する努力をはらうことが必要である。(N1955：288)

また、NHK学校放送の利用をめぐっては、教研集会に講師として招かれた東京大学新聞研究所教授・日高六郎はこう発言している。

NHKの学校放送に半年ほど協力したが、いろいろ、制約がある。現在の社会に対してはっきり批判的態度をとったものは通らぬことがあった。しかし、局の内部では良心的な人が苦労している。われわれは日教組などを通して、こういう人びとを応援しなければならぬ。(同：299)

しかし、NHK学校放送への「応援」が日教組によって行われた形跡はない。教研集会の記録を読む限り、カリキュラムの自主性を守るため、全国一律の学校放送を避けて自前の校内放送を行うほうが推奨されていた(同：297)。しかし、カリキュラムの自主性は建前であり、むしろ彼らにも根強く残る教科書中心主義こそが放送利用の障害となっていた。当時、西本三十二は学校現場における学校放送利用の消極性をこう批判している。

放送では、何が飛び出してくるかわからない。それでは教師は不安で仕方がないから、学校放送を敬遠することになる。まことに馬鹿げたことであるが、これが放送教育推進の一つの隘路《あいろ》となっている。世の中には、予想できることと、予想できないことがある。この二つの錯綜している中で生きていくのが、人生である。教科書をつかって行う教育では、予め教材を研究し、準備を整え、綿密な教案をつくって教室に臨むことができる。放送教育では、ややその趣を異にする。生徒と教師が放送に聴き入るところに、教育の中心がある。(H1956-4: 5)

知識の教師ではなく、方法の教師たれ、という西本の理想は高すぎたのだろうか。指導用解説書を使って教科書を解説するのが精一杯という教師が多数だったようである。NHK放送文化研究所が一九五五年一〇月に実施した第五回学校放送調査の結果、ラジオ学校放送利用を「かつて利用していたことはあるが、現在やめている」という学校が、小学校で七三%、中学校で七〇%、高等学校で三四%に達した。その理由(数字は小学校、複数回答)は「放送時間の関係で時間割に組入れにくい」七一%、「他の方法による学習活動に時間をとられてNHK学校放送を利用する余裕がない」五一％、「明瞭に聴取できない（機械の故障、設備が悪い）」三八％、「学習内容と放送内容があわない」三三％、「番組について事前に必要な知識が得られない」一二％、「校内放送に時間がとられてNHK学校放送を利用する余裕がない」九％、「学校放送の利用を促進するための指導者が得られない」七％、「基礎学力が低下する」七％、「生徒がききたがらない」三％、「機械の操作に明るい人がいない」三％であった。このデータを分析した西本は、特に「学力低下」論を次のように批判している。

基礎学力の低下ということは、戦後に展開された新教育を批判するために、しばしばもち出される有力な武器である。一体基礎学力というのは何を意味するのか、低下しているといわれる基礎学力と比較できる戦前の基礎学力についての客観的基準があるのか、これについては、いろいろと検討を要する問題がある。（同：6）

歴史は繰り返されるというべきだろう。まったく同型の議論を二一世紀の「ゆとり教育」論争は再現していた。もちろん、仮に基礎学力が低下していたとしても、それが教育改革に由来するのか、あるいは社会的、経済的変動の影響なのかを見極めることは容易でない。それにしても、次のような西本の要求も、「総合的学習」導入後の現在ならともかく、「教室の護民官」を自負した当時の現場教師には受け入れ難かったはずである。

学校放送の番組は、それぞれ一つのまとまりのある教材であって、余り教師の手を加える必要のないものである。そこでその番組の選択から、聴取までの過程を児童生徒の自治的運営に任せることもできる。これは小学校の高学年から中学校、高等学校においては、少しばかりの訓練によって容易に実行できることである。これがまた児童生徒の自発活動を喚起し、学校放送聴取に興味を起させ、その教育効果を一そう高めることになろう。(同：7)

こうした西本のラジオ教育論は、テレビ教育でも繰り返された。そのメディア論的意味については、第三章で「西本・山下論争」を論じる際に立ち戻りたい。

「テレビごじき」のプロレスごっこ

テレビが日教組教研集会で初めて問題になったのは、一九五六年の第一分科会「教科外活動と情操教育――マス・コミュニケーションの影響とどう闘うか」である。横須賀の事例が紹介されている。

プロレスはテレビで取り上げられ、新聞雑誌でさわがれる。そのテレビを見るのに、テレビのある商店の商品を買わされる。その一枚五円の切符が学校で売買される。(N1956: 201)

テレビの初期普及段階を、街頭テレビ時代(一九五三―五五年)、近隣テレビ時代(一九五五―五八年)、お茶の間テレビ時代(一九五八年―)とわけることができるだろう。近隣テレビ時代の一九五五年一一月のNHK調査では、一二万の受信契約のうち、喫茶店・そば屋・理髪店など商店が四七・八%を占めていた。もっとも、この時期区分にも地域差があり、一九六〇年になっても福岡では「五円テレビ劇場」が流行していた。

ここは子どもの世界だから、チャンネルの選択も自主的にやられる。親たちも、街をウロツイているよりはよっぽど安心だ、といっている。(略)どこにもあてはまるケースではないが、指導者さえよければ、マスコミ対策として一つの有効な形といえるのではないだろうか。(S1960-1: 20)

「五円テレビ劇場」とは小・中学生に五円で一晩ゆっくりテレビを観せ、紙芝居屋のように「景品」の駄菓子をわたす商売である。劇場といっても普通の民家の一間にテレビを置き、大人がチャンネルを握っている家庭の子どもや「テレビ・ジプシー」たちが自由にテレビを観る空間だった。映画館と紙芝居の中間形態であり、「電気紙芝居」から「家庭映画館」への移行期の産物といえる。

波多野完治は地方ではなお他人の家を巡って番組を観る「テレビ・ジプシー」がいることに言及している。

> これは、ある地方では「テレビこじき」ともよばれている。こんな下等な、いやなひびきをもった単語はない。（略）こういうことばがつかわれるようになったということは、つまり、テレビが大部分の家庭に入って、セットのないうちの方がすくなくなった、という現象のあらわれでもあるのだろう。だから、テレビのすくない農村地方には、まだこんないい方はひろがっていない。(H1961-7: 35)

一九六〇年代初頭、都市部ではお茶の間テレビの時代に入っていたが、農村部では学校で初めてテレビに出会う子どもたちも少なくなかった。お茶の間テレビ時代に入ると「テレビこじき」に代わって「テレビっ子」が流行語となるが、日本教育テレビ編成局次長・金沢覚太郎によれば、それは波多野による翻訳語である。

テレビの前に一日三時間以上かじりついているこどものことを、イギリスではテレビ・チャイルドといった。テレビのない子が、近所のある家を探して歩くのは、テレビ・ジプシイだが、これはテレビの早すぎる普及で、わが国ではあまりはやらなかったようである。波多野完治さんは、いちはやく「うちのテレビっ子」とおっしゃった。江戸っ子らしい、しゃれた翻訳である。(H1963-7: 46)

「テレビっ子」とテレビ普及の関連で、NHK放送文化研究所の布留武郎はプロレス有害論が「教育テレビ」を引き出したパラドクスを指摘している。布留は戦時中、音響心理学の専門家として海軍技術研究所京都分室で潜水艦乗務員のスクリュー音識別実験に携わっていた(S1979-1: 30)。

プロレスはお芝居に真剣の衣をきせたショーで、いかにもヤンキーの考え出しそうなスリラーである。大人でさえ興奮するのだから子どもたちが夢中になるのは無理もない。ひとときの力道山旋風は先刻御承知のとおり幸か不幸か日本のテレビはプロレスに始まったのである。成算の危ぶまれていたテレビ企業に、プロレスは数百万の視聴人口を動員したといわれるが、街頭テレビや喫茶店テレビの時期を過ぎて、家庭にテレビを送りこむ段階になると業者ははたと行きずまった。プロレスごっこがテレビの害悪を大きく宣伝して、子どもをもつ家庭の心理的抵抗を形成したからである。もちろんテレビに対する親たちの抵抗はプロレスに限ったことではないが、その成因に大きな力をかしていることは疑いない。テレビを普及させるためには、世論のかかる抵抗を打破しなければならない。それには第一にテレビの教育力を強調するとともに、第二に子どもたちへの悪影響を阻止するような処方箋をつくることが必要である。このような動向はまた教育者や放送局の歓迎するところでもある。

(H1957-10: 27)

教育テレビ待望の世論はプロレス番組に代表される「有害」番組から生まれたというのである。一九六〇年安保闘争で頂点に達する反米ナショナリズムの盛り上がりの中で、プロレスのような「低俗なアメリカ文化」を批判することは、左右のイデオロギーを超えた知識人の「踏み絵」であった。ちょうど一九五七年砂川事件から一九六〇年安保闘争の間に一世を風靡《ふうび》した流行語「一億総白痴化」は、それを口にする人々の脳裏では「戦後民主主義」批判にも「米帝独裁」糾弾にも翻訳された。つまり、「一億総白痴化」は保守主義者も社会主義者も、まったく異なる文脈のアメリカ批判として語ることが可能だった。その便利さゆえに、「一億総白痴化」は戦後日本のテレビ文化を批評する際の切り札となったといえるだろう。

一億総白痴化論の系譜

その意味では「一億総白痴化」を宣伝利用したのは、むしろテレビ局自身だった。当時NHK教育局長だった川上行蔵はこう回想している。

こんなものが家庭の茶の間に氾濫しては一億総白痴化になる、という大宅壮一氏の名言がすべての理論を圧倒する強さで世間に広がっていたことが、逆に教育放送の重要性を支えたのでした。(H1994-5: 63)

とすれば、大宅壮一が実際に何を語っていたか以上に、それが圧倒した「すべての理論」が重要だろう。つまり、大宅は具体的な番組内容について「一億白痴化」をいったわけだが、そうした衆愚化理論はテレビ放送が始まる以前から存在していた。たとえば、一九五二年の「メガサイクル」公聴会で七メガ採用を主張したNHKテレビ実験校の教師・高萩竜太郎は、「テレビジョンと共に育つたこどもたち」でこう回想している。

> 当時アメリカあたりからは、しきりに娯楽テレビのこどもへ及ぼす弊害のことがつたえられてきていたので、まだ見もしないうちから、テレビは、こどもに悪いというように考えられ、テレビの発展が丁度、映画がはいってきたころのような立場に見られていたのであった。ところが、実際には、実験時代から、本放送に至るまで、こどもたちは、教育テレビを見せられたのであるから、テレビのよさだけを教えられてきたわけである。(S1957-8: 21)

テレビ有害説が「まだ見もしないうちから」輸入されていたこと、その上でNHKが実験放送に教育番組を使っていたことの指摘も重要だが、人々がテレビの発展を映画史に重ねて見ていたことに注目してみたい。「映画がはいってきたころ」、つまり大正期の活動写真と同じく昭和戦後期のテレビは、子どもに影響を及ぼす「ニュー・メディア」であり、アメリカニズムとの対峙という文化的背景もよく似ている。

また、テレビの俗悪イメージが普及することで、斜陽化した映画は徐々に教養のメディアとなっていった。映画評論家を名乗った東京大学総長が存在したように、インテリが趣味を問われて「映画鑑賞」と答えることは珍しくないが、「テレビ視聴」と答えることは稀だろう。

「ニュー・メディア」の有害言説は、一九一〇年代の映画に続いて一九二〇年代のラジオでも繰り返された。元日本放送協会常務理事・中山龍次は、一九二八年五月『国民新聞』に駿台野史が発表した「ラジオ亡国論」を紹介している。

惟《おも》フニ、近時日本人ノ腑抜ケニナリ、腰抜ケ同様トナリ更ニ国民ノ士気ノ振ハヌ一因ハ、彼ノラジオニ依リテ毎日毎夜、雨ノ降ル日モ凧ノ日も音楽攻メヤ、演芸攻メニナツテ居ル故ダ。（H1950-4: 8）

中山はこうしたメディア亡国論の源流として、日米和親条約締結後に佐田介石《さだかいせき》が唱えた「ランプ亡国論」、一九〇〇年頃に流行した「電話亡国論」も列挙している。つまり、あらゆるメディアは、その普及初期の「ニュー・メディア」段階で有害のレッテルを貼られてきた。それは現在のテレビゲームやインターネットでも同様だろう。だとすれば、テレビもやがて映画のように教養のメディアとなるかどうか。その問いには「終章」でもう一度立ち戻ることになる。

いずれにせよ、こうしたテレビ有害論の限界、おそらく効用も文部省は知っていたはずである。たとえば、一九五一年文部省は視聴覚教育課の青木章心と山崎省吾をテレビ教育視察のためアメリカに派遣しているが、山崎は心理学者ブルース・ロビンソンの言葉を紹介している。

テレヴィジョンが行われなかつた時代にも、犯罪の絶えたためしはなかつた。大人というものは、映画とか、漫画とか、テレヴィジョンというと、顔をしかめて心配する。いや、心配しすぎる。(H1951-9: 7)

それを知った上で、文部省もテレビの教育利用へ世論を誘導するため、商業テレビ有害論を積極的に紹介していたと考えるべきだろう。青木章心は、「わが国ではまず教育に」と主張している。

黙つていては営利中心主義通信のぎせいになつてしまう。教育関係者は勿論、社会一般も俗悪な興味中心のテレキャスト〔テレビ放送、テレヴィジョン・ブロードキャストの略称〕排撃の世論をつくり出さなければならない。テレキャストの子供に及ぼす影響は悪質な読物、映画の比ではない。家庭に侵入するし、はたらきかけは強烈である。(H1951-11: 2)

テレビ実験放送中のＮＨＫ教養部長・庄司寿完に至っては、アメリカのテレビ番組改善運動を先取りして紹介している。

アメリカにおける識者や教育者間の苦情のタネになつている轍を踏みたくないものとおもう。否むしろ青少年層に対する視聴覚教育の最良の方法として、科学教育、社会教育のよき教材たるように特に配意したプログラムを編成したいと念願している。(H1952-3: 2)

NHKのテレビ本放送開始直前、西本三十二は『放送教育』一九五三年二月号で誌上シンポジウム「テレビジョンの教育的利用」を企画した。西本の基調報告もまず世上流布するテレビ有害論を批判し、そこから持論の教育利用に導いている。

また子供が、大人向けのものを見るといつても、それはテレビに限つたことではない。子供たちは、家庭でも、街頭でも、さらに電車や汽車の中でも、常に大人の世界の中で生きていて、彼等を社会悪から全く遮断してしまうというようなことはできるものではない。もしそれが可能であるとしても、そういう教育によつて果して新しい時代に力強く生きて行くたくましい人間を形成することができるであろうか……。またテレビが子供のイマジネーションを害《そこな》うと思うのも、保守的な退嬰的な大人の考えに過ぎない。テレビのもたらすあらゆる視覚的、聴覚的なものを自分のものとして、その上に、より新しい、より大きなイマジネーションをつくり上げるところに、文化の躍進や人類の進歩が期待されると、わたくしは考える。(H1953-2: 2f)

西本の主張に対して、前電波監理委員会委員長・網島毅、前文部事務次官・日高第四郎、文部省社会教育局長・寺中作雄(公民教育課長として公民館システムの立案者)、ＮＨＫテレビジョン企画部長・宮川三雄、さらに学者・現場教師として波多野完治、東京学芸大学附属竹早小学校教諭・山下正雄、大阪市北田辺小学校長・沢田源太郎が賛同のコメントを寄せている。注目すべきは、「メガサイクル論争」で六メガ・アメリカ標準方式に軍配を上げ、テレビ予備免許第一号を日本テレビに与えた網島毅のコメントである。

我が国の民間ラジオが初め一部の人々から心配されたような卑猥化に落ちないのは、もちろん編成者の良識と努力にもよるが、日本放送協会の放送がチエッキング・メディアとして作用していることは否定できないと思う。(同：4)

「商業テレビ主義者」と目されていた網島の公共放送に対する高い評価には、西本も意外だったようである(同：12)。それほどまでに有害論の教育的効果は大きいといえるだろう。

《何でもやりまショー》という植民地的民族性

一九五五年日本は高度経済成長時代に突入する。家庭電化ブームの中で「洗濯機・冷蔵庫・テレビ」を指す「三種の神器」が流行語となった。テレビの家庭への普及率は一九五五年当時一%にも達していなかったが、一五年後の一九七〇年にはいずれも九割を超えていた。しかも一九六六年に「新三種の神器」の3C、カー・クーラー・カラーテレビがいわれるようになると、白黒テレビは急速にカラーテレビに買い換えられた。

だが、「一億総白痴化」が流行語となった一九五七年、日本で民放テレビ放送の視聴可能地域は東京、大阪、名古屋の大都市周辺に限られており、テレビの受信契約数は三三万、普及率は五・一%に過ぎなかった。大宅壮一の言葉として「白痴番組」が『東京新聞』に登場したのは一九五六年一一月七日だが、当時まだ民放テレビ局は東京に日本テレビとラジオ東京(現・TBS)があったのみで、翌一二月に大阪に大阪テレビ、名古屋に中部日本放送が開局している。つまり、「白痴番組」と名指しされた当該番組は、東京だけに限定された贅沢品だった。戦後史の概説書でもテレビ普及にふれて必ず「一億総白痴化」が記述されるため、あたかも一九五七年に「一億人」がテレビを観ることができたと勘違いする読者も少なくない。放送は空間を縮小させるメディアだが、各地

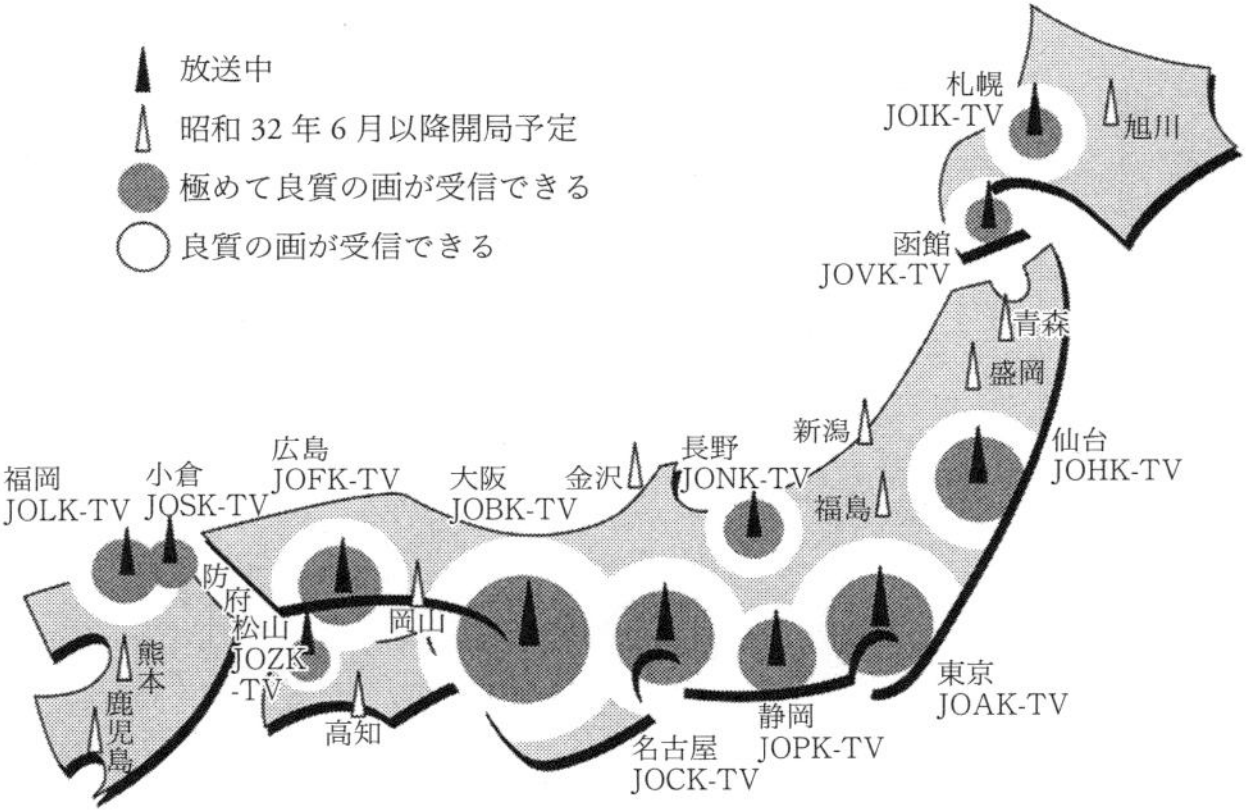

図11　テレビの見える範囲　「この表はNHKテレビだけの資料ですが，現在(昭和32年6月現在)，わが国にはこのほか民間テレビとしてNTV(東京)KRTV(東京)OTV(大阪)CBCTV(名古屋)HBCTV(北海道)がそれぞれテレビ放送を実施しています.」(出典：『放送教育』1957年10月号特集「テレビジョンと教育」グラビア)

のテレビ放送開始にはかなりの時間差があった(図11)。衛星放送・CATVも普及した現在ではテレビ難視聴地域は解消しているが、一九七二年に至ってもNHK総合、教育テレビの視聴可能範囲《カバレージ》は九七・四%にとどまっていた(H1972-2: 14)。「あまねく日本全国において受信できる」という放送法が求める要件は、一九七〇年代でもまだ満たされていなかった。

さらにいえば、一九五七年当時、一日あたりの平均放送時間は、NHKが六時間四五分、日本テレビが七時間四〇分である。たしかに、日本テレビの番組の約半分は娯楽番組、残りが「報道・スポーツ」

と「教養・子ども」だった。しかし、地方でも視聴可能なNHKに限れば、一日の放送時間は「報道」一時間四〇分(二四・八%)、「社会教養」二時間四〇分(三九・一%)、「芸能」二時間二五分(三六・一%)であり、「社会教養」番組が圧倒的だった(H1957-10)。全体の放送時間が短いため、娯楽番組を視聴する絶対的な時間も、現在に比べてかなり少なかった。つまり、日本国民の大半にとって、一九五六年のテレビ「低俗番組」は雑誌や新聞を通じて知られた大衆文化のイメージにすぎなかった。

大宅壮一のテレビ批判のきっかけは日本テレビ最初のバラエティ番組《ほろにがショー何でもやりまショー》(一九五三―五九年)とされてきた。同番組は一九五六年一一月三日神宮球場の早慶戦で、「一塁側早稲田応援席で慶大の三色旗を振って応援した人に五千円進呈」と呼びかけ、一般視聴者がそれを実行するシーンを放送した。後に、番組司会者・三國一朗がばらしているが、この「一般視聴者」は加茂嘉久という俳優である(三國 1960: 244)。この放送を問題視した東京六大学野球連盟は翌日、日本テレビに中継放送の拒否を通告した。これを報じた一一月七日付『東京新聞』に大宅は「マス・コミの白痴化」と題した談話を寄せている。

> 恥も外聞も忘れて〝何でもやりまショー〟という空気は、今の日本全体が生み出しているものだが、新聞も時々〝白痴番組一覧表〟をつくって、それらが物笑いにな

るような風潮にしたい。

翌一九五七年一月二一日付『東京新聞』夕刊に「テレビと家庭——利口にならぬことは確かだが」と題したコラムを執筆する。そこで大宅は「白痴化」に「国民」を冠し「国民白痴化運動」と呼んでいる。さらに、『週刊東京』一九五七年二月二日号の時評欄「言いたい放題」で、この「紙芝居以下の白痴番組」を「〝一億白痴化〟運動が展開されている」とも評している。大宅自身の証言を含め一般には、こうした発言が「一億総白痴化」の起源とされている(大宅 1959: 3f)。だが、北村充史は、この早慶戦スキャンダルの前に発売された『知性』一一月号の座談会「無責任時代」で、大宅がテレビの「国民白痴化運動」を批判している箇所を新たに発掘している(北村 2007: 41・強調は原文)。

> とくにテレビなどということになると、全くこう愚劣というか、白痴的傾向が多いのです。なにか国民白痴化運動というようなね……(笑)。〝何でもやりまショー〟というような番組をみても、これほど徹底的に国民を白痴化するものはないね。

とすれば、言葉の由来として「早慶戦事件」のみを強調するべきではない。それ以前にも「白痴番組」と名指しされていた《何でもやりまショー》の由来が重要である。三國一朗によれば、この番組はＣＩＥラジオ課にいた五味正夫(のちＲＫラジオ)、高橋太一郎(のちＴＢＳチーフディレクター)らによるアメリカ番組の模倣企画だった。五味は占領下の人気ラジオ番組《カムカム英語》の制作者だが、この《何でもやりまショー》はアメリカ留学時に高橋が観た視聴者参加クイズ番組《ビート・ザ・クロック》(ＣＢＳ制作・一九五〇—五八年)をモデルに制作された。さらに、担当プロデューサー・松本紀彦は戦前に映画法を推進するなど文化統制で辣腕を振るった内務官僚・松本学の息子である。また事件後、制作部長として六大学野球連盟に陳謝に出向いた加登川孝太郎は、第一三軍参謀の元陸軍中佐である。この「明治生まれの陸軍のエリート将校」はＧＨＱ歴史課から正力が取締役会長の日本芸能連盟を経て、日本テレビに入社している。一九五二年一二月、日本テレビ開局を控えて加登川は正力からアメリカ視察を命じられ、番組の制作と編成を本場で体験していた(志賀 1981: 52f)。このように、敗戦後に解体された警察・軍事組織のエリートたちが民間放送という新しい情報組織に活動場所を求めたことはよく知られた事実である。特に失業した旧軍人、満州国官僚などを大量に採用して、放送業界に送り出した電通の役割は重要であり、本社ビルは「第二満鉄ビル」と呼ばれていた。民間放送局のほとんどはこの人材バンクからの供給を受けており、それが広告代理店・電通の影響力の源泉となった(田原 1984: 73)。

もちろん、《何でもやりまショー》の早慶戦騒動を批判したのは大宅だけではない。三日後、一九五六年一一月六日付『毎日新聞』のコラム「余滴」も、激しいテレビ批判を行っている。

この〔笑いものにされて喜ぶ出演者という〕風潮を作ったのは、これら聴取者参加番組の責任である。恥知らずを奨励している。大げさにいえば、植民地的民族性をせっせと養成しているようなものだ。これが国民の性格に及ぼす悪影響は、一時的な太陽族映画なんかよりはるかに重大だろう。

早稲田大学応援席で慶應義塾大学の旗を振る行為だけなら、それを「恥知らず」で「植民地的民族性」と蔑む文章は大仰に過ぎるだろう。この反応を正しく理解するには、前年から米軍立川飛行場拡張をめぐって紛糾していた砂川問題など当時の反米ナショナリズムを理解する必要があるだろう。同紙七面には、清水幾太郎を世話人代表とする基地問題文化人懇談会が都知事に手渡した砂川問題に関する公開質問状が報じられている。

米軍の重要基地を持つ東京は原水爆戦争の戦場化の危険があるが、都民の安全を守るための具体的手段を説明されたい。

だが、「植民地的民族性」という言葉では、むしろ大宅が戦前に展開した「文化的植民地」論を想起するべきだろう。

大宅壮一の文化的植民地論

大宅は「婦人雑誌の出版革命」(一九三四年)で、婦人雑誌の読者を「文化的植民地」と呼んでいた。

これは日本の国内において、文化的植民地が発見されたやうなものである。つまり国内において、読書層といふインテリゲンチャ階級を一つの先進文明国とすれば、今まで大衆——殊に婦人大衆は新しく発見された「植民地」に相当する。(大宅 1959: 193)

植民地、すなわち製品市場の獲得が産業革命を加速化したように、婦人雑誌という「植民地向けの輸出品」は大量出版の原動力となった。植民地向け商品とは、値段が安く、実用的で、効用の範囲が広い、この三つを特徴的な条件とする。

例へば「仁丹」のやうなもの、何にでも利くやうにみえて実は何に利くかわからな

いやうなものが、植民地では歓迎されるわけだ。（同）

ここで大宅が婦人雑誌に見出した特質、すなわち安価、実用、汎用、多様は、当時の「国民雑誌」『キング』（大日本雄弁会講談社）にも当てはまる。とすれば、大宅の「一億総白痴化」批判の原点は、ラジオ学校放送が開始された一九三五年に発表された「講談社ヂャーナリズムに挑戦する」にまで遡ることができるはずである。大宅は『キング』を擁した「私設文部省」講談社の文化に対する「均質化」作用を次のように批判している。

講談社ヂャーナリズムのもつとも重要なる特色の一つは、個性の完全なる没却である。同社から発行されるすべての出版物はイデオロギーその他で、牛乳ぢやないが、均質でなければいけないのである。いひかへれば、どんな個性、どんな思想をもつた人間が書いた原稿でも、一度講談社の手にわたれば、たちまち均質化される、即ち講談社イデオロギーに変質させられる。（大宅 1959: 199）

つまり、一〇〇万部を売り捌くためには製品の均質性が求められ、必然的に文化の下方的平準化が起こるというのである。「講談社」「発行」「出版物」を「テレビ」「放送」「番組」に置き換えて、そのまま使える文章である。雑誌か放送かが問題ではなく、文化の「画一化《グライヒシャルトウング》」を批判しているためである。大宅は一九二二年に東京帝国大学に入学し、新人会メンバーとして社会主義文化運動に関わった。戦時下の映画経営の体験も「一億総白痴化」論に影響を与えたはずである。日米開戦後、大宅は満州映画協会から派遣されてジャワ映画公社理事長となり宣撫《せんぶ》活動を担当していた。

そもそも大宅の文章ではその後、人口に膾炙《かいしゃ》した「一億総白痴化」から「総」が抜けていたが、「一億総進軍」や「一億総懺悔」など戦時動員の連想から「総」が挿入された理由も理解できる。また、GHQの民主化政策を、3S(セックス・スポーツ・スクリーン)による日本国民の白痴化政策と理解した保守派も少なくなかった。だとすれば、「一億総白痴化」とは戦時の一億「総動員」と戦後の「民主化」を串刺しにした評言でもある。放送教育関係者が無意識のうちにも「一億一心」の国民共同体を希求してこの言葉に飛びついたとしても不思議ではない。『放送教育』一九五八年五月号の巻頭グラビア「テレビは静かな教育革命」では、建設中の東京タワーの写真がかかげられ、こうキャプションがつけられている。

ともかくわれわれは、これが一億白痴化の巨大な記念碑でなく「静かなる教育革命」の拠点となることを祈ろう。

もちろん、戦前の「私設文部省」講談社を批判した大宅自身は、こうした「テレビの〝教育化〟」も強く警戒していた。「〝一億総白痴化〟命名始末記」(一九五八年)では次のように批判している。

教育・教養番組を通じて〝一億聡明化〟を計ろうということだ。これもまたテレビの本性を忘れた意見だと私は思う。「教育テレビ」という看板は、チャネル争奪戦の中で、なんとか割当てを取るために、当局の考え方に便乗しようとして出てきた形跡がある。ところが、結局、免許は水増しされ、普通局もたくさんできたから、「教育」の看板を約束したところだけバカをみたわけだ。(略)いわゆる〝ソフト教育〟は真の教育ではない、努力して物事を摑む能力はつかない——というのである。テレビの〝白痴化〟も困るが、テレビの〝教育化〟もこれまた困りものである。(大宅 1959: 5f)

とは言え、大宅自身は別の場所ではテレビによる社会教育の必要性を訴えており(大宅 1960: 18)、「テレビ的教養」の存在を否定していたとはいえないだろう。実際、テレビがほぼ全国で視聴可能となった一九六〇年には、「一億総白痴化」の裏返しとしてのこの強力なメディアによる「一億総利口化」を大宅は唱えている。

テレビによって、民衆の、社会教育を行うと共にだ、テレビ自身も、もう少し教育されねばならんナ。それにはスポンサー自体も教育しなくちゃならない。(大宅 1960: 19)

大宅は一億総白痴化論が生み出した「教育テレビ」ではなく、「教養テレビ」を望んでいたと言えるだろう。

大宅壮一(一九〇〇—七〇年)が戦前から展開した文化産業批判を読むと、ほぼ同じ時代を生きたフランクフルト学派の哲学者テオドール・アドルノ(一九〇三—六九年)のテレビ論が思い出される。ラジオ文化の低俗性を徹底的に批判したアドルノは、一九六三年に「テレビと教養」についてテレビ番組で対談している。アドルノも「テレビの危険性」を意識しつつも、テレビが啓蒙的な情報を広める上で「絶大な潜在的可能性」をもつことを認めている。「教養テレビ」の前提条件としてテレビの危険性を可能な限り制限することを要求している。大衆の現実逃避を促す虚偽意識を製造するテレビの危険性を制限するために、テレビ放送は公的な統制を受け入れるべきだ、とアドルノは考えた。つまり、自主的に判断できる教養ある視聴者を育てるためには、テレビ放送を厳しくコントロールせねばならないというのである(アドルノ 1971: 72–95)。それは、大宅のいう

「テレビ自身の教育」、「スポンサー自体の教育」を想起させる。

しかし、自主性を育てるためにメディア統制を強化するという論理、あるいは教化メディアによる自主性の動員という発想は、これまで第一章で教育国家の総力戦システムを概観した読者には、目新しいものでもないだろう。統制的と教養的が形容矛盾しないのと同じように、当然ながら統制的かつ娯楽的な放送も存在しうる。たとえば、第三帝国のラジオ放送はアメリカ同様に娯楽番組が中心であった。つまり、ファシズム体制において娯楽番組は、その文化統制と矛盾せず、むしろ高度な世論操作を可能にしていた。そうしたナチ大衆文化を批判したアドルノが戦後はアメリカ資本主義文化を標的にしたように、戦前に講談社文化批判を通じてファシズム批判を行った大宅の「一億総白痴化」論にもアメリカ資本主義批判は内在していた。国民社会主義もアメリカ資本主義も、ともに文化の均質化を進めたことはまちがいないのである。

結局、「一億総白痴化」がテレビ受容の実態を表していたか否かを問うよりも、この流行語が誰に利益をもたらしたかを考えることが重要だろう。「一億総白痴化」ブームは一九五七年にテレビ教育局、準教育局の新設決定、すなわちテレビ放送免許条件における「教育・教養」番組種別の比率設定による業界秩序の再編を引き起こしたからである。

3　日本的教育テレビ体制の成立

電波争奪戦と一億総博知化運動

大宅自身が指摘しているように、一九五七年の「一億総白痴化」流行語化は、同じ年に勃発した「すさまじき電波争奪戦」を背景に考えねばならない。日米安保条約の取り決めに基づきアメリカ駐留軍が使用していた第一・第二チャンネルの返還が確定したため、一九五七年五月二一日に郵政省は「テレビジョン放送用周波数割当計画基本方針の修正案」を発表した。国内テレビのチャンネル数が六チャンネルから一一チャンネルに増加するため、一〇〇局以上の新規開局枠には申請が殺到していた。それに先立って一九五七年三月、衆参両議院の文教委員会に自民党議員提案の「テレビジョン教育放送に関する要望書」が提出され可決された。

テレビジョン放送の教育的効果は、学校教育のみならず、現在わが国において最も必要とする青少年教育ないしは、社会教育の充実のためにも、中央と地方、都市と農村漁村を通じた教育の機会均等を図るうえにも、極めて大きいことはいうまでもない。政府は、教育放送の重要性に鑑《かんが》み、今回のテレビジョン放送周波数の割当に際しては、新たに教育放送のための周波数を確保するとともに、その放送を公共性のある放送機関に実施させる等、有効適切な措置を講ずべきである。右要望する。
(H1957-5: 14)

この要望書のねらいは「教育テレビ」としてNHK第二テレビを認めることであり、その運動の前面に西本三十二率いる日本放送教育協会、その背後にNHKと文部省視聴覚教育課が立っていた。「新テレビ・チャンネル決定まで」に至る一九五七年七月までの流動的な状勢を共同通信社社会部・野田秀春はこうレポートしている。

「教育テレビはどうしても必要だ」との世論が圧倒的に湧き起ったため、郵政当局もついに二波を三波にふやしてNHKの教育テレビ第二テレビをこれに加えるというところまで追い込まれたのである。そして東京には民間の一般テレビ局一つ(富士テレビ)とNHKの教育テレビ(第二テレビ)民間で行う准教育テレビの三局が**ほぼ**決定される形となった。(H1957-8: 68・強調は原文)

六月末には電波監理審議会(松方三郎会長)の答申案が出され、「教育的効果を目的とする放送を行う放送局の設置はテレビの特質からみてわが国文化の将来に重大な影響を持つ」と強くその必要性が打ち出された。さらに平井太郎郵政大臣は、「テレビの教育化」に向けて東京の新規三局のうち二局、関西の一局を「教育専門局」とする方針を打ち出した。

教育テレビの申請にはＮＨＫ(永田清会長)のほか、日本教育放送(旺文社社長・赤尾好夫)、日本短波放送(日本経済新聞社社長・小田嶋定吉)、国民テレビ(東京タイムズ社長・岡村二一)などが名乗り出た。ＮＨＫは六月一日に機構大改革を行い、それまでラジオ局教育部とテレビジョン局教養部に分かれていた組織を統合して、新たに教育局を設け熱意を示した。教育局長に就任した川上行蔵は放送史上における「教育テレビの波紋」を次の二点で評価している。

第一点は、視聴覚教育の重要性が、国会の決議によって、与野党一致のもとに、認められたこと。第二点は、従来聴こえるとか視えるとかいう形式面からのみ考えられた放送局の設置が、何を放送するのか、その内容についても検討を必要とされるに至ったことである。(H1957-9: 11)

これ以後、テレビの教育的効果を訴える議論も盛んに公刊された。室伏高信は『テレビと正力』(一九五八年)で、テレビの「ひき下げつつひき上げる」教育機能を、「私設文部省」講談社の百万雑誌『キング』(一九二五―一九五七年)にたとえて説明している。前節で示したように、大宅壮一の「一億総白痴化」論の枠組みが戦前の「講談社ヂャーナリズム」批判に由来することを考えると、大変興味深い。

雑誌といっても「キング」の出現までは大衆とは無縁のものだったし、新聞も知識人や、せいぜい中等階級の特権的な読みものみたいなもので、大衆には手がとどかないもの、したがって大衆までは手のおよばなかったものである。だから「キング」ができたり、「平凡」が出たりして、大衆にまで雑誌がおちたということは、いままで雑誌をよんだことのない大衆がはじめて雑誌をよむようになったということであり、大衆の方からいうと、そこまでひきあげられたということで、念仏宗によって宗教が大衆化したのと、ちっともちがっていないのである。つまり「ひきさげつつひきあげる」ということになっているのである。(室伏 1958: 217)

それゆえ、室伏は「テレビは教育の敵どころか、教育にとっての効用は無限にひらかれている」といい、「教育の中心は学校からスクリーンへと移動し、学校や学校教師はまったく補助的な役割しか演じないということになろう」とまで主張する(同：231)。

同じように大衆の「教養源としてのテレビジョン」を唱えたのは、近藤春雄『現代人の思考と行動』下巻(一九六〇年)である。外務省や情報局で対外宣伝、戦時文化工作を担当した経歴をもつ近藤は、民主主義社会において合理的な輿論が生み出されるためには「完全ではないとしても同等の教養」を指導者から大衆まで共有する必要があると主張した。そのため、「テレビジョン時代」(『思想』一九五八年一一月号)でエリート主義的なテレビ文明批判を展開した清水幾太郎に激しい批判を浴びせている。テレビ文化を「病人の流動食」扱いする清水たち知識人に、こう反問している。

かれらがなんと言おうと、現実の数字が示している現在の産業的繁栄と経済的成長を支えているものは、中小企業からホワイト・カラーをも含めた、国民〝大衆〟の生産的エネルギーであるということと、その〝大衆〟の大多数は、病人でもなければ老廃者や不具者でもない、ぴちぴちした健康人であるということだ。(近藤 1960: 484)

さらに近藤は「農村のテレビ視聴に対する調査」(『家の光』一九六〇年六月号)から、テレビによって農村が民主化され、人々の政治的関心が高まっていることを指摘する。

いまだにデモクラシーが個人的に肉体化されていない日本の現状としては、せめてこういうマス・メディアへの接触が、そのまま大衆と政治との接触点でもあることを考えれば、〝総白痴化〟という言葉を返上して〝総博知化〟とする意味も理解されることだろう。（近藤 1960: 486）

商業的な教育専門局という世界に例のない組織が誕生した背景には、熾烈な電波争奪戦の方便というだけでなく、こうした「一億総博知化」への期待感もたしかに存在していた。

日本教育テレビ（NET）の成立

とはいえ、受信料収入のあるNHK教育テレビはともかく、広告料収入を主体とした民間会社が「娯楽番組二割」の教育専門局を維持できるかどうかは当初から疑問視されていた。平井郵政大臣は「教育専門局はNHKのものと、民間経営のものとを東京に一つずつ設ける」と言明し、赤尾、小田嶋の両社長に合同を勧めた。この結果、別に映画産業から申請を予定していた国際テレビ（東映社長・大川博）などを加えた九社の合体工作が進められた。かくして一九五七年七月八日、東京教育テレビは、NHK教育テレビ、富士テレビ（現・フジテレビ）、大関西テレビ（現・関西テレビ）とともに予備免許の交付をうけた。東京教育テレビ発起人代表である旺文社社長・赤尾好夫は、その抱負を次のように語っている。

国民の誰もが、何時《いつ》でも安心してダイヤルを回し得るテレビ局という期待に応えるために学校向教育番組とならんで、国家の力を支える勤労青少年に対する教育番組、また国民生活に直結した産業教育、職業教育、婦人教育、成人教育などの社会教育番組、さらにテレビ最大の聴視者である児童子ども向プロ、教養・芸術・娯楽にまたがるレクリエーションプロの充実をはかり、民間テレビ向としての特性を生かした魅力ある健康な番組を国民に提供したいと関係者として念じている。（HI1957–10: 17）

同年一〇月一〇日に正式社名を「株式会社日本教育テレビ」（ＮＥＴ〔現・テレビ朝日〕）と改め、資本構成（国際テレビ放送および映画四社三〇％、日本教育放送三〇％、日本短波放送三〇％、国民テレビ一〇％）に従って、大川博会長、赤尾好夫社長、小田嶋定吉取締役、岡村二一専務取締役が決定した（全国朝日放送 1984: 21–23）。

この民放教育局は五三％の「教育」と三〇％の「教養」で編成し、学校向け番組はサスプロ（自家編成番組）が条件となっていた。総合局のフジテレビも、後年の「楽しくなければテレビじゃない」（一九八一年）という「軽チャー路線」からは想像できないことだが、一九五九年開局当時は教育・教養重視の時流を無視できず、「母と子のフジテレビ」をキャッチフレーズに子ども番組に力を入れていた。当時、「世界第二のテレビ塔」と呼ばれた東京タワーも、東京教育テレビ、富士テレビのために建設されたものである。

首都圏外の民放テレビ局では、一九五六年一二月に大阪テレビ(一九五九年朝日放送と合同)と中部日本放送がテレビ放送を開始していた。近畿圏では一九五七年産経新聞が免許申請した「関西テレビジョン」と京都新聞社、神戸新聞社などが免許申請した「近畿テレビ放送」の二社を統合し、阪急電鉄が資本に加わった「大関西テレビ放送株式会社」に予備免許がおりた。開局直前に「大」の字を取って「関西テレビ放送」と商号を変更している。『視聴覚教育』一九五七年八月号の巻頭「教育テレビに曙光」は、「一億総白痴化」が生んだ「教育テレビ」を次のように歓迎している。

今までは、とかくテレビ番組のマイナスの面が強調されて、テレビは大衆を愚民化するともいわれ、「一億白痴化」といつたような汚名さえこうむつていたが、教育テレビ網の拡充によつてテレビのもつプラスの面や強大な影響力がクローズ・アップされることになろう。今回のテレビ・チヤンネルの増強によつて、われわれは教育テレビの将来に清新な曙光を感ずる。(S1957-8: 9)

こうした情勢下で《何でもやりまショー》の日本テレビも、一九五七年には「夏休み教育テレビ」を編成している。東京学芸大学助教授・辰見敏夫は、同年七月三〇日付『東京新聞』に「〝夏休み教育テレビ〟をみる」を寄せている(H1957-9: 45)。〔NHKと日本テレビと〕両者の教育テレビの見方が、常識に反して、NHKが楽しむという面を強く出したのに対して、NTV〔日本テレビ〕が学校教育を重視しているのはおもしろい。

一九五九年二月一日「およそ世界にその類をみないコマーシャルベースによる、テレビ局単営の教育専門局」が放送を開始した(全国朝日放送 1984: 4)。最初の番組は、「テレビ時代の教育」と題した西本三十二、波多野勤子《いそこ》、千葉雄次郎の座談会である。波多野勤子は完治の妻で国立音楽大学教授・東京都児童福祉審議会委員、千葉は東京大学新聞研究所教授で敗戦当時の朝日新聞社編集総長である。翌二日から午前中に学校放送番組の放送が始まった。同年四月一日から文部省学習指導要領に基づく放送カリキュラムが編成され、その放送時間は午前一〇時から一一時五五分まで約二時間だった。さらに五月四日からは中学生向けに午後の学校放送番組も放送された。社史は「教育的な押し付けが少なく、民放の教育専門局らしさを示すものとして、視聴する側の共感が得られ、好評であった」と記述している(同：46)。一九五九年、教育専門局の放送開始により、小学校でのテレビ利用率は一九六〇年には四五％、一九六一年六〇％、一九六三年七〇％と急増していった。

白根孝之のテレビ教育国家

日本教育テレビ(ＮＥＴ)の教育部長に就任したのは白根孝之である。戦前の国防教育と戦後のテレビ教育の連続性を考える上では、西本三十二以上に注目すべき教育学者というべきだろう。戦前の白根はナチ教育理論の専門家であり、ＮＥＴ退職後は東京造形大学教授としてメディア論を講じた。『教育テレビジョン』(一九六四年)、『テレビの教育性』(一九六五年)から『ヒューマン・コミュニケーション——エレクトロニクス・メディヤの発展』(一九七一年)まで数多くのテレビ教育理論書を執筆している。

白根は一九〇五年二月二四日広島県に生まれ、一九三〇年九州帝国大学法文学部哲学科を卒業した後、一九三一年幹部候補生として騎兵連隊に現役召集され、一九三二年九州帝大大学院を修了している。その後、福岡女子高等専門学校、東京高等師範学校、法政大学、慈恵医科大学の講師を歴任する。『教育と教育学』(一九六二年)の「自伝的あとがき」によれば、戦前に白根が教育で追求したものも機会均等だったことがわかる。東京高等師範学校に在職中、白根は高等学校や軍学校に比べて師範学校が傍流エリート扱いされる教育システムに疑問を感じたと回想している。

> 一方の将来は博士か、大臣か、元帥大将の青空に向かって大きくつつぬけていたのに反して、こちらはたかだか中学校か女学校の校長どまり、そして数十年の教育経験を積んだ円熟の校長も、青臭い法科出身の教育課長の前に低頭せねばならなかった。たまさか実業界や官界に駿足を延ばすものがいれば、偉材とは呼ばれず、異材といわれた。いったいこんな教育制度、社会制度であってよいのか。(白根 1962: 261・強調は原文)

さらに白根は自問を続ける。師範学校の特設予科に在籍していた朝鮮、満州、蒙古出身の優秀な留学生が「この国にいること数年にして、排日、侮日、抗日の急尖鋒となって帰国」するのはなぜか、と(同 : 262)。こうした日本の教育制度の矛盾を解消するため、白根は教育の機会均等を実現するモデルとすべく『ナチス教育改革の全貌』(一九三六年)を上梓している。日中戦争勃発により一九三七年八月応召、上海上陸作戦に参加するが、兵役が「教育の真空地帯、単なる苦役――馬鹿にならなければ勤まらないもの」に堕する危険を痛感し、軍隊教育を「義務教育――国民教育の最後の仕上げ段階」にする必要性を訴えた。当時、中等学校以上に進学するものは全体の二割に達せず、大半の国民は小学校で教育を終えていた。その底上げに向けて『国民教育としての軍隊教育』(一九三九年)をまとめ、一九四〇年教育総監部付となると『聖戦の書——戦争のロゴスとパトス』(一九四〇年)を上梓している。

一九四二年から四四年まで白根は日本出版会、大政翼賛会組織局青年部学校班、翼賛壮年団で活動し、この間も『大東亜建設と国防教育』(一九四三年)などの執筆を続けた。一九四五年復員後は山形県酒田市の石原莞爾のもとで東亜連盟運動に参画した後、一九四九年東京に戻り文民教育協会の事務局長に就任している。教育民主化のためにGHQが導入した家庭科や社会科などについても積極的に提言し(白根 1951)、新聞社や放送局などを見学させる「動く社会科教室」運動を組織した(S1951-10: 36f)。さらに海洋少年団専務理事を経て、一九五二年三月社団法人教科書出版協会の設立とともに常務理事・事務局長に就任する。だが、白根の教育観はこの教科書団体の枠組みを超えていた。白根は自らの思い描く教育国家像を次のように表現している。

その〔教科書の〕他に、はたしてどれだけの教材が日本の学校と子供には与えられているか。学級文庫、学校図書館が参考書・読物・各種視聴覚教材で充満し、家に帰ればホームライブラリーも書物で溢れ地域社会また各種の教育施設に恵まれている福祉国家の場合と比較してみるがいい。(白根 1955: 80)。

この福祉国家を、戦前は「国防国家」に、戦後は「テレビ国家」に求めたということもできるだろう。一九五五年日本民主党による「憂うべき教科書」キャンペーンが始まると、教科書出版協会事務局長でありながら、現行教科書の限界を指摘する論文を『カリキュラム』に発表している。

教科書はかつて絶対制下における天降り的に官僚機構によってつくられ、金科玉条として学習される唯一の教材ではなく、主要ではあるが、他の学習参考書や視聴覚教材とともにそれらの中の一つの教材にすぎない。（同：79）

一九五五年七月一日衆議院の行政監察特別委員会に証人として喚問された白根は、そこで教科書業者の「売り込み合戦」を率直に証言し、協会に辞表を提出している。その教科書中心主義批判を西本と共有する白根が、放送教育運動へ合流するのは必然だった。一九五七年の日本教育テレビ設立にともない白根はテレビ界に入り、編成局教育部長に就任している。『テレビジョン――その教育機能と歴史的使命』（一九五九年）では、石原莞爾「世界最終戦論」における決戦兵器、長距離爆撃機と原子爆弾の予言を評価したのち、「一切の対立、抗争闘争のない永遠平和、人類究極の理想郷を開く鍵」としてのテレビジョンの使命を論じている(白根 1959: 45–48)。それに白根は日本の国家的使命を見すえていた。

> 第二次世界大戦という文明破壊の張本人として、国際的罪人扱いされた日本は、この世界永遠の平和という人類史最後の段階への進入に大きな寄与者となりたいものである。二十世紀を象徴する一つの力、原子力の面で、世界外交を指導する力はとうていわれわれには望めない。せいぜい原子力兵器廃止の悲願を世界に呼びかけるにとどまる。が、しかし、も一つの力、電波マス・コミによる世界の人々の相互理解、同感共鳴によってこれを一つに結ぶ世界テレビジョンの実現に向って、卒《ママ》先努力することを妨げる何ものもない。(同：195)

白根は『放送教育』でも一九六二年八月号以来、NETテレビ欄の常連執筆者となっている。民間テレビ会社がNHKと比べて圧倒的に不利な条件で学校放送を行う理由を、白根は次のように述べている。

> 一つは社会的文化的進歩一般における競争の原理である。戦争中の出版統制でも、たとえば類誌は最少二つを残すことを原則としたし、問題化している教科書でも検

定制度の根本だけは動かし難いのがいい事例である。(H1962-8: 85)

その上で、白根は公営であれ民営であれ、公的な電波を利用する放送事業はみな「公共放送」であると主張する。「公共放送」の名はNHKの独占ではないというのである。

民放局の経営の基礎は、なるほど直接的には、企業に宣伝の媒体を提供することによって得られる広告料であるが、一歩を進めて考えれば、番組提供者から支払われる宣伝費は、原本的にはその企業体の売り出す商品を購入する消費者、すなわち国民の懐中からでたものであるということである。直接に集金人の手で徴収されるのと、スポンサーの経理を経るというだけのちがいであって、放送事業を成り立たしているのは窮極的には国民全般であることに相違はないのである。この点からいえば、今日NHKに登録されたテレビ台数は一千万を越したが、なお国民の半数弱であるのに対して、衣服を身にまとわない国民、何かの電気機具を使用しない国民は一人もいないのであるから、民放の国民に対する社会的責任はNHKに倍するという論理も成り立つであろう。(同: 85f・強調は原文)

この正論からすれば、公共放送である民間放送が学校番組を放送するのは当然だった。

白根は日本教育テレビ開局当時のキャッチフレーズ「楽しい教育番組、ためになる娯楽番組」「お母さんと子供のための学校番組」を挙げて、「民営公共放送」の使命を説き続けた。

だが、白根の上司である日本教育テレビ編成局次長・金沢覚太郎の考え方はやや異なっていた。のちに金沢は民間放送研究所副所長としてテレビは「低開発国ほど教育型」と述べている。

そういう国の放送組織は、半国家的の公共施設(そういう所はたいてい受信料制度による)が多い関係上、勢い番組編成の上にも統制的な影響を受けやすく、政治番組・報道・教育番組に重点が傾き、番組内容も指導的・啓発的なものが多くなり、テレビは上意下達のメディアとなりがちだ。自由民主主義国家では、商業放送制度のところが多く、公共的性格は強いけれども、私企業として放送活動は自由競争のかたちとなる。言論の自由は、各放送企業体の自主規制に基づく番組活動となり、普及したテレビ受信層に対する電波マス・コミュニケーションとしては、視聴大衆の要望する一般娯楽番組が多く放送される傾向となる。(金沢 1966: 14)

戦前から広告放送を行っていた満州電電株式会社出身の放送人・金沢と師範学校教師

出身の教育学者・白根は、放送教育への向き合い方において出発から異なっている。金沢にとって、教育は啓蒙＝統制的であり、娯楽は視聴者の嗜好＝志向を優先するため民主＝自由的だった。日本教育テレビの歩みも、詰まる所は金沢路線だったといえよう。教育番組の赤字を埋めるために取り入れたアメリカ製テレビドラマ、つまり西部劇《ローハイド》(CBS制作・一九五九―六五年)やギャング物《アンタッチャブル》(ABC制作・一九六一―六二年)などの大ヒットにより、「外画のNET」として日本教育テレビは視聴率と売り上げを伸ばしていった。

とはいえ、NHKに「公共放送」の自称を独占させた理由が「民間放送」の商業主義だけに起因するわけではない。元NHK放送文化研究所研究部長・後藤和彦は公共放送と民間放送の併存という見立てが日本のテレビを「面白く楽しめるもの」にしてきたと指摘している。

単純化していうならば、NHKはタテマエであり表通りである。これに対し、民放はホンネであり裏通りである。ホンネと裏通りのほうがしばしば強くなっていることは、一般の新聞の全国紙と週刊誌の関係に似ている。世の中には表もあれば裏もある。すべてがタテマエどおりにはいかないものだ、ということは若者は十分に心得ている。タテマエでしつけられ教育されているそうした若者たちが、ホンネ、裏

通りに惹かれるのは当然といっていい。テレビがそうした欲求に応えてくれる。（後藤 1984: 66）

教育テレビが「学校放送」というタテマエのシステムに取り込まれていた日本において、あるいは必要な棲み分けだったといえるかもしれない。その意味では、官僚政治のタテマエに対して、政治の俗的なるホンネを代表した政治家が田中角栄である。のちに「金権政治家」として批判されるわけだが、人々はその卑俗さを知った上で田中のエネルギーに惹かれ、その活躍に期待したのではなかったか。

田中角栄とスプートニクの衝撃

日本教育テレビへの免許交付の二日後、一九五七年七月一〇日、田中角栄が戦後最年少三九歳で岸信介内閣の郵政大臣に抜擢された。この時点で放送を行っていたテレビ局は、ＮＨＫが一一局、民放が日本テレビ、ラジオ東京、北海道放送、中部日本放送、大阪テレビ（一九五九年朝日放送と合同）の五局にすぎなかった。

田中新大臣のもとで、テレビ免許交付の扱いは一変した。前任の平井は競合する申請者を一社にまとめようとしたが、田中は就任早々、合同方式をとらないと宣言した。野田秀春は、「テンヤワンヤのテレビ免許」でこう報じている。

田中新大臣はこの合同方式を改めると宣言したほか「番組審議会」を作ってテレビ番組のダラクを防ごうとしたり一般商業テレビがもっと教育教養に力を入れるべきだなどと〝若さ〟と〝強気〟のほどを示している。ただ余りにこれが突進むと言論統制の心配も出てくるという声もある。ＮＨＫ教育テレビには新大臣は大いに賛成、主要都市に行き渡ることを望んでいる。（H1957–9: 48）

田中郵政大臣の登場から三カ月後、一九五七年一〇月四日ソビエトは人工衛星スプートニクの打ち上げに成功している。その衝撃も「一億総博知化」運動の呼び水となった。『放送教育』編集後記で高橋増雄はこう述べている。

ソ連は第二号の人工衛星を打ち上げ世界を驚倒させたが、これは科学教育の勝利とも云われている。テレビによる科学教育の普及こそ、貧乏国日本の次の教育課題になることは必至であろう。（H1957–12: 106）

また、科学ジャーナリストとして知られた法政大学出版局長・相島敏夫は「科学教育と放送教材」を次のように書き出している。

ちかごろ、また科学技術の振興を叫ぶ声が、各方面にさかんである。ノモンハンの惨敗の後にも、またミズリー号上降伏調印の後にもこの叫びは大きかった。そしていつもむなしく消えていってしまった。こんどこそ、空手形に終らせたくないものである。科学技術振興の根本策は、ただ一つ、「教育」にある。（H1958-4: 14）

ここにも高度国防体制から高度経済成長へと続く教育国家の連続性を読み取ることができる。

このスプートニク・ショックから約二週間後の一九五七年一〇月二二日、田中はNHK七局、民放三六局の合計四三局に予備免許大量交付を断行した。あたかも一五年後の一九七二年自民党総裁選で田中が政権構想として掲げた「日本列島改造」の電波版を思わせる。田中はテレビ免許の大量交付を経済発展への先見性として回想している。

テレビ局の大量免許はテレビ受信機の生産拡大だけじゃない、輸出の拡大にもつながり、やがて電卓、電子機器の爆発的な輸出に連動していったんだ。ね、そういうことなんだよ。だから、これからも産業構造はどんどん変化するし、二次産業の中心は付加価値性の高い知識集約型産業になっていく。（早坂 1993: 73f）

この免許大量交付は、今日のキー局—地方局の全国ネットワーク・システムを立ち上げる契機となった。いわゆる「郵政族＝田中派」のメディア支配も、ここに始まる。田中は免許行政でテレビ業界に恩恵を与え、それを通じて各新聞社にも影響力をもつようになった。新聞—テレビ系列化は、一九七四年田中内閣時代に完成する。

そうした新聞—テレビ系列化の先行モデルとして、一九五七年の大量交付では関西圏に注目すべきだろう。「隠しチャンネル」として新大阪テレビ(現・讀賣テレビ)と新日本放送(現・毎日放送)に「準教育局」の免許が与えられた。それぞれ科学技術庁長官・正力松太郎と自民党幹事長・川島正次郎の後押しによるとされている(松田 1980: 316)。讀賣新聞社長の正力も、東京日日新聞社(現・毎日新聞社)出身の川島も、後藤新平によって新聞界に送り込まれた元内務官僚である。正力と後藤の関係はすでに述べたが、川島も警保局属官として後藤内相の知遇を得て東京日日新聞社に入社している。後藤の東京市長就任とともに同秘書、商工課長などを経て一九二八年衆議院議員に当選している。一九六〇年の安保闘争の最中、岸内閣のスポークスマンである川島幹事長は、デモ参加者は一部急進分子であり「後楽園のナイターも大入りではないか」との談話を発して歴史に名をとどめている。言うまでもないことだが、「後楽園のナイター」の讀賣巨人軍も、それを中継する日本テレビも、そのオーナーは正力であった。

免許大量交付の前提として、田中郵政大臣は次のような発言をしていた。

商業放送に対しては、全放送の三十パーセントを教育・教養番組にあてるよう条件をつける。娯楽や青少年番組は午後十時までに終わらせる。これを守るべく、各放送局は自主的に放送番組審議会を設けるべきだ。（一九五七年八月二一日付『朝日新聞』）

実際、郵政省は予備免許の交付の際、付帯条件として教育・教養番組を大幅に増して編成するよう指示した。すなわち一般局は「教育」・「教養」を全番組の三〇％以上、準教育放送局は「教育」を二〇％、「教養」を三〇％以上、さらに教育放送局では「教育」を全体の五〇％、「教養」を三〇％以上で常時編成することが義務付けられた。もっとも、「但し書」により、娯楽番組でも教育教養のための条件を備えているものは「教育」・「教養」と見なされることになっていた。

文部省視聴覚教育課長・岩間英太郎も教育テレビ局への新たな周波数割当により、「放送の公共性および教育性」が認識された意義を強調している。

この機会を逃さずに放送教育の推進を図るべきであると考え、来年度の予算には、学校および公民館に対してテレビジョンを普及するために三億円近い要求をするなど相当の努力を払ってきたつもりです。(H1957-11:1)

翌一九五八年二月には、田中は番組審議会設置を盛り込んだ放送法改正案を国会に提出した。その際も、田中はあえて「一億総白痴化」を引用している。

なんといっても番組審議機関の設置に一番苦労した。ラジオにしろテレビにしろ〝一億総白痴化〟といわれるほど低俗なものが多いが、へんに規制すれば言論統制といったような印象を与えるのでこれを放送業者のえらんだ人達で番組を審議してもらうことにした。(一九五八年二月一一日付『讀賣新聞』)

しかし、この改正案を野党勢力はまさしく「言論統制」の反動策と見ていた。当時、岸内閣は日教組の政治活動の封じ込めを意図して、教職員に対する勤務評定導入を進めていた。これに対して各地で勤評闘争が巻き起こっており、テレビ放送を「道徳・教養の機関」にしようとする政府案を野党が反動化の文脈で読んだとしても仕方はなかった。東京都立大学教授・戒能通孝も同年「マス・メディアとしてのテレビジョン」を特集した『思想』の論文で、この改正案を一億総白痴化に続く「一億総反動化」攻勢と見なしていた。戒能は、「テレビジョンによって言論の自由を実現することではなく、テレビに対して言論の自由を実現させること」を主張している。

教育が主権者を育てるための教育として行われている限り、テレビジョンのような迫力ある放送も、恐らく愚民化政策を助ける一助たることはないであろう。われわれはテレビジョンをみてゲラゲラ笑ってもよいのである。主権者として育てられている人々ならば、そのあとで考える機会はあるのである。けれども問題は、主権者を育てるための教育が、いままで余りにも乏しかったことではあるまいか。主権者として育てられなかった人々は、ゲラゲラ笑った後で、考える機会を持とうとしない。否、考える機会を持とうとする気持そのものが、培われていなかったのである。

(戒能 1958: 214f)

今でいえば、メディア・リテラシー教育の必要性ということだろう。田中郵政大臣による放送法改正案は審議未了廃案となったが、この放送法改正は一九五九年三月二三日に成立している。

世界に冠たる教育テレビ体制

民放テレビの教育局、準教育局に期待された役割とは、視聴率の低いＮＨＫ教育テレビと競争することで、教育・教養番組を「禁欲的な重苦しいもの」から「明るい広い教育理念」をもつものとして、地平を開くことであった。日本教育テレビの飯塚銀次は次のように述べている。

もし狭い固苦るしい教育ものなら、商業放送として成立する見込はあるまい。故に教育を明朗な楽しい概念として、報道番組にも、娯楽・スポーツ・広告の各番組にもその要素が含まれてよい。殊に教育テレビ局の要望が、総白痴化のことばで批難された娯楽番組の止揚にあることを思えば、娯楽番組こそは教育理念を貫いた健全娯楽とならねばならない。（飯塚 1958: 147）

健全娯楽の教育性という視点で見れば、野球中継が「体育」番組、勧善懲悪ドラマが「道徳」番組と読み替えられる可能性は開局以前から存在していたわけである。他方、ＮＨＫ教育テレビでも、民放との視聴率競争への不安は大きかった。ＮＨＫ教育局社会部・小田俊策は「社会教養番組の方向」で、教育・教養が面白くないのはテレビだけなのかと問いかけている。

高い月謝を払って、いやそれより前に激烈な競争試験を受けて、あるいはまた一年二年と浪人迄《まで》して、そしてようやく入学した大学の学生でさえ、講義など熱心に傾聴する者は少ないのが実情である。ましてや、一日の激しい労働を終えて、家族と茶の間で寛《くつろ》ぐ時に、さあ社会の情況をみ、教養を高めるんだとテレビに立向う人が一体あるものだろうか。(H1957-10: 44)

これも否定しようのない正論だが、昔も今もこうした本音が公然と語られることは少ない。小田は、従来の講演形式から抜け出ていないNHKの教養番組を改め、「広い範囲から主題を選び、しっかりした論理に従って視覚化して番組を構成すること」を主張している。その典型がNHKの社会派ドキュメンタリー《日本の素顔》(一九五七―六四年)だった。

実際、翌一九五八年の早慶対抗弁論大会で《日本の素顔》は「テレビ博知化」の論拠の一つとされている。「テレビ白痴化論の早慶戦――〝博知化論〟に軍配上がる」と題した記事が、『週刊新潮』一九五八年一二月五日号に掲載されている。「テレビによる白痴化」を主張する早稲田大学雄弁会に対して、慶應弁論部はこう反論した。

テレビの白痴化論は、博知化論の間違いではなかったかと思わせられる点がありました。特にNHKの《日本の素顔》を十二万人もの主婦層が熱心に見ている事実には感銘した、と。（『週刊新潮』1958-12-5: 17）

一九五九年一月一〇日NHK東京教育テレビが開局し、翌二月一日、日本教育テレビが本放送を開始した。その二カ月後、四月一〇日の皇太子御成婚パレードに向けて白黒テレビの販売合戦が展開され、NHKテレビ受信契約数は二〇〇万を突破した。御成婚パレードの翌月には東京オリンピック大会開催が決まり、日本経済は本格的な高度成長期に入った。一九六四年、テレビ普及率は九〇％を突破し、保有台数でアメリカに次いで世界第二位になっていた。NHKは東京オリンピック開催までにテレビ難視地域の解消をめざして、突貫工事で地方局を開局させた。一九六四年だけで総合テレビ五五局、教育テレビ五七局が新設され、総合テレビ二三三局、教育テレビ二二五局、テレビ視聴可能範囲《カバレージ》は全国総世帯に対して、総合テレビ八八％、教育テレビ八七％に達した（H1964-9: 68）。かくして、テレビ社会への日本の離陸は東京オリンピック開催を前にほぼ達成されていた。

この結果、オリンピックのテレビ中継を期間中にテレビで観た国民は、九七・三％に達した。カラーテレビの普及も、オリンピック中継によって加速化した。また、占領下で禁止されていた「日の丸」「君が代」が完全に復権したのもオリンピック大会のテレビ中継による影響だろう。広島大学学長・皇至道《すめらぎしどう》はその感激を次のように語っている。

オリンピックでテレビの示した最大の功績は、それが国民の意識の高揚に寄与したことであろう。未曾有といってもよい国際的な競技の雰囲気において、日本選手の勝利を願う心持ち、それはテレビに見入る全国民に共通のものであったと思う。日の丸と君が代に対するイデオロギー的な論議も、ここでは全然問題にならなかったと思う。(H1964–12: 16)

ちなみにこの年に日本教育テレビに入社した息子の皇達也は、コント55号、タモリなどを起用したお笑い番組の名プロデューサーとなっている(志賀 1981: 338f)。

次章で見るように、オリンピック開催を前にテレビ学校放送の発展は目覚ましかった。波多野完治も『テレビ教育の心理学』(一九六三年)の「はしがき」で次のように書いている。

日本のテレビ教育は、世界の驚異であり、各国がその一つ一つのうごきをみまもっている。いままでは「先進国」の実例もあり、それをうまく取捨することで、われわれのとるべきカジをえらぶこともできたが、現在のように、教育テレビの放送網として、また視聴学校のむすびつきとして、世界最大の組織をつくり上げてしまってみると、外国の成功失敗の経験は、いつもわれわれの教訓になるとはかぎらない。われわれは自力でやっていかねばならぬ。（波多野 1963: 2）

「日本の放送教育は世界の最先端」という教育言説は、オリンピックよりも高度経済成長のテクノ・ナショナリズムよりも先行していた。波多野完治は、「テレビ教育の世界制覇」をめざした西本三十二の愛国心と技術的合理主義の混交を、若干の皮肉もこめてこう書いている。

この西欧的合理主義と、日本的非合理主義とのバランスないしインテグレーションを、学びとらねば、日本の放送教育実践者は、真に西本氏から学んだ、とはいえないのではなかろうか。（H1963-8: 61）

「テレビ教育の世界制覇」とは、直接には東京オリンピックの半年前に東京で開催された第二回世界学校放送会議で大々的に発表された「教育放送日本賞」創設計画を意味していた。一九六五年からＮＨＫは、西本の提案になる「日本賞」教育番組国際コンクールを開催し、ラジオ・テレビの優秀作品に「日本賞」を与えることになった(H1964-6: 59)。「日本賞」(賞金二〇〇〇ドル)に続く優秀賞(賞金一〇〇〇ドル)のラジオ番組に「文部大臣賞」、テレビ番組に「郵政大臣賞」が並列されたことも、教育放送を支配する日本の政治構造をよく表現している(H1965-4: 39)。欧米視察から帰国した西本は、NHK会長・前田義徳との「日本賞」対談で、そのテレビ的愛国心をこう披瀝《ひれき》している。

〔欧米先進国は〕新興国の開発援助と同時に自国の文化や教育をおおいに輸出して、昔の植民地の失地回復を、テレビを通じてやっていこうとしているのではないかということを感じました。そして、「テレビを制するものは世界を制する」という感を深くし、それだけに今後のテレビの在り方、特に教育テレビの在り方には、慎重であり、かつ積極的でなければならんと思います。(略)一九六〇年代という次元では、日本のテレビは世界を制していると言えます。そして今後七〇年代、八〇年代においても、この調子で進んでいただきたいものです。(同: 38f)

「世界制覇」発言は単なる自画自賛だったというわけではない。W・P・ディザードは『世界のテレビジョン』(原著は一九六六年)において、日本の教育テレビを次のように評価している。

（一九六四年の第二回世界学校放送会議で東京に集まった関係者は、）日本が幼稚園から大学水準の研究室にいたるまでその教育組織と、幅広い成人教育の分野にテレビを完全に融け込ませた世界で最初の国だ、という事実を確証した。（ディザード 1968: 218）

科学技術専門教育局の「メガTONネット」

こうした高度経済成長の昂揚感の中で、オリンピック開幕の半年前、一九六四年四月一二日に最後の東京キー局である日本科学技術振興財団テレビ事業本部、通称「東京12チャンネル」（現・テレビ東京）が「科学技術専門教育局」として開局した。経営母体の日本科学技術振興財団の設立準備は一九五六年から始まり、その世話人には初代科学技術庁長官（原子力担当大臣）正力松太郎、初代経団連会長・石川一郎が名を連ねた。さらに一九五九年の設立懇談会座長には当時の岸内閣科学技術庁長官・中曽根康弘が就任している（テレビ東京 1994: 16）。

この科学技術庁所管の社会教育財団は、「科学技術を振興し、日本の科学技術水準の向上に寄与すること」を目的に、一九六〇年四月一九日、日立製作所社長・倉田主税を会長として発足した。同財団は産学連携による若手技術者の育成を目的とした通信制工業高校・科学技術学園を設立しており、その教育を目的として一九六〇年七月二日郵政省にテレビ放送局設置の免許申請を行った(テレビ東京 1984: 84)。翌一九六一年一〇月には衆議院科学技術振興対策特別委員会が「科学技術の普及宣伝等のためのテレビジョン放送局開設に関する件」を決議したように、政財界の強力なバックアップにより「東京12チャンネル」は誕生した。なお、12チャンネルはそれまで米軍が航空船舶用レーダーに使っていた電波帯であり、東京圏以外ではNHK教育テレビ局にまわされた。

この「科学教育を主とする教育専門局」は、「科学技術」六〇%、「一般教育」一五%、「報道教養その他」二五%を免許条件として義務付けられ、「科学を暮らしの中に」「格調のある教養番組」「ニュースとドキュメンタリー」という三つの編集方針が掲げられていた。また、《通信制工高講座》を通じて企業に働く青年二万人に高卒資格を与えるべく、経団連会長・植村甲午郎の呼びかけで有力企業一〇〇社からなる「日本科学技術テレビ協力会」が結成された。こうした特殊な運営形態であったため、開局半年後の東京オリンピック期間中は《通信制工高講座》以外すべてオリンピック中継に当てるという破天荒な番組編成も行われた。当初は協力会から年間一三億円の資金援助を受ける予定だったが、不況で企業倒産が相次ぎ経営は極度の不振に陥った。そのため、一時はNHKに第三チャンネルとして身売りすることさえも考えられた(金子 1998: 51-54)。「営利法人による教育専門局」は結局、高度経済成長の昂揚感が現出した一つの夢に過ぎなかったのであろう。

＊

やや時代を先取りして、東京12チャンネルの「その後」、テレビ教育国家の黄昏どきの情景を概観しておきたい。

一九六九年自民党幹事長・田中角栄の斡旋もあって、東京12チャンネルの経営権は日本経済新聞社に委譲された(田原 1990: 238)。一九七三年一一月一日、東京12チャンネルは正式に「財団」から分離独立し「株式会社」化し、日本教育テレビとともに放送免許も教育局から一般局に変更された。これを機に、翌一九七四年、日本経済新聞社は日本教育テレビの持ち株を朝日新聞社に譲渡し、新聞－放送系列のねじれが解消された。

一九八一年に東京12チャンネルは「テレビ東京」と改称した。翌一九八二年にはテレビ大阪、一九八三年にテレビ愛知が開局し、最後のネットワーク、「メガＴＯＮネット」(ＴＯＮは東京、大阪、名古屋の頭文字)が完成した。一九八〇年代、この三大都市圏で全国の世帯数の五〇％強、卸売額の七〇％のシェアを占めていた。親会社の日本経済新聞社と同じく、広告効率の高い「都市型ネットワーク」がここに成立した(テレビ東京 1989: 1084)。一九八五年テレビせとうち、一九八九年テレビ北海道が開局すると、「メガＴＯＮネット」は「ＴＸＮ」と改称され、一九九一年ＴＸＮ九州の開局により、文字通り最後の全国ネットが完成する。かくして、日本テレビ―讀賣新聞、TBS―毎日新聞、フジテレビ―産経新聞、テレビ朝日―朝日新聞、テレビ東京―日本経済新聞という、日本独特のキー局―新聞社の全国系列は今日まで続いている。

第三章　一億総中流意識の製造機

「テレビがなくなったら、私はスイッチをいれるまねをする。ああ、あの時はよかったなあと思うだろう。まるで、愛のようだった。」

（《山の分校の記録》一九六〇年）

1　テレビっ子の教室

電波に僻地なし？

「まるで、愛のようだった」とテレビを見つめる少女の眼差しは、人々に深い感動を与えた。一九六〇年イタリア賞を受賞したＮＨＫドキュメンタリー《山の分校の記録》（図12）である。それは一九五九年四月から翌一九六〇年三月まで、外界から遮断された栃木県北西部の土呂部地区の分校にＮＨＫの巡回テレビを入れて撮影された。第一部「夢のようなねがい」（一九五九年一一月三日放送）、第二部「山なみにこだまして」（一九六〇年三月二二日放送）の統合版は一九六〇年五月五日に放送された。東京では安保闘争のデモ隊が国会に押しかける騒然たる政治状況が続いていた。岸信介首相が国会を取り巻くデモ隊について記者会見で語った「声なき声」はよく知られている。

デモもいわゆるデモではなく、参加者も限られたものだ。都内の野球場や映画館などは満員でデモの数より多く、銀座通りも平常と変わりはない。これをもって社会不安というのは適当ではない。不安が広く行き渡っているとはいえない。（一九六〇年六月一七日付『朝日新聞』）

おそらく、岸首相が後楽園球場や銀座通りではなく、「山の分校」のある土呂部地区を例に挙げていれば反発も少なかったのではないだろうか。『放送教育』一九六〇年九月号は安保闘争のテレビ報道を批判的に検討する「テレビの見方について」を特集している。編集後記はいう。

マスコミの威力はすばらしいが、そのために真相を見失うおそれがある。東京に住み連日あの安保反対デモに接してテレビを見れば問題はないが、テレビだけだと東京全部がデモにまきこまれているような錯覚をおぼえる。このへんがこわいのであ

る。（H1960-9: 98）

僻地へのテレビ普及を推進する放送教育の立場からは、安保闘争に冷めた視線が注がれていた。「電波に僻地なし」といわれるが、現実には僻地ほどテレビ普及は遅れていた。一九五九年ＮＨＫ東京教育テレビは開局していたが、一九六一年四月段階で地方の教育局は一〇局のみで、予定の四〇局にはまだ電波の割当さえ認められていなかった（H1961-5: 1）。つまり、ＮＨＫ教育テレビが視聴可能だったのは、安保騒動が盛り上が

図 12　《山の分校の記録》のシーン
（出典：『放送教育』1961 年 1 月号・イタリア賞受賞記念グラビア）

った主要都市圏のみであった。テレビ好きの岸首相の目が、後楽園球場や銀座通りに集中したのは無理もないことだったろう。

学校放送が「電波の僻地」で待望されているのと裏腹に、都市部では学校放送の利用率は低かった。「放送教育のへき地は、むしろ都市にある」と西本は分析していた(H1957-8: 14)。これを解消すべく、都市でのテレビ集団視聴グループ運動もNHK教育テレビ開局を前に試みられた。まず、子どもに番組への選択眼をもたせるべく、視聴の集団化が呼びかけられた。東京の坂本小学校の例が紹介されている。指導教師は「父兄の啓蒙」から始め、「知能的にも片よらないように」グループ化を行い、午後六時前になると視聴家庭に集合して皆で番組を視聴した。

視聴後は、番組について話しあうほか、各自の感想をまとめ、教師は指導のよすがとする。子どもたちはグループ同志の刺激から行儀はよくなるし、学習意欲の向上がはっきりと目につく。そして父兄には他の子どもとの比較によって新しい発見や教育への理解、協力が得られたことは計算外の収獲だという。(H1958-5: 4)

しかし、こうした集団視聴の実践は自宅テレビが比較的めずらしかった一九五〇年代末までであり、都市部では急速に衰退していった。一九六〇年に《山の分校の記録》が放送教育関係者に与えた感動は、都市と地方のタイムラグによって増幅されていた。NHKテレビ学校教育部副部長・小山賢市はこの番組の意図を次のように説明している。

私たちの課題は、巷間に「一億総白痴化」と言わせたところのものへの反論であり、今後のテレビの方向を探し出すことであり、教育の場におけるテレビ教材の位置づけとその価値を知ることであった。（略）一体これまで、どんな教材が、「まるで愛のようだった」と、子どもの心に感じさせただろうか。この教材〔テレビ〕は、物体ではなく、人格であり、しかも眼前の教師と同じ意思と暖かい愛情をもっていたのである。私たちは、そこに、無限の可能性を見た。（H1961-2: 39）

「僻地」における放送教育の実践は一九六〇年代に大きく盛り上がった。一九六二年四月から一年間、NHK放送文化研究所が群馬県多野郡で行った「へき地児童に与えるテレビ学校放送の効果」調査の結果を、辻功は以下三点にまとめている。

①知能の発達には、知能上下にかかわらず、テレビの効果が著しい。②理科の成績も、知能の上下にかかわらず、テレビの効果が著しい。③社会科の成績では、知能下位の児童においてテレビの効果が著しい。（H1963-8: 38）

テレビ学校放送は地域格差を超えて、知能格差を埋める教育メディアとして期待が寄せられていた。文部省は一九六〇年から僻地の小中学校にテレビ受信機を設置するための予算処置を決定している。当時、文部省視聴覚教育課長として「山の分校」撮影にも同行した井内慶次郎(のちに日本視聴覚教育協会会長)はこう回想している。

へき地小中学校テレビ受像機の補助金が三五年度に九百万円確保できたが、その後四三年まで七年間で約一億円の補助が行われた。(略)視聴覚教育課長時代は、所得倍増政策が始動する頃で活気に満ちた時代であった。(S1997-9: 11)

一九六二年には「国土の均衡ある発展」をうたった全国総合開発計画(全総)が発表されたが、東京をはじめとする太平洋ベルト地帯への産業拠点の集中には歯止めがかからなかった。実際、「山の分校」の子どもたちも部落には一人も残らず、全員が都会に巣立っていった。「山の分校」も一九七四年三月二三日廃校となっている(H1974-6: 45)。僻地と貧困に対する教育機会の均等という問題系は、高度経済成長の達成後、一九七〇年代末には一億総中流意識のなかでほとんど見えなくなっていた。

こうした過疎化に対して交通網の整備で国土の均衡を実現しようとしたのが、一九七二年「日本列島改造論」を掲げて政権についた田中角栄である。それは、前章で見たテレビ放送免許の大量交付の手法を応用した政策といえなくもない。西本三十二の「教育の近代化」論が田中の「日本列島改造論」と親和的であったことは、『放送教育』巻頭言「一九七三年の放送教育」の一文に明らかである。

総選挙後の田中内閣は、総選挙で公約した日本列島改造に向かって、正しく、そして堅実な政策を推進するであろう。しかし、すべての改造は、人間によって、人間のために行なわれるべきものであり、その原動力は、教育にあることを銘記しなければならぬ。(H1973-1: 15)

この一九七三年は田中内閣が老人医療費を無料化して「福祉元年」と呼ばれたが、さらに教育公務員を特別給与体系で優遇する「人材確保法」も成立している。テレビの黄金時代たる一九七〇年代は人々が「一億総中流」に向けて驀進《ばくしん》した時代だった。

二一世紀の現在、経済のグローバル化によって新たな地域格差や希望格差が再び争点化されるなかで、「テレビは愛である」という一九六〇年の言葉は、もう一度立ち返るべき原点なのかもしれない。

静かな教育革命

テレビ黄金時代における学校教師のテレビ観の変遷を『日本の教育』で概観しておこう。六〇年、安保闘争の最中に開催された日教組の第九次教研集会は、マスコミ問題を中心に扱う第一二分科会「青少年文化」を設置した。テレビと漫画の子どもへの悪影響を分析した報告が相次いだが、《山の分校の記録》が象徴するように、テレビ普及の地域格差は依然として大きかった。

テレビの普及がおくれている地域の代表(島根・岡山など)は、テレビ問題に討議が集中したことに、「のけものにされた感がある」といい、一般的にも児童漫画は引きつづいて子どもをめぐるマス・コミ問題の中心的存在であることが確認された。
(N1961: 281f)

〈マンガ—テレビ〉という視覚メディアの系譜から子どもへの悪影響は告発された。「苦労して読む読書に対して、それは安易な頭の作り方をし、思考のスタイルをきめてしまう」(同 : 283)というマンガ排撃論と、「読書指導の橋渡しになる」というマンガ擁護論は、「児童雑誌がテレビの副読本」(N1965: 330)という状況のもと、テレビ番組論争に転用されていった。だが、こうした日教組教研集会でのマスコミ批判について、『視聴覚教育』には次のような参加者の批判が掲載されている。

その〔日教組のマス・コミ悪影響論の〕多くは中央でのマス・コミ論議のコピイ——その地方版であって、現場の教師の実感から生まれたものではなかった。（略）マス・コミの害毒をいう地方の教師が無意識のうちに、このマス・コミ病にかかっているように見えることは困ったことだ。（略）一方では、流行語の「映像文化」などというコトバが使われるかと思うと、辺地の教師たちはテレビ白痴論をいう。そして、実際にはまだその地域はまだテレビは受信出来ない場所であったりするということである。（S1960-2: 23）

テレビの受信不可能な地域の教師が説くテレビ白痴論、いかにもありそうな話ではある。ただ、この匿名筆者が告白しているように、学校視聴覚教育連盟傘下の教師は教研集会にほとんど参加していない。

それにしても注目すべきは、テレビ普及期の教師たちの「育てる」という強い使命感である。

今日の『平凡』『明星』の読者たちはわれわれが育てたのであるという反省も大切

であろう。(N1961: 291)

教師が子どもを「育てる」という自負心は、テレビ時代以前の感覚ではあるまいか。ニール・ポストマンはテレビ普及による「子どもの消滅」を指摘したが、それは大人と子どもの文化的境界の消滅でもあった。裏返していえば、「育てる教師の消滅」と呼んでもよい。

テレビのおかげで小学校に入る前の子どもがすでにアフリカを知っており、飛行機で各地を見ている。(略)英米などでは、ラジオ、テレビ以前には、両親は子どもたちに対し「社会の解釈者」であり「趣味の独裁者」であった。(同: 290)

こうした大人の知的権威がテレビによって掘り崩される事態は、教室でも予感されていた。テレビ時代においては子どもは「育てる」ものから「育つ」ものとなり、「われわれが育てた」という状況設定そのものが揺らいでいた。たとえば、『放送教育』一九五八年五月号に、象徴的なグラビアがある。「テレビは静かな教育革命」と題された写真は、中高生が秋葉原の電器具問屋の前でテレビ部品を選ぶ姿が切り取られている(**図13**)。この「電波マニア」こそ、のちの「PCオタク」の先駆けともいうべきものだろうが、次のようなキャプションがつけられている。

ただ残念なことは、もう学校には彼等を指導できるほどの電波知識を持った先生がいないということだけだ。ともあれ、単に機械好きの少年たちと片付けるのは皮相というもの。秋葉原はいまこうした少年たちで満ちあふれているのだ。言うを許されよ。教師より一足先にこの少年たちの上に〝静かな革命〟が起っている。何ぞ電波を知らざる教師の多きや！（H1958-5：1）

図 13　テレビは静かな教育革命
「他の少年たちがロカビリーや映画に痴呆的嬌声をあげている時，一円でも安い部品を求めてこの秋葉原をさまようのだ.」(出典：『放送教育』1958 年 5 月号グラビア)

小学校はともかく、中学校や高校で放送教育がなかなか浸透しなかった一因は、「電波を知らざる教師」の前に通信技術を熟知する「電波マニア」が存在していたためである。それゆえ、「教師の権威」を保持するためにも、テレビ番組の内容に立ち入る前に「マスコミという権威」の批判が学習目標として重視された。だが、マスコミに関する知識でもすべての教師が子どもに優っていたともいえない。

今日の子どもは学校へ来る前にすでにマス・コミの中で育っており、（多くの調査が示すように）教師が学校で指導する時間におとらぬくらい、マス・コミは子どもの生活時間の中に食いいっているのである。（N1961：292）

日教組のマスコミ批判とは別に、一九六〇年代には政府・自民党も「俗悪マスコミ追放」キャンペーンを開始した。一九六三年九月に自民党広報委員長・橋本登美三郎（戦前は朝日新聞社東亜部長）は、「最近のテレビ番組のなかには、政府の政策推進を妨げたり、青少年の教育に悪影響を及ぼすものが目立っている」と述べ、その数日後の閣議は総理府・中央青少年問題協議会に「マスコミと青少年に関する懇談会」を設置することを決定した。同年一一月一二日、橋本広報委員長はアニメ《鉄腕アトム》（フジテレビ系列・一九六三―六六年）と社会派ドラマ《判決》（日本教育テレビ系列・一九六二―六六年）を名指しして、「破壊的で」「階級闘争に結びつく」と批判している（藤田 1969: 175f）。これを受けて「健全テレビ視聴運動」が教育委員会やPTAを中心に全国レベルで組織され、今日では考えられない公共広告がテレビで連日流された。一九六六年の兵庫県では午後六時台に、「子どもたちは、よい番組を見ましょう」「さあ勉強の時間ですよ」「きょうの宿題はおわりましたか」「悪い番組は見ないように。見る時間も二時間以内にしましょう」などのスポット広告が入った。徳島県や山口県でも同様な事例が確認されている。こうした広告の効果など疑わしい限りだが、日教組から文部省まで含めて「テレビの健全化」を望む雰囲気があったことは事実だろう（金沢 1966: 213）。

教研集会の「青少年文化」分科会は、一九六一年「視聴覚教育・青少年文化」分科会に変わり、テレビが本格的に議論されるようになった。前章で見たように、一九五九年一月に東京、四月に大阪でNHK教育テレビジョン局が開局し、さらに同年二月には民放の教育専門局、日本教育テレビが開局した。テレビ学校放送の本格化にともない行われた分科会名称の改訂は、視聴覚教育をめぐる日教組と行政側とのヘゲモニー闘争を象徴していた。

文部省でうちだしている視聴覚教育と、研究集会がもとめるそれらとの間にどのようなちがいがあり、それを論理的にどのように区別し、自己のものとしてゆくのかが、問題とされてよい。(N1962: 333)

一方で、日本学校視聴覚教育連盟や放送教育研究会などテレビ学校放送の利用に積極的な教師組織も急成長した。こうした状況下で、教員内部では「視聴覚教育派(技術主義)と教科教育派」(同:321)、「社会科学派と視聴覚教育派」(同:331)とでもいうべき対立と分離が報告されている。とはいえ、次節で見るように、文部省やNHKと協働した視聴覚教育派の内部は学校放送の利用実践において必ずしも一枚岩ではなかった。

それゆえ、「マスコミvs.学校教育」という大きな構図で民放番組の商業主義を批判している限りでなら、視聴覚教育派も社会科学派も「統一の方向へのきざし」(同:301)を確認することができた。

テレビっ子の階級性

実際、テレビ普及初期において、子どもとテレビの問題は主に「低俗文化」問題であり、今日のような「学力低下」問題ではなかった。その結果、日教組側でも実証的調査が行われ、「テレビっ子は本を読まない」という偏見は否定されている。

テレビに引かれる子どもはラジオにも読書にも〔マス・メディア一般に〕引かれるのがふつうである。(同：317)

まだ一九六〇年段階でのテレビ所有は世帯所得と相関しており、貧困家庭に「テレビっ子」が多いわけではなかった。文部省の調査を指導した波多野完治も、子どものテレビ視聴をあまり深刻な学力問題とは考えていなかった。

わたしどもが、文部省の「テレビ影響力調査委員会」で数年にわたってしらべたところ、その〔成績が下がる〕心配はないことがわかった。むしろ、小学校では、テレビをよく見る子はすべてにわたって成績がよく、ほかの子よりもよくできることがわかったのである。(H1961-7: 35)

文部省視聴覚教育課の有光成徳によれば、一九六〇年代前半までは一日平均三時間以上テレビを観る子ども、いわゆる長時間視聴児の学力は普通児より優れているという結果さえ出ていた。

長時間視聴児はほとんどがテレビ保有家庭の子弟であり、現状では、テレビを保有する家庭は全般的に経済的にゆとりがあって、教育に関心の深い家庭が多いと考えられる。したがって、長時間視聴児の学力はテレビの影響によって育成されたというよりも、テレビ以前の条件によってすぐれていたとみられる面が多い。(H1965-3: 21)

しかし、「親の教育的関心」と「テレビ保有」の関係は、テレビ普及率が高まると逆相関に転じる。有光も一九六〇年文部省調査「児童、生徒のテレビ視聴習慣を規定する要因の分析」から「父母の学歴による視聴時間の相違」を引き出している。

全般的にみて、父母の学歴が低いほど子どものテレビ視聴時間が長いという傾向が見られる。母《ママ》〔父の誤記〕が小学校卒の子どもと旧制大学卒の子どもを比較すると前者のほうが小学校で九〇分、中学校で五二分多くなっている。また母親の学歴を小学校卒と旧制中等学校卒とで比較すると、金、土曜日で一三分〜三〇分、日曜日で四〇分程度、小学校卒の母親の子どものほうが余計にテレビを見ていることになっている。(同 : 21)

もちろん、こうした傾向はテレビ普及初期の一九五〇年代から見られた。一九五六年に三洋電機株式会社が博報堂調査部に委託した「テレビのこどもに及ぼす影響」(東京都放送教育研究会協力)によると、親の職業・学歴による差は明らかだった。

父兄の教育程度の低い家庭と、商工サービス業の家庭の子供に、幾分聴視時間が多く、教育程度の高い家庭と、高級サラリーマンの家庭では、幾分聴視時間が少ない傾向がみられた。(H1956-11: 58)

こうした調査の積み重ねにより、一九七一年に刊行された全国放送教育研究会連盟・日本放送教育学会編『放送教育大事典』では、テレビっ子の階層性について次のような明確な記述が登場している。

テレビっ子は、いろいろの調査において、下層階級にみられる。これは住居の大きさの関係で、テレビのおかれている場所と勉強をする場所とが近接しているためであると考えられるが、長時間のテレビの視聴によって疲労をし、勉強の気力を失うということは事実である。(全国放送教育研究会連盟 1971: 414f)

その一〇年前、先に引用した一九六一年の波多野完治の楽観論とは一八〇度の反転が起きている。テレビ受信契約数は一九五八年五月一〇〇万を突破すると、一九五九年四月二〇〇万、一九六〇年八月五〇〇万、一九六二年三月一〇〇〇万へと加速度的に上昇していった。テレビが「高価なバナナ」であった時代は急速に過ぎ去っていった。「食べすぎに注意」の時代の到来である。

この対応策として、一九七〇年代には日教組教研集会でも全放連(全国放送教育研究会連盟)全国大会でも、親子の同時視聴が訴えられた。NHK世論調査所が一九七九年に行った「家族とテレビ」調査では、「ふだんの夜の一家団らんの時間は約二時間」「約七割の世帯がテレビをつけており、また団らんの時間の短い家庭より長い家庭のほうがよくテレビをつけている」と報告されていた。特に、子どものテレビ視聴では母親のテレビ観の影響が強く、「見てはいけない番組をきめている」(番組規制)や「時間だけを制限している」(時間制限)を行っている主婦は、中卒で四五%、高卒で五三%、大卒で七〇%と、学歴が高くなるほど高くなり、大卒主婦では特に「番組規制」の比率が増えていた。子どものテレビ視聴時間も母親の高学歴と反比例している。

子どもにテレビの見方を規制している母親は規制していない母親に比べてテレビを見る量が少ない。特に大学卒の母親の場合が最も少ない。つまり子どもにテレビの見方を規制する母親は、自分自身もあまり夜のテレビを見ていない。(H1979-6: 91)

すでに一九七〇年代から「テレビっ子」は教育弱者と認識されていたが、教研集会でこの階級的視点からテレビ視聴が問題にされた形跡は『日本の教育』では確認できない。

「壁のない教室」への抵抗

一九六〇年代から教研集会で主要な争点となったのは、視聴覚教育の新技術導入をめぐる問題だった。技術主義派の教師たちはテレビを超えてティーチング・マシンの導入に向かっており、文部省も情報化政策としてそれを後押ししていた。西本三十二はこの領域でも先駆者であり、いち早くA・A・ラムズデイン&R・グレイザー『学習プログラミングとティーチング・マシン』(一九六一年、原著は一九六〇年)を翻訳し、『教育工学』(一九六四年)を公刊している。ティーチング・マシンへの期待を西本は次のように語っている。

今日の教科書に書かれてある知識の伝達についてのかなりの部分は精密に計画化されたプログラムをもつティーチング・マシンによって肩がわりされることになるであろう。また従来、教科書という平面的な紙の表面に、静止の状態でしか表現できなかった教材を、ラジオ・テレビによって立体的に動く状態で、さらに音声を加えて、表現することによって教育がダイナミック(力動的)に展開されることになる。
(H1963-3: 20)

もちろん、教育現場から「機械に人間の教育はできない」と拒絶反応が現れることも西本は予め想定していた。

しかし機械でとって代り得るものはいさぎよく機械にまかせて、機械でとって代れない大事なことは人間教師がやるというのが、二十世紀後半から二十一世紀にかけての教育であり、二十一世紀の文化の担い手である今日の子どもたちを教育する親たちの考え方であり、先生たちの教育観となるべきである。(略)太平洋戦争によって国力の大部分を消耗したにもかかわらず、戦後二十年たらずのうちに、われわれの衣食住の生活は、戦前にくらべて、驚くほど豊かになった。これは生産および消費の生活に、近代的な科学技術が、適用されたからである。(同：20f)

日教組教研集会ではこうした技術的合理主義への反発から、ティーチング・マシンの有効性を説く放送教育運動そのものに対する批判も登場している。

まじめな動機があり、すぐれた成果をふくんでいるが、それらの視聴覚教育が、現在進められているそれぞれの教科における科学的な研究とは、あまり関連をもたず、ともすると視聴覚教育のための視聴覚教育という弊におちいっていることには、問題があると思われた。(N1963: 307)

たしかに、現在のe-ラーニングも同様だが、「ニュー」メディアの教育利用論は目前にある階級問題を棚上げ先送りする方便として有効である。だが、教研集会でもメディア利用の階級性が討議されている様子はなく、守旧的な教員気質が新しい教育技術の採用を妨げた場合も多かった。『放送教育』ではテレビ学校放送に消極的な「老女教師」に対して、厳しい批判が行われている。もちろん、これは極端な事例だろう。

ある学校は全学級にテレビが設備され、各クラスとも旺《さか》んな利用に入ったのに、一年担当の老女教師担当の子どもに聞くと、まったくお飾りになっていることがわかった。老女教師は〝利用している〟と弁明する。そこで研究主任が、そっと教室へ行ってみると、子どもが下校してしまった昼下りの教室で、テレビの前に座って真剣な目なざしでじっと研究にふけっているような先生をみることができた。そこで邪魔にならないよう近よってブラウン管をのぞくと、なんと、よろめき民放番組の

なまなましいシーンであったとか。こまりましたよ、というのがその研究主任の弁であった。(H1964-10:53)

しかし、一九六八年学園紛争に向かう「政治の季節」の到来を追い風として、日教組内部では「社会科学派」が「技術主義派」を圧していった。一九六三年に教研集会の分科会名称から「視聴覚教育」は削られ、再び「青少年文化」のみになった。一九六四年度も小分科会で視聴覚教育は取り上げられたが、まず「技術論的に一人歩きして考えられることのあやまり」(N1964:320)が指摘された。特に強調されたのは、「教師の主体性」と「教課の自主編成の原理」であり、「教えることと学ぶことにおいて自由でなければならない」教師像(同:323)だった。そのため、全国一律の学校放送を教室で使うことが忌避されるのは必然だった。視聴覚教育機器の整備に対する助成金など公的資金投入に対しても、「それが直接または間接の『教育統制』となる心配はないかをたしかめる必要」が指摘されている(同:326)。

それでも、PTAの結束と「マスコミ学習の立場」から、「テレビ教育番組の家庭同時視聴」の普及運動は、学校と家庭を結ぶ実践として積極的に報告されている。学校放送の家庭同時視聴を推進するスローガンとして「壁のない教室」という言葉も使われた。この言葉はレイモンド・ウィットコフ『アメリカにおける教育テレビジョン』(一九五三年)で使用されていたが(白根 1965: 98)、日本教育テレビ編成局次長・金沢覚太郎は自らの造語と主張している。

その頃、私は「壁のない教室」ということばをつくって、みんなで家庭の母親たちに呼びかけた。教室参観をするために、忙しいのにパーマをかけたり、着物の心配をするかわりに、家にいたままで、ほんの十分か十五分、仕事の手を休めてその時間、こどもが教室でテレビを見ているものと同じものを、しかも同じ時刻に見てやって、夕方こどもと一緒になって話し合い、その番組の感想や意見を、学校へなり、あるいは当のテレビ局へフィード・バックする。こういうテレビコミュニケーションのほんとうのあり方を、家庭視聴の場を通して実現していくこと。「壁のない教室」ということばは、あまりはやらなかったかもしれないが、こういう運動については、われわれは一生懸命PTAわけてもお母さん方に、機会あるごとに呼びかけ続けた。(H1963-7: 46)

もちろん、民放教育局が同時視聴運動を積極的に展開した背景には、別の理由も存在した。学校番組が放送される午前中が「視聴率のたいへんよくない、(電波料ランキングの)Cタイム、Dタイムの時間帯」であり、主婦層の視聴によりこの時間帯のCM価値を少しでも高めることが必要だったからである。社史はこう語っている。

早朝の放送時間帯は、NHKが七時からのニュース、連続ドラマ、幼児番組を並べて、視聴状況を独占する習慣が長年にわたって続き、民放各局にとっては〝不毛〟と歎かれていた魔の時間帯である。常識的にみてとても大きな成功は望めない条件におかれていた。(全国朝日放送 1984: 99)

この「魔の時間帯」は、日本教育テレビが一九六四年四月一日から主婦層を対象に放送を開始した《木島則夫　モーニングショー》のヒットによって解消された。赤尾好夫社長は、このワイドショーを「教育番組が教科書なら、一般教養書にあたるもの」と評している(塩沢 1967: 227)。津金澤聰廣・井上俊ほかの共同執筆「教養番組の意味」(一九七二年)でも、このワイドショーは「NHK的な教養観でもとらえることができない現代的「教養」(あえてこの語を使うなら)の交流可能性の場を拓いた」と高く評価されている(讀賣テレビ 1972: 254)。

制作者、司会者が今日のトピックスを探り、問題を提示した(純客観=中立公正という、あり得べからざる主義の放棄)。視聴者のスタジオ登場(参加とはいえなくても)。そして、インフォメーションを生活の多様な素材(世相、人事、余暇、娯楽など)に結びつけ活性化、行動化した。それはパッケージとなった高尚な知識の、学者・文化人などによる伝授ないしおすそ分けといった、死んだ教養主義を、事実上粉砕した。大正教養主義の非時事性、歴史ばなれ、岩波文庫的評論、孤独な沈潜、暗く悩ましいインテリたることのうっとおしさ《ママ》にとどめをさした(すでに一部週刊誌が用意していたが)。あるいはそのことの可能なテレビ的世界のホリゾントを望見させた。(同：254f)

ワイドショーに対する最大級の評価である。その是非はともかく、こうした朝時間帯の「教養」商品開発により、民間放送が「壁のない教室」運動を推進する動機も消えていった。

教育における「メディア論の貧困」

一方、ＮＨＫ教育テレビの利用率は増加していったが、一九六七年の教研集会では「視聴覚を利用しない教師は、子どもの権利を奪っている」と発言した視聴覚教育の実践者が主流派から厳しく批判される一幕も見られた。

もしもそこの〔教育体制の破壊・反動化との〕たたかいを避けて、視聴覚教育だけの充実を企図するなら、技術主義のワナに陥るという以上に、教育の破壊に手を貸すことになろう。(N1967 : 330)

また、「テレビ利用により人間性をより高めよう」と述べた実践例の報告者に対しても、査問に近い発言が浴びせられている。

「子どもから金をとって、教育委員会の視聴覚部が運営している。業者との腐れ縁も想像される」(神奈川・傍聴席)。そういう転落・堕落を防ぐ歯どめを、教師は発見できているだろうか？　発見しようとしているだろうか？(同 : 331)

さらに各県の視聴覚教育連盟が校長クラスに指導されている組織実態が指摘され、「労働者階級の立場に立つ視聴覚教育活動家として」の自覚が要求された(同)。こうした「労働者階級」意識の強調の陰で、教育現場における「メディア論の貧困」は決定的となり、それは情報技術の発展とともに深刻化していった。この時期、教研集会の記録で唯一確認できるメディア論の引用文献は、ジャン・カズヌーヴ『ラジオ・テレビの社会学』(一九六三年)である。

さまざまな番組によって流される断片的知識は、まとまりのないチグハグな形をとり、この著者〔カズヌーヴ〕が「モザイク文化」と名づけたようなものを形づくる。こういう状況は、その現象形態だけでなく、今日の文化状況の「豊富の中の貧困」、文化や教育の世界にも及んできた一種の「公害」であるという点で、われわれもそれをみきわめて対応しなければならぬことはいうまでもない。(N1965: 328)

やがて日本の読書界でも竹村健一『マクルーハンの世界』(一九六七年)によって、メディア論ブームが巻き起こったが、教研集会ではマーシャル・マクルーハンの理論は完全に黙殺されている。五年後に次のような否定的言及のみが記録されている。

マスコミなんて領域を扱っていると、それこそマスコミ受けのする、マクルーハンの説をいっそう俗流化したような非科学的な話に感染する危険がある。教育労働者の教育研究の場では、横文字やカタカナをふりまわす必要はない。(N1972: 568)

だが、マクルーハンを理解しなかったのは日教組だけでなく、放送教育運動においても正しく受容されたとはいえない。「メディアはメッセージである」というマクルーハンの言葉は、教育界ではなかなか理解されなかった。

例外的に白根孝之は「ＤＡＶＩ(アメリカ教育学会視聴覚教育部会)とマクルーハニズム」において、その衝撃を次のように受けとめていた。

波多野教授がナメクジやクラゲの化物にたとえたマクルーハンの文章は、奇語警句の続出で、それ自身非言語的・非概念的・触覚的・嗅覚的ですらあり、心理学や社会学における論理や実証の手続きを踏まれたものではない。むしろそういうことを望むこと自体、反テレビ的な旧感覚だと彼はいうであろう。(略)ふり返って従来の視聴覚理論を吟味してみれば汎言語主義即教科書学習とかんたんに割り切って、音声言語と文字言語の細かい区別を怠ったり、映画とテレビを大まかに映像表現として言語表現と選択的にとり扱かったり、さらにトーキー映画やテレビにおいて字幕・テロップ、コメント・ナレーションとして欠くことのできない言語的、あるいは副言語的要素の意義を見逃しているなど、改めて再検討してみる必要があるように思われる。(白根 1967: 58f)

マクルーハンの主著『人間拡張の原理』(原著は一九六四年)を一九六七年に訳した後藤和彦を囲む座談会で東京教育大学助教授・大内茂男はこう述べている。

マクルーハンが一番正面の敵にしたのは、テレビがいいか、悪いかというのは問題じゃないんで、いいものも悪いものもある、それは中味によるんだという考え方でしたね。中味が大事だということを一番正面切って言ったのは、ミノー(前のアメリカ連邦通信委員会委員長)だと思います。「そんなばかなことはあるか、どんな内容のものでもテレビで出す場合と、印刷媒体で出す場合と、まるっきり違ってしまうんだ」ということを言ったのが、マクルーハンの一番大きな功績じゃないでしょうか。しかし日本の先生たちはどうもミノー的なところが多いですね。中味中味というふうに考えていく。何で出てきているかということのほうを、もう少し考慮するという意味では、大いにマクルーハンに学ぶべきものがあると思います。(波多野ほか 1968: 64f)

実際、教育現場では「中味」に関心が集中しており、「メディア」という言葉自体もあまり普及していなかった。メディア論からすれば、子どもがテレビから何を見て取るかは、子どもがテレビを見ていること自体に比べ、社会的意味の大きさにおいて物の数ではない。さらに、マクルーハンによれば、娯楽と教養の境界も存在しない。

いったい最初に軽い娯楽ものと考えられなかったような古典があるだろうか。一九世紀にいたるまで、ほとんどすべての自国語で書かれた古典は、そのようなものとしてまずは受け取られたのである。(マクルーハン 2003: 106)

それゆえ、マクルーハンは「壁のない教室」では「楽しめるものこそが最良の教育手段」であると主張する。

教育と娯楽の間になにか根本的な差異があると思うのは誤りである。こうした区別をつけることによって人は、事態に対する探究の責任を回避するにすぎない。それはあたかも、一方が教え、一方が楽しませるということで、教訓的な詩と叙情的な詩を区別するようなものである。しかし、なにごとによらず人を楽しませるものが、より効果的に人を教えるものであるのはつねに真実であった。(同: 109)

こうした議論は伝統的な教室授業を望む教師には脅威であったはずである。『日本の教育』ばかりか『放送教育』でも、この当時、マクルーハンはほとんど引用されていない。そのため、メディア論を欠いたマスメディア批判は「イデオロギー」批判に終始していた。たとえば、テレビによる断片的知識の増大について、マルクス主義的「教養」

からの批判が行なわれている。

特殊な知識は増大しても、全体をつなぐ統一原理、あるいは適切な表現ではないが、教養が欠落するということにもなるのである。(N1963: 319)

ここで、「統一原理」と「教養」は互換的であり、報告した教師にとってその統一原理がマルクス主義であったことは明らかである。その史的唯物論から、テレビ番組の「内容」について、次のような空疎な批判も行われていた。

テレビ・漫画・小説の忍者物ブームのなかで、中学生が村山知義の『忍びの者』を読むようにいけばよいのだが、テレビの《隠密剣士》や山田風太郎の忍者小説に夢中になっている。(N1965: 331)

《隠密剣士》(TBS系列・一九六二―六五年)は日曜ゴールデンタイムの時代劇であり、山田風太郎の「甲賀忍法帖」は『面白倶楽部』(光文社)で一九五八年から連載された小説である。一方、「忍びの者」は日本共産党機関紙『赤旗日曜版』の連載小説であるが、一九六二年から山本薩夫監督、市川雷蔵主演で大映のドル箱映画となり、一九六四年に東映テレビ映画によりテレビドラマ化されている。マスコミ資本のほうがはるかに柔軟に「忍法」を駆使していたわけである。

テレビ大国の「期待される人間像」

一九六六年教研集会の分科会報告は、「日本のテレビ大国化」で書き起こされている。

わが国におけるマスメディアの発達、普及はいちじるしく、テレビの普及率は世界のいずれの国よりも高いものになっている。(略)すでに全国の小・中学校のうち八六%強が、学校放送を利用し、T・Vやラヂオを教育の場で活用し、教具あるいは教材のなかにおりこんでいる。(N1966: 328)

とはいえ、視聴覚教育派も順風満帆ではなかった。受験体制の中で、テレビ利用の範囲はあらかじめ限定されていたからである。ほとんどの各教室にテレビが導入されたが、「中学上級、高校では視聴覚教育はほとんど行われていない」(N1965: 326)、「ことに中学校側の教師は目前に進学問題が大きくひかえているために、チョークと黒板、プリントの授業に追われている」(N1966: 334f)と報告されている。

一方で、「社会科学派」はさらに困難な状況に遭遇していた。それまで彼らは「マスコミ文化」をステレオタイプで「俗悪」と批判していれば、一応の教育言説とみなされてきた。しかし、一九六三年総理府の中央青少年問題協議会に「マスコミと青少年に関する懇談会」が設置され、各自治体でも「有害図書」「不良映画」を規制する青少年保護育成条例が続々と制定された。こうした官製運動に対する警戒感は早くから指摘されている。

民間に自主的にもりあがったという悪書追放運動も、その実態をみると背後に官憲の指導があり、つくられた世論に乗じて国家統制を強化しようとするのが政府・自民党の方針なのである。(N1964: 328)

保守政権もマルクス主義者も有害な図書・映画に対する眼差しを共有しており、いまやそれはテレビ番組に向けられていた。しかし、文部省が「暴力番組」を本気で規制しようとしたとは考えられない。『放送教育』一九六四年一月号の「私のチャンネル」で文部省初等中等教育局財務課長・岩間英太郎(のちに文部事務次官を経てテレビ朝日放送番組審議会委員長)はアメリカ製ドラマ《アンタッチャブル》(一九五九年ＡＢＣ制作・日本教育テレビ系列・一九六一―六二年)を絶賛している。一九二〇年代禁酒法下のシカゴを舞台にした暴力シーン満載のギャングものであり、典型的「有害番組」としてＰＴＡなどからは厳しく糾弾されていた。岩間は「見解の相違があるかも知れない」と前置きした上でこう書いている。

普段、上司やお客様にヘイコラし、大蔵省や日教組にいじめられている身からすれば、我身に代って悪者共をコテンパーにやっつけてくれるのは、まことにそう快なものがある。これすなわち小市民的ストレス解消番組ともいうべきであろうか。なお、さらに一言付け加えれば、番組の構成、演出などなかなか立派なものである。
(H1964-1: 28)

岩間だけが例外だったわけではない。日曜日は一日中テレビを観て過ごすという文部省社会教育局長・蒲生芳郎も《アンタッチャブル》の熱狂的ファンである。

五時からは、NET〔日本教育テレビ〕に切り替えて「アンタッチャブル」のネス捜査官を隊長とするFBIの献身的、超人的な活動に血をわかします。アメリカの暗黒街に挑戦した実録物だけに一層の感激と興奮を覚えます。(H1965-6: 17)

結局、俗悪番組追放のかけ声はともかく、日教組が危惧するようなかたちで文部省がテレビの国家統制に乗り出すことはなかった。

一九六五年一月一一日、中央教育審議会(中教審)第一九特別委員会は「期待される人間像」中間草案全文を発表した。それは豊かな大衆社会の到来を前にして稀薄化していく国民アイデンティティの再構築を企望する内容だった。『放送教育』三月号の巻頭言は、同委員会座長である東京学芸大学学長・高坂正顕の「青年と放送」であり、教員養成大学における視聴覚教育の充実強化を語っている(H1965-3: 15)。日教組は中教審の「期待される人間像」に激しく反発したが、視聴覚教育運動では別の空気が支配していた。そもそも中教審会長の森戸辰男は、全国放送教育研究会連盟の会長である。日本放送教育協会専務理事・高橋増雄はこう述べている。

> この一万八千字を繰返して読んでみれば、まともすぎるきらいがあるだけで、さほどおかしいことを期待しているわけではない。進歩派の学者や岡本太郎式のアマノジャクは、なにを書いたってモンクをつけるにそういない。今は温《ママ》健派と目されている中教審のメンバーであっても、昔は鳴らした進歩派の学生であり教師であった。会長の森戸さんなど、かつては社会党出身の文部大臣である。(H1965-4: 43)

この答申を受けて翌一九六六年、文部省はマスコミ問題を担当する青少年局を新設し、視聴覚教育予算の前年比七〇％増額を発表した。かくして、日教組のマスコミ批判は官製の「俗悪番組追放キャンペーン」との差異化に苦慮することになった。その結果、ベトナム反戦運動、学園紛争の盛り上がりを背景として、教研集会におけるテレビ番組のイデオロギー批判はますますエスカレートしていった。

テレビに呼応する少年週刊誌における怪獣ブームは、宇宙ものスパイものと結びついて、国際秘密警察日本支部とか自衛隊の活躍を礼讃する「防衛思想」宣伝に大きな役割を果たし、軍国主義の底流となっていること。（N1967: 333）

ここで問題にされた「軍国主義」的番組とは、科学特捜隊の《ウルトラマン》（ＴＢＳ系列・一九六六―六七年）、宇宙警察パトロール隊の《キャプテンウルトラ》（同・一九六七年）、米ＣＢＳ制作の《スパイ大作戦》（フジテレビ系列・一九六七―七三年）などである。ちなみに、この当時六歳だった私が最も熱中していたのは、《忍者部隊月光》（フジテレビ系列・一九六四―六六年）である。原作の吉田竜夫「少年忍者部隊月光」（『週刊少年キング』連載）は、陸軍中野学校で忍法の訓練を受けた少年兵が活躍する戦記マンガだった。テレビで舞台は現代となり、世界平和のために戦う「あけぼの機関」に所属する忍者部隊が国際ゲリラ組織「ブラック団」や秘密結社「マキューラ」と戦った。私もおもちゃの日本刀を背負い、「空を飛び、風を切り、進みゆく忍者、正義の味方……」とデューク・エイセスが歌う主題歌を口ずさみながら、ビニール製の手裏剣を投げたものである。もちろん、こうした番組の背景に次のような「思想攻勢」があろうとは、子どもには思いもよらないところである。

稲葉〔三千男・東京大学新聞研究所教授〕講師は、テレビの網が、アメリカ―日本―沖縄―ベトナムとつなぎあわされ、テレビをとおしての、広範な大衆操作がすすめられていること、テレビが教育面に重点をおき、放送法の改悪をもくろんで、新しい思想攻勢が準備されていることなどを強く指摘した。(N1968: 346)

こうしたイデオロギー過剰なテレビ批判の一方で、マンガの教材化は進んでいた。「右手にジャーナル、左手にマガジン」の学園紛争カルチャーが花開くと、マンガは対抗的教養として若い教師に評価されはじめた。

中学二年のホーム・ルームにおいて白土三平の『忍者武芸帳』を扱って戦国時代の百姓一揆の問題を扱ったり、同和地区(未解放部落)をかかえた地域で、非人の世界を描いた『カムイ外伝』について感想を書かせたりして、漫画の積極的な活用をは

かってきた教育実践が報告された。(NI967: 336)

実際、私の記憶でも小学校の図書室にあった漫画は、「学習マンガ」以外では白土三平『カムイ外伝』(『週刊少年サンデー』一九六五―六七年連載)だけであった。テレビ批判とマンガ評価の同時進行は、指導的な教師の世代交代が進行していたためでもあろう。教研集会に参加したマンガ世代の教師からは、旧世代のテレビ批判の妥当性について疑問の声もあがりはじめた。

第一テレビについて云々するが、教師は実はほとんどみていないというのが実情である。だからテレビをみなければならぬと、単線的には話はいかないが、これらのことは、教師が文化といったことも語るにふさわしい実態をもっているかどうかを考えさせるものではある。(NI967: 345)

実際、活字世代の教師が行うテレビ指導は、家庭での視聴時間制限の提唱という消極的なものになりがちだった(NI968: 350)。

教室の近代化と日本列島改造

一九六九年一月全共闘学生が占拠した東大安田講堂が陥落すると、学園紛争は急速に沈静化していった。一九七〇年代は「ＥＸＰＯ'70」大阪万博が象徴する情報化社会の幕開けとして回顧される。日教組教研集会もその未来イメージに幻惑されていたというべきだろうか。「教室の近代化」が次のように報告されている。

教育をとりまいている条件が変化し、これまでの活字文化を中心としたものから、映像を中心にしたものにうつりかわり、黒板とチョークの教育から、スライドやテレビや放送といった、さまざまの新しい手法を用いた教育に転換してきたことであった。(N1970: 376)

もちろん、現在でも学校の教室では「黒板とチョークの教育」が一般的である。高度経済成長には翳りも見られた一九七〇年代初頭だが、「教室の近代化」には新たなフロンティアが広がっていた。日教組内部からも、そうした動きに対応して「マスコミ科」「情報科」の新設を求める意見が現れた(同：394)。だが、産業界の要請としても推進された新しい情報機器の教室導入には、反対の声が依然として大きかった。コンピュータ導入を含む「教育のシステム化」は、中教審構想の「未来教育」へつながるものであり、教育現場の必然的要請なしに推進されていることが強調された。

> ＶＴＲやティーチング・マシンなどのいわゆる教育機器が、このような上からの全体計画に従って全く受け入れの用意のない学校現場におしつけられた。それは一部教師のなかに、この流れにおくれまいとするエリート意識を生む危険さえはらんでいる。すでに、ＮＨＫ教育ＴＶ番組などの無反省な導入があったうえに、教育委員会指導のプログラム・フィルムがもちこまれている。(N1971: 587)

新たな情報機器が次々と学校に持ち込まれたため、活動的な教師のエネルギーはテレビの批判的視聴の指導に向かうよりも、ビデオレコーダーを使った自主映像教材の制作に吸収された(N1972: 576)。この当時、小学校と中学校における教育機器の普及率は、それぞれＶＴＲが一五％と二八％、ＯＨＰが八六％と九五％、集団反応分析装置が五％と一一％であった(N1973: 580)。一九七三年に文部省は「視聴覚教育研修カリキュラムの標準」を決定するが、この研修は視聴覚主任を中心とした指導者講習であり、「教育一般の官制強化」として日教組は激しく反発している(N1974: 537)。

教室に新たな情報機器が続々と投入された一九七〇年代前半は、一方で田中角栄が唱えた「日本列島改造」の時代だった。この時代の子どもとテレビの関係を典型的に示す報告が、田中首相の地元・新潟県の教師から寄せられている。

テレビ視聴の圧倒的な生活のなかで小学生が友だちと遊ばなくなり、それを市街地なみの塾・おけいごと通いが助長し、子どもたちは本質的に孤独にさせられている。マスコミの発達や自動車の普及によって地域の文化的個性が失われ、それが子どもの生活に影響している。現状においては、マスメディアの機能は、人間の平均化、統一化、画一化、判断・思考の単純化、孤立化、無関心・無感動化をすすめ、創造性、主体性を失い、また土着性、地域性を失い、それらは関連しつつ社会全体を変質させていく。(同：533)

ロバート・パットナムは「テレビ視聴の増加は、事実上あらゆる形態の市民参加、社会的関与の低下を意味する」と同時代のアメリカ社会について診断したが(パットナム 2006: 276)、一九七〇年代日本でも多くの教師たちはそれを痛感していた。

一九七五年六月のNHK調査で、すでに一家に二台目のテレビがある家は全国平均で五割を超え、東京都内では小中学生のいる家庭で子ども専用テレビがある家庭も一三・七％に達していた(H1975-8: 46)。他方で子どもたちの塾通いが一般化し、通塾生のテレビ視聴時間は減少していた。テレビはすでに教育弱者のメディアとなっていたのである。

一九七五年教研集会から「マスコミ文化と教育」分科会は「教育労働者と文化活動」

分科会と合同された。テレビが日常化する中で各報告もマンネリ化し、視聴覚教育に関する報告も急減している(N1976: 493)。テレビが子どもに与える悪影響の議論もすでに出つくした感があった。教研集会分科会では討議材料として参加者に「自分のもっとも感動したテレビ番組」のはがきアンケート調査を行ったが、回収率が低すぎて使い物にならなかったという(N1978: 518)。すでに、新任教師の中にはテレビ放送開始の一九五三年に生まれた「純粋テレビ世代」も登場していた。

教師のなかにはテレビの《太陽にほえろ！》が見たくて、重要な会合がつづいていても夕方になるとそわそわしてしまうような人がいる。(N1977: 520)

《太陽にほえろ！》(日本テレビ系列・一九七二―八六年)は、毎週金曜日夜八時から放送された刑事ドラマである。日本テレビのこの番組枠は伝統的にプロレス中継だったが、ジャイアント馬場・アントニオ猪木の日本プロレス分裂により打ち切られた。その急場しのぎとして、石原裕次郎など大物映画スターを目玉に企画されたドラマ番組である。放送開始の一九七二年には、浅間山荘事件で連合赤軍と機動隊の銃撃戦がテレビ中継されていた。こうした社会現象をドラマの素材として利用した《太陽にほえろ！》は大ヒットを記録した。長髪やジーンズ姿で組織に対して自己主張する型破りな青年刑事のキャラクターが、全共闘世代の若い教師たちの琴線に触れたであろうことは想像に難くない。

2　教室テレビと放送通信教育

前節では、一九七〇年代の子どもとテレビの問題を主に日教組教研集会の記録から再現してみた。ここでは同じ問題を、教室にテレビ教育を持ち込もうとした放送教育運動の側から見てみたい。すでに西本三十二の経歴からふれたように、日本放送教育協会は組織でも運営でも文部省視聴覚教育課やＮＨＫ教育テレビと深く結びついていた。

それにしても、これまでのテレビ研究は「テレビ化した家庭団欒」(児島 2005: 26–31)の変質はともかく、学校におけるテレビ利用の変化、たとえば、講堂から教室への移動をあまり問題としなかった。しかし、第二章で見たように、日本におけるテレビの発展は教育放送と不可分であり、テレビを使って都市と地方あるいは学校間の教育格差をどう埋めるか、勤労青年や家庭婦人の教養をどう向上させるか、そうした課題が活発に議論されていた。テレビが子どもに与える悪影響への関心も、むしろ教育とテレビの相互依存関係の強さを証明している。教育的であるべきテレビが有害な番組を流すからニュース・ヴァリューがあるのであって、テレビを娯楽メディアと割り切っているなら、それが繰り返し議題設定されることはなかったはずである。

また、テレビ文化を変化の相で考察するならば、今も見られ続けている「家庭テレビ」より、今日ではあまり使われなくなった「教室テレビ」に注目するべきではあるまいか。小学生の家庭テレビ視聴時間は二時間強で一九七〇年から三〇年間ほとんど変わらないが(NHK放送文化研究所 2003: 195)、学校でのテレビ利用は急速に空洞化していた(図14)。

テレビが教室にやって来た

それでは、テレビはどのように教室に入ったのだろうか。テレビ教育研究指定校として本放送開始前の一九五二年にNHKから一四インチ受信機が貸与されていた板橋第三中学校の三宮宇佐彦校長は一九五四年当時を回想してこう述べている。

この頃、始《ママ》めてプロ・レスが紹介され、テレビに出たため各地でこれを真似た小・中学生が事故を起したさわぎがあったが、本校では、その最初に学校の中で見た教師と生徒があったので、その影響について気がつき、いち早く全生徒に注意を与え、このような悲劇を見ずに処置できた時は、学校にテレビのある有難さをしみじみ味わった。この学校の各種の教材は娯楽的には使わない建前になっているのだが、テレビだけは家庭への普及が遅れているので、相撲の中継放送のある時は、放送委員

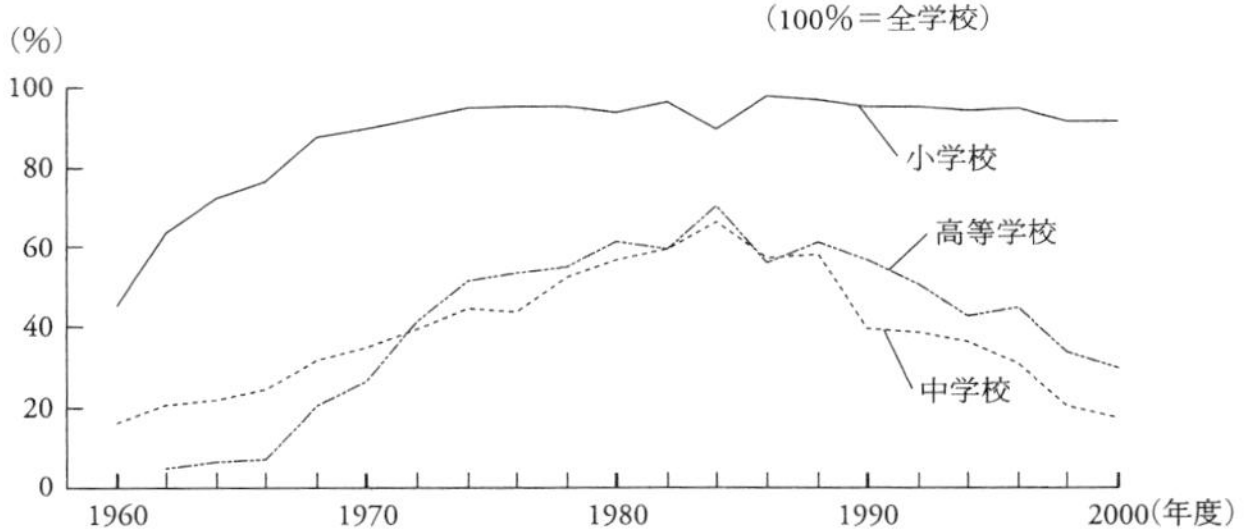

図 14　テレビ学校放送利用率の推移(1960-2000 年)　何らかの番組を利用しているクラスがある学校を「学校放送利用校」と定義して，該当校種の全学校に対する比率を「学校放送利用率」として算出．(出典：「NHK 学校放送利用状況調査」『NHK 放送研究と調査』)

生徒が責任者となって、玄関にテレビを据え、放課後から下校時間まで、希望者生徒に見せている。(H1957-9: 33)

自宅用テレビが庶民には高嶺の花だった一九五〇年代前半のエピソードである。しかし、同じく実験放送時代からテレビ利用教育を実践していた東京都港区立青山中学校・岩本教諭は、これとは反対に学校での娯楽番組を厳しく制限していた。テレビを受け入れる教師によって、その利用法は大きく異なっていたようである。

テレビを学校に入れた当初から生徒にも先生にもね、学校のテレビは純教育的な目的で入れたんだということを徹底させることが大事ですね。これは最初に昼休みや、放課後の娯楽放送なんかも——なんて放漫な調子で使っ

ていると、後で非常にやりにくい面が出て来ます。(H1956-10: 48)

教室テレビで教育番組のみを観るというのは正論だが、「内容」よりも「媒体」を重視するメディア論としてはいささか無理な要求である。教育用テレビも家庭用テレビも設置場所が違うだけで、映る「内容」そのものは同じである。逆にいえば、「神聖な教室」に入るテレビは特別なテレビだという発想が、やがて教室テレビを床の間の掛け軸のごとき「文明的装飾」にしてしまったのではないだろうか。それは同時期に社会教育の目的で導入された公民館テレビの「開放的な気楽さ」と比べれば明らかだろう。

テレビの集会には、婦人会や青年団の集会にしばしば見られる固苦しさや、映画会にしばしば見られる一種の物ものしさというものが無い。そこには、一種独得の開放的な気楽さがただよっている。(H1956-11: 17)

ちなみに私は小学生時代(一九六六—七二年)、昼休みに教師の目を盗んで教室のテレビで「昼メロ」などをよく観たものである。それは「危険な遊び」だったが、それが可能だったからこそテレビのある小学校の教室には一種独特な開放感が漂っていた。そうした小学校の教室に比べて、私の場合、進学校だったためか、中学・高校の教室にはテレビそのものが存在しなかった。

西本・山下論争のメディア論

授業の際に教室テレビをどのように活用するか。教室におけるテレビの位置づけを大きく規定した論争は、今日も「西本・山下論争」の名前で記憶されている。一九六〇年一一月に京都で開催された第一一回放送教育研究会全国大会において、西本三十二と鹿児島大学教授・山下静雄の間でなされた論争である(H1961-1: 16-27)。もちろん、西本も論争の前提として、一九三〇年代に映画教育をめぐって行われた「動く掛け図」論争を強く意識していた。

映画学習の実践が小学校の教室で公開されたのは、予想外に遅く一九二八年奈良の桜井小学校で行われた第七回初等教育大会が最初である。これ以後、教育映画の学校利用をめぐって東京市視学・関野嘉雄と東京市赤羽小学校訓導・鈴木喜代松を中心に展開された論争は、「動く掛け図」論争と呼ばれている。関野は映画を単なる教科教材として利用することを批判し、「映画のための教育」の必要性を訴えた。つまり、映画教育とは「映画を教具として利用する教科教育」か「映画のメディア教育」かが学校教師と教育理論家の間で争われたわけである。

同じ対立は一九五〇年代のラジオ教育でも存在したが、教室テレビの普及が進むにつれて西本三十二の不満は高まっていった。当時は映倫青少年映画委員会副委員長だった関野嘉雄を交えた座談会で、西本と関野は意気投合している。

関野　学校の先生たちは映画でも、幻灯でも放送でも現在教えている教材とぴったりと合わなければ使いたがらないんです。
西本　わたしは、それを掛図的、標本的使い方といっているんです。（笑声）
関野　わたしもそう思いますね。
西本　掛図、標本などは、ちょっと持って来て、自由自在に利用できるんです。掛図、標本はそれでいいんですが、映画、ラジオは、掛図、標本よりもっと総合的なもので、新しい視聴覚的教材として、人間形成の上に役立つんだという教育観の革命がなければならないんです。その教育観の革命が、まだ先生たちに徹底していないように思う。（H1957–3: 7）

この「動く掛け図」論争を出発点とする「西本・山下論争」は、教室へのニュー・メディア導入をめぐってその後も繰り返される対立に理論的な枠組みを与えた。大胆に図式化して整理すれば、西本はテレビ教育によって「教師＝送り手――子ども＝受け手」という教科書中心の伝統的関係を解体し、「テレビ＝送り手――教師・子ども＝受け手」

の関係に組み替えることを志向としていた。テレビ教師(マスター・ティーチャー)から教室の教師と子どもが「ともに学ぶ」関係性を実現するためには、教室教師(チューター)による子どもへの事前指導はできるだけ少ないほうがよいと、西本は主張する。

ラジオやテレビでは、何が出てくるか分らないのが魅力である。その分らないということをよく承知の上で、子どもたちと一緒にそれを受けとめ、子どもたちに未知未見の世界に処していく修練の場を提供するのだという立場をとることは、立派な計画性をもった指導態度だと考えている。(H1958-10: 15)

さらに西本は「テレビ時代における教師の役割」では、メディアの進化とともに教師の機能が変化してきたことを跡付け、未来すなわちティーチング・マシン時代、電子計算機時代、人工衛星時代、宇宙時代における教師のあり方まで展望している(H1962-10: 16)。西本からすれば、メディアが変われば教師の役割が変わることは自明であった。

他方、戦前に小学校訓導も経験した山下は「教師＝送り手――子ども＝受け手」関係を保持し、事前と事後の十分な指導によりテレビ番組理解の方向付けを教師が行うべきだと主張した。それは伝統的な教師像にたつ教材観であり、シンポジウム会場の現場教師の「拍手は山下先生の方に多かった」と伝えられている(H1961-2: 35)。

山下は論争の八年前から地元の鹿児島市立八幡小学校を研究校として放送教育の実践をはじめ、ラジオ利用によってこの小学校を「全国有数の実力校」にひきあげた。

その後九州ではこの八幡方式によって放送教育を実施するものが続出し、九州全域がこんにち、「放送王国」として、全国一の高水準経営を維持しているのは、まったく氏の人格と努力によっているといってよいのである。(波多野 1963: 201)

波多野完治はこの論争を三五年後に回顧しているが、山下を東洋哲学の老荘思想専門家とし、その経歴については触れていない(H1995-5: 73)。

山下は小学校訓導から広島文理科大学哲学科の学生となり、一九四〇年には「紀元二千六百年記念懸賞論文」として「皇国の使命と青年学徒」を執筆している。同論文は、ブルジョア自由主義の否定としてマルクス主義の意義を評価した上で、「現代世界史的弁証法」から八紘一宇を導きだしている。転向左翼に特徴的な論理構成といえるだろう。戦時中は国民錬成所指導官補に就任している。山下が戦時動員体制を生産力理論で正当化したであろうことは、戦後の放送教育論から推定できる。山下はテイラー主義の科学的管理法を放送教育に応用することを主張している。そこではメディアを批判的に学ぶ態度よりも、「放送を利用することによって教師の教育力の限界を拡大し、教育の効果

（生産性）を高める」ことが優先されている（H1958-5: 19）。
波多野は、山下理論の背景を次のように評している。

氏が放送教育に近づいたのも、実はといえば、地方教育の非能率を克服して、教育の生産性を高めようという志向にほかならなかった。この立場からすると、教師がテレビ・プログラムの前や後に、ちょっと手を加えれば、子どもの学習効率はぐんとあがるのが、みすみすわかっているのに、それをしないのはむしろ「教育悪」だということになるだろう。山下氏の場合には全理論構成の背後に、「教育もまた一種の生産であり、それを生産の過程」としてみなければならぬという立場があるのだ。（波多野 1963: 202）

その意味では、ジョン・デューイに直接学んだ西本とは、自由主義の評価をめぐって相容れない思想的対立があったと考えるべきだろう。山下は大学退官後の講演「戦後教育三十年」で次のように語っている。

敗戦と同時にデューイの児童中心の教育に変わった。一九五七年ごろからこの教育の非なることに気づいた。教師中心主義と児童中心主義を止揚して、教師も中心、子供も中心という教育を実現しなければならぬと気づいたのである。戦後三十年の教育はあまりに子どもに任せ過ぎた。学校も家庭も。（山下 1984: 101・強調は原文）

西本・山下論争をメディア論と教育実践を軸に図式化すると、**図15**のようになるだろう。「テレビが教える」西本説を基本的には支持する波多野完治は、この論争を当時、次のようにコメントしている。

> 学校を卒業すると、テレビだけでいろいろなことを学ぶということになるんだから、ある教科、あるプログラムについては「テレビが教える」ということを、すこしはやってみたほうがいいんじゃないかと思います。とくに中学校、高等学校では「テレビが教える」ことがあってもいい。英語などでは、テレビの先生がクラスの先生よりできるにきまっているんだから(笑)こういうものでは先生は助手だ。テレビが大先生だということでいいんじゃないかと思うんです。（H1961–3: 15）

後半の部分は、「テレビ教師：教室教師＝ティーチャー：チューター」という西本説を踏まえたものだが、「テレビの先生がクラスの先生よりできるにきまっているんだから(笑)」の〝笑〟が、現場教員のプライドをどれだけ傷付けたか、心理学者・波多野に

西本三十二の「放送学習」	山下静雄の「放送利用学習」
メディア論	テクスト論
放送教材主義 （放送の教授性）	教科書教材主義 （放送の資料的利用）
子供の自主学習・テレビの感化	教師の学習指導・テレビの利用
視聴進行中が教育 （テレビ**が**教える）	事前事後指導が教育 （テレビ**で**教える）
アメリカ的・ルソー的自然主義	ドイツ的・ヘルバルト的形式主義
教室型ディスカッション	講堂型解説
継続視聴・通読主義・総合的把握	選択視聴・精読主義・分析的把握

図 15　西本・山下論争のメディア論

十分な自覚があったとは思えない。そのプライドからテレビ教育を退けた教師も少なくなかったはずである。

つまり、大学研究者の多くは西本派であったが、現場教師の多数は山下派であった。一九六三年、山下は番組制作と教室授業をつなぐ「放送教育コンサルタント」をＮＨＫから委嘱されている(H1963-4: 37)。結局、実際に放送教育の裾野を拡大していったのは、「西本理論は理想であるが、現段階としては山下理論」(H1961-2: 36)と考える現実主義者たちであった。たとえば、長崎大学教授・吉村喜好はテレビ教師と担任教師の分業を次のように提案している。

テレビの先生も決して無責任に断片的な内容を教えているのではなく文部省の学

習指導要領に準拠して一貫した年間計画が番組審議委員会のもとで厳重に練られているのであるから内容については相当信頼してよいはずである。しかもテレビの視聴時間は僅か二十分であるので、その間担任教師がテレビ教師に完全にまかしてしまっても教師の権威が失墜するということにならないだろう。その間担任教師も謙虚にテレビ先生の授業を見るという時間があってもよいと思う。(H1961-2: 37)

もちろん、こうした提言も日教組教研集会なら、現場教師の主体性放棄であり、テレビを手段とした文部省の教室介入であると批判されたであろう。だが、それよりも問題なのは、メディアの社会的影響の特殊性を無視した現実主義者の素朴な技術進歩信仰かもしれない。吉村はこう結んでいる。

電気洗濯機や電気掃除機が主婦の生活に余暇を与えてきたように放送学習が学校に導入されたことは、教師がそのため余暇が持てるような教材であらねばならない。(同)

もっとも、テレビ登場以前に「情報弱者」だった主婦と「情報強者」だった教師に、それぞれテレビが与えた影響は異なるはずだが、その点はほとんど意識されていない。

テレビの「バナナ化」

小学校のテレビ普及率は一九六四年に九〇％、一九六七年に九九％に達した。つまり、教育テレビ開局一〇年で学校にテレビは完全に行き渡った。一九六四年放送教育研究会全国大会で挨拶に立った文部事務次官・内藤誉三郎は、次のように語っている。

従来は教科書と黒板が中心の平面的な教育でしたが、ラジオ・テレビの普及により、教育方法が立体的になり、(略)学習効果がますますあがってきたことは、皆さんといっしょに大変喜びにたえません。現代は活字の文明から映像の文明に変わってきていると思います。(H1964-1: 31)

西本は学校教育番組を生放送で、部分利用せず、シリーズを継続的に利用するべきだと主張したが、この「ナマ・丸ごと・継続利用」も放送教育運動の教義《ドグマ》として定着していた。だがドグマは建前であって、「ナマ・丸ごと・継続利用」が必ずしも忠実に実行されたとはいえない。「教科書と黒板」が今も授業の中心であるように、学校放送は「教室」変革の力にはならなかった。

むしろ、一九七〇年代に入ると教室を超えた「教育のシステム化」の実践例が注目され始めた。学校と家庭にテレビが完全普及したことを前提に、ＳＨＴシステム（学校Ｓと家庭Ｈとをテレビで結ぶシステム、図16）が中学生を対象に提唱されている。それは学校での「テレビノート」と家庭での「家庭学習日記」を媒介に、科学的概念と生活的概念を拡大させようと試みた指導実践である。

〔学校放送の〕テレビノートの指導で得た要領を家庭学習日記に転移できるようになって、家庭学習の主体はテレビへ移行していく。そしてさらに進めば、テレビ番組の中で発見した疑問や問題点を図書や調査・実験等で実証し解決できるようになっていく。この間の過程を図示すると上〔左頁〕のようになる。ＳＨＴシステムの最大のねらいは、テレビ視聴能力の育成によって得られる情報処理能力の養成であり、それの他への広範囲にわたる転移であり、その生活化である。（H1972-8: 55）

この試みは小学校での日記指導と高校での図書館学習を媒介する発展性をもっており、「総合的学習」の理想プランだったといえるだろう。しかし、これを学級レベル、あるいは学校レベルで実践することは、生徒の多様性を考えれば困難だった。このＳＨＴモデルは、やがて主婦を対象にした社会教育の放送講座（スクーリングＳと家庭Ｈとをテレビで結ぶシステム）に応用されていった（H1974-4: 34）。

一九七五年には小学校でのテレビ普及は一教室一台に達した。それはテレビ教育の「バナナ化」をもたらした。テレビが急激に普及した一九六〇年代、バナナは舶来の貴重な果物だった。当時の子どもたちにとってバナナはあこがれの果物であり、遠足や運動会など特別の日にしか口にできなかった。「ナマで、丸ごと」食べるのが常道であり、毎日「継続的」に食べることは夢物語だった。しかし、高度経済成長によりバナナが高級品でなくなると、教室のテレビから教育改革のオーラは消えていった。廉価なバナナはその調理方法や保存方法が工夫されたように、教育番組も「ナマ・丸ごと・継続利用」では通用しない時代を迎えていた。

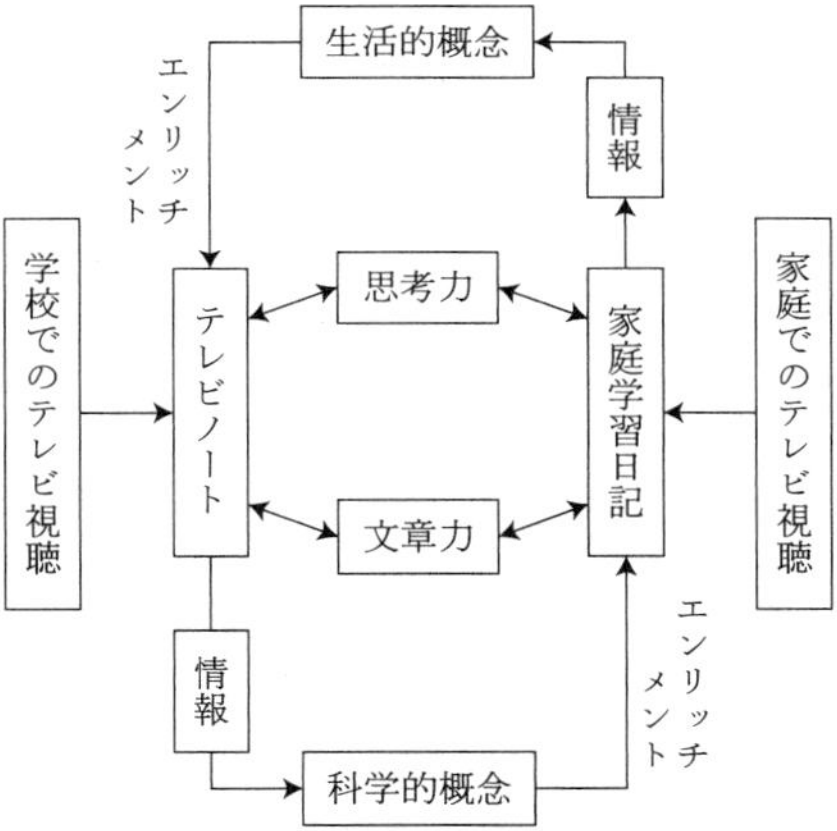

図 16　学校 S と家庭 H とをテレビ T で結ぶ SHT システム　（出典：西本三十二ほか「放送を核とする総合学習」『放送教育』1972 年 8 月号 55 頁）

《セサミストリート》のテレビ的手法

一九七〇年代までの放送教育運動は、テレビ受信機を全教室に入れるという目標が明白であり、その成果は普及率の数字で確認できた。数値目標のある運動には達成の昂揚感がともなっていた。しかし、規模の拡大は一教室に一台のテレビ普及とともに終わった。いまや学校放送の教育効果が実証的に検討される段階に達していた。このため一九七四年以来、テレビ視聴能力の実証研究に着手していた大阪大学教授・水越敏行を中心とする金沢市小学校放送教育研究グループが、一九八〇年代後半以降の放送教育研究をリードすることになる(H1988-2: 23-28)。

教育番組の質を問う議論は、一九七一年第七回「日本賞」教育番組国際コンクール(二〇〇八年より名称の「番組」は「コンテンツ」と改められた)を境に活発化する。このとき日本賞に選ばれたのは、アメリカのCTW(チルドレンズ・テレビジョン・ワークショップ)制作の《セサミストリート》(一九六九年―)である。幼児番組としては型破りの一時間番組で、斬新な「テレビ的手法」が注目を浴びた。一九七一年夏にNHK教育テレビは同番組(字幕入り)三〇本を放送したが、このときは十分な視聴率が取れなかった。その理由として、西本三十二は「〈セサミ・ストリート〉と幼児教育」でこう述べている。

伝統的な幼稚園教育では、幼児にアルファベットや数字を教えることには消極的である。この古典的幼児教育観をもつ教師や親たちが〈セサミ・ストリート〉に関心を寄せることの少ないのも無理はない。(H1971-12: 25)

ラジオ教育番組の名作《マイクの旅》(一九四九―七一年)を企画した元NHKプロデューサーで、当時幼稚園を経営していた鈴木博は、《セサミストリート》を人種的平等のヒューマニズムで評価しつつも、教育番組ではなく「教育コマーシャル」だと述べている。

一時間もの長い間子どもを引きつけて離さないという力はすばらしいが、わけても、中身が、数分、数秒のこまぎれになっていること、いうなれば、テレビのコマーシャル部分を積み重ねた格好に作られていることによるのであろう。手を変え、形をかえての教育コマーシャルの連続なのである。(略)私の印象としては、娯楽番組というよりも、やはり教え込む番組、しかも詰め込み教育だと思われた。くりかえし、くりかえし、これでもか、これでもかという強制を感じたのである。しかもこの強制は、子どもの弱点につけこんで、飴玉に包んでというおとなの謀略といったら言いすぎだろうか。どうも子どもがおとなの罠に引っかかっているようで、かわいそうに思えた。(同：27)

NHK通信教育部の宇佐美昇三もその番組構造を分析し、潜在意識に働きかけ「押しつけなしの強制」を可能にする「デモーニッシュな力」を読み取っている(同：29)。それこそ、ある意味で最も「テレビ的手法」なのだが、それが教育者に忌避されたことは重要である。ノーベル物理学賞の湯川秀樹は、西本との対談「人間教育と放送」において、「押しつけなしの強制」をテレビ教育の危険性と指摘している。

それ〔テレビ番組の委員会〕がいろんな人間の思考プロセスの分析をして、それによって生徒をうまく導くようにして教育効果をあげるという研究をする。それは結構なようですが、これはまた、非常な危険ももっていると思うのです。書物による教育以上の固定化の危険も持っているのです。ある方向へ人の考え方をいつの間にか持っていってしまうという危険もあることを考えておかなくてはなりません。(H1972-2: 22)

だが、そもそも教育に「おとなの謀略」は必要不可欠なものではないだろうか。戦前の書物でドイツ語の教育学 Pädagogik には「児童誘導の学」の訳語が当てられたことを想起してもよい。

教育学とは児童誘導(Pädagogie)の学、即ち指導に関する学問であり、児童及び青年を意識的に教育し、意図と計画とを以て陶冶することに関する学問である。(ペー

ターゼン 1943: 93・強調は原文）

教育機会の均等をめざすならば、すべての国民に最低限の基礎学力を与えることが求められる。しかし、学習に必要な意欲には個人差があり、学習の動機をもたない子どももいるだろう。そうした意欲も動機も欠けた子どもを放置すべきでないとすれば、誘導により学力を高める必要が生まれてくる。

実際、「落ちこぼれ」を出さない教育という福祉国家的介入の理念から、《セサミストリート》は制作されていた。「どんな貧困な家庭にもテレビはある」、そして「親にも教師にもかまってもらえないような貧困家庭の子どもでもテレビは見ている」、この二つの現実を前提として受け入れ、学齢期までに貧困家庭、特にマイノリティの子どもの知能水準を高めることに番組の主眼が置かれていた。それゆえ、文字や数字の概念を無意識のうちに叩き込む洗脳的方法も採用された。

他方、テレビが贅沢品だった時代に開始された日本の幼児番組は、テレビのある「恵まれた家庭環境」の子どもが通う幼稚園での集団視聴を前提に制作されてきた。つまり、《セサミストリート》のように貧しい家庭の子どもが個人視聴する情景はほどんど想定されていなかった。日本の教育番組は集団的な効果がテレビ普及とともに上流から下流に及ぶイメージで制作されてきたわけである。ＮＨＫ幼児番組のプロデューサー・佐藤浩一は、《セサミストリート》から受けたショックをこう語っている。

「うかうかすると恵まれた環境の子どもにさらに上積みをする」ということにもなりかねない……というのが私のショックを受けた理由なのです。(H1971-12: 30)

実際、日本の教育番組では文字や数字という測定可能な知識より、創造性や情操という抽象的な目標が掲げられる傾向が強かった。だが、多くの場合、そうした童心主義はエリート主義の裏返しに過ぎない。佐藤浩一のショックとは、この事実に気づいたためである。

普通家庭の子どもたちに比して小学校入学時に一生を左右するような差がつくことを、何百万というアメリカの貧困家庭の子どもたちが避けることに、なんらかの効果をもたらすとすれば、テレビというものが実在する社会問題を解決することができるということの大きな可能性を示したことになるわけです。(同 : 31)

もちろん、《セサミストリート》でアメリカの幼児教育が激変したわけではない。むしろ、貧困家庭向けに制作された同番組は、親が一緒に視聴させた中流家庭の子どものほうでより大きな効果を挙げたため、社会階層による学力差は一層拡大したという指摘も存在する（無藤 1987: 60）。また、逆に《セサミストリート》ほど刺激的でない学校や読書に最初から興味を覚えない就学障害児を作りだしたとの告発さえもある（ハーリー 1992: 178ff）。

一方、日本で《セサミストリート》の放送が開始された一九七二年、日本教育テレビ調査部は都内の小三、小六、中二、高二の男女各五〇名、計四〇〇名に「好きな番組調査」を実施した。変身特撮、少女アニメなど、いわゆる子ども向け番組を嗜好するのは小学校中学年までであり、高学年になると中学生と同様、アクションもの、青春ドラマなどヤング向け番組を支持している。「ヤング化」は小学校中学年で始まり、特に女子の早熟化が読み取れた。日本教育テレビ教育部長代理・松村敏弘は、そこに伝統的な「少年文化」の消滅を読み取っている。

調査結果からもわかるように、テレビ漫画を中心とした幼児的文化圏はあるが、むかしの「講談社文化」のような少年文化圏がなく、あとはヤングやおとな文化圏のなかに解体し、分極化していったのは、映像氾濫の中で育った映像感覚のすばらしさがもたらしたものである。と同時に、私たちはかつての講談社文化のように、もっとも感受性の高い、小学校高学年から中学一・二年生に拍手をもって迎えられるような、テレビによる少年文化を樹立していかなければならないと痛感している。

(H1973-1: 84)

もちろん、ポストマンが『子どもはもういない――教育と文化への警告』(一九八五年)で示したように、そうした「少年文化の樹立」は困難であった。「小さな大人」と「大きな子ども」の文化ならあるとしても。そして幼児番組《セサミストリート》が「少年文化の樹立」のモデルとならないことも明白である。これをモデルに幼児教育番組を制作したのは、NHK教育テレビでも学校放送の経験をもつNET(以下、一九七三年一般局化して以後の日本教育テレビはNETと略記)でもなく、娯楽番組を得意とするフジテレビであった。

一九七三年四月から放送開始された《ひらけ! ポンキッキ》(一九九三年九月まで)の「ひらけ!」は、アリババが唱える「オープン・セサミ(ひらけゴマ)!」の呪文に由来している。この番組のプロデューサーはSF作家として有名な野田昌宏だが、その企画についてこう語っている。

「セサミ・ストリート」の良い所を徹底的に盗んでやろうと思いました。スタッフにもそう指示したんです。でも、あれが無かったら日本でこういう番組が実現する

のは難しかったでしょうね。（志賀 1979: 324f）

ちなみに同時期、NETは幼児向け番組《あそびましょパンポロリン》の放送を開始したが、これは文字・数字教育というより、一人遊び化の傾向に対して集団遊びの復活をねらっていた（H1973-10: 85）。その反時代的な志は良しとしても、まさに個別視聴化が進むテレビで、パーソナルメディアを使った集団化という実験に成功の可能性があったとは思えない。《パンポロリン》の打ち切りは目に見えていた。

いずれにせよ、《セサミストリート》は日本よりテレビ普及で一日の長があったアメリカにおいて、ポスト教室テレビ時代の教育番組モデルを示したといえるだろう。子どもが一人で遊びながら教育番組を観るという発想は、まだ一九七〇年代の日本にはなかったのである。そのため、《セサミストリート》の衝撃は、日本では放送教育より早期教育において受け止められた。名古屋大学医学部教授・高木健太郎は、放送教育研究会シンポジウムで幼児教育のあり方にふれてこう述べている。

ことばのようなものは、かなりはやくからやらないとだめで、一〇歳―一一歳になったのでは、もうおそい。われわれが外国語をうまくしゃべれないのも、はやい時期に外人と話す機会にめぐまれなかったからだと思います。そのように、言語、音楽、

美術といったものははやい時期にやっておかないとうまくいかないことが多いと思います。(H1972-1: 34)

外国語、音楽、美術は、いわゆる「教養」御三家だが、その幼児教育が叫ばれる時代が到来しつつあった。それは、《セサミストリート》の日本における視聴実態によっても証明できるだろう。NHKがレギュラー放送を開始した一九七二年当時、小学校六年生だった私の周りでこの番組を見ていたのは英語の先取り学習を意識した豊かな家庭の子どもたちであった。彼らの多くは中学受験組であり、英語学習のスタート時で「一生を左右するような差」が生まれた可能性を私も体験的には否定できない。

一九七三年六月上旬におけるNHK教育テレビでの《セサミストリート》の視聴率は〇・七%で、《囲碁将棋講座》一・一%、《経営新時代》一・〇%、《技能講座》〇・九%に続く上位に食い込んでいた(H1973-10: 94)。いずれにせよ、《セサミストリート》をNHK教育テレビが放送した一〇年間は、まさしく一億総中流の日本型「社会国家」の黄金時代であった。NHKは一九八二年で同番組の地上波放送を打ち切り、一九八七年から衛星第二で再開した後、地上波に戻したが、二〇〇四年に最終的に終了した。その放映を引き継いだテレビ東京も視聴率低迷から二〇〇七年に終了している。

3　「入試のない大学」の主婦たち

勤労青年の教育機会

テレビを使った高等教育拡張の夢は、戦前から存在していた。第一章でプロレタリア作家・平林初之輔の「テレヴイジヨン大学」(一九三一年)を引用したが、日本における放送大学の構想は「貧困」問題に由来していた。一九五七年教育テレビ局設立が認可された直後、NHK会長・永田清との対談「教育テレビを語る」で西本三十二はこう話している。

> 将来はテ、レ、ビ、通、信、大、学、というようなものができて、そこでその資格も与えるというようなところまで発展したいものですが、今はまだこれは夢みたいなことで……。(略)そうするとNHK通信教育大学というものができて、添削指導をNHKのスタッフでやるというようなことだって実現の可能性があるかもしれませんね。(H1957-11:15)

その四年後、一九六一年NHK《ラジオ大学通信講座》の開始前にも、西本はNHK会長・阿部真之助との対談「これからの教育放送」を行っている。当時、高校進学者は中学卒業生の約半数、その約一割だけが大学に進学していた。教育の機会均等について問われて、阿部会長はこう明言している。

必ずしも学校に行かなくても、放送教育なりあるいは博物館、図書館を完備して、みずからを教育しうる、そういう機会をもっておれば、なにもみんな大学へ行かなくてもよいのではないかと思いますね。それには放送がいちばん大きな役割を持っている。(H1961-4: 19)

西本は「全く同感です」と受けて、「大学教育の大革命」を主張している。今日ではマンガや流行歌を対象とする大学の講義も珍しくないが、教養主義の華やかな当時としてはかなり大胆な発言である。

わたしは十八才から二十二才までの左官屋さんや大工さんが、浪花節をどう聞くか、浪花節の聞きどころはどういうところにあるのか、浪花節の成り立ちや背景はどうなのかというように浪花節を理解し、楽しむための放送を聞く、これも十八才の勤労青年にとっては一種の大学教育だと考えてもいいと思うのです。こうなってくると、大学教育の大革命だと言えるのです。従来のような大学教育もあっていいが、大衆のための楽しい大学教育というものが生まれてこなければならん。しかもそういうことをやれるのはラジオ・テレビ以外にはないのです。（同）

一九五一年日本通信教育学会の創設から同会長も兼任していた西本は、「NHK学士というものがあれば、〔多くの人が通信教育を〕やるようになるかもしれない（笑）」という阿部の発言を受けて、NHKが教育番組の受講証明書を発行するよう要請している。

通信教育は、通学が原則ではないから制服制帽はいらないのですが、東京の私立高校通信教育で制服制帽をつくっているところがありましてね。農村の通信学生が喜んで、それをかぶって歩いているというのです。こんなのはあまり感心した光景ではありませんが、《ラジオ農業学校》で勉強した科目について、受講証明書をだして勉強を奨励するのはいいと思いますね。（同：20）

実際に「学習者第一主義」を掲げるNHK学園高等学校が認可されたのは、この対談の一年後、一九六二年である。すでに一九六〇年からNHK教育テレビは《高校講座――通信教育の高校生のために》を開始していた。毎月最終週には各地の通信制高校の活動を紹介した同番組は、一九六三年にNHK学園高校向けのテレビ《通信高校講座》に変わった。一九六五年度のNHK教育テレビの編成計画では、次のように視聴対象の絞り込みが謳われていた。

勤労青少年のための通信教育講座および大学講座、特殊児童のための特殊教育講座、経営近代化のための中小企業向け講座番組など特定対象者向け教育番組を重点的に新設する。（古田 1998: 11）

その前年にアメリカで出版されたウィルバー・シュラムほか『人々は教育テレビをどう見ているか？』（一九六三年）は放送教育関係者には広く紹介されていた。シュラムは一般テレビと教育テレビの視聴率を同じ数字として考えるべきでなく、即時的な快楽でなく遅延的な満足を期待する教育テレビの視聴者こそ「国の宝」だと主張していた。メディア研究の学説史でシュラムは「弾丸効果論」の名づけ親としても有名である。弾丸効果論とは、メディアの放つメッセージがピストルの弾のように人々の心を直撃するというイメージでメディアの強力な影響力をとらえた、第二次大戦期のメディア理論の総称である。だが、こうした強力即効メディア論の現状をシュラム自身が肯定していたわけではない。シュラムはすでに「ニュースの本質」（原著は一九四九年）で、人々がニュースに求める期待を「快楽原理による即時報酬」と「現実原理による遅延報酬」に二分し、後者の重要性を指摘していた。犯罪・汚職・スポーツ・娯楽などのニュースは「身代わりの経験」による衝動の昇華で即時的な快楽をもたらすが、他方の政治・経済・文化関連ニュースはしばしば退屈である。だが、こうした退屈なニュースこそ結果的に現実世界での成功に人々を導くことになる。漫画やスポーツなど即時的快楽ばかり望んでいた子どもも、成長とともに政治や経済記事に関心を示すように、遅延化とは社会進化のプロセスなのである(シュラム 1954: 239)。

こうしたニュース論から引き出される帰結として、シュラムが教育テレビの視聴者にテレビ改良の担い手たることを期待したのは当然だろう。いや、むしろ教育テレビの視聴がシュラムにとって「中流」のリトマス試験紙だった。つまり、いま現在の欲求満足を延引して未来のために準備することが伝統的な中産階級の規範であり、その欲望のままに生きることは労働階級的と理解されていたのである(布留 1963: 332)。波多野完治はシュラムの主張を次のように要約している。

> いずれにしても教育テレビをみぬ大学卒は、大学卒のなかでも「クズ」である、ということをはっきりさせたのは、大変おもしろい。(略)頭をつかうこと自体のきらいな人は受身的にテレビプロをみる人だろうし、こういう人はもともと教育テレビ

に向かぬ人であるから、そこまでを獲得しようとすることは教育テレビの自殺になるに相違ない。教育テレビは、国民のなかの「宝」の分子に奉仕し、その人たちの支持を失わぬように努力すべきである。というのが、シュラムの結論になっている。(H1964-2: 28-30)

つまり、シュラムはエリートに教育テレビの視聴者たることを期待していた。ところが、日本では「一億総博知化」のメディアとして教育テレビは構想された。エリート的教養に対する大衆的教養、すなわち「テレビ的教養」の誕生である。

一九六六年にはNHK教育テレビで通信制大学生を対象に《大学講座》が開始され、一九六九年には総合テレビ、教育テレビに次ぐNHK第三波による「放送市民大学」構想も浮上した(古田 1999: 49f)。このNHK主導の構想は学園紛争の中で筑波大学や技術科学大学などと並ぶ「新構想大学」として放送大学案が登場すると、それに吸収されていった。

一九六九年一一月、前経団連会長・石坂泰三を座長とする文部省放送大学問題懇談会は文部・郵政両大臣に意見書を提出し、翌年七月には報告書「放送大学の設立について」を発表した。「高等学校卒業者(同等以上の者を含む)で入学を希望する者は、すべて無試験で入学できること」が正式に打ち出された。

序章で、「教養＝教育－選抜」、つまり教養とは教育から選抜を差し引いたもの、と仮定した。だとすれば、選抜試験のない放送大学においては「教養＝教育」である。当然ながら、というべきだろう。放送大学には教養学部だけが存在する。一九九一年大学設置基準改正による大綱化により、多くの大学で教養部が解体されていった後も、「選抜なしの教育」を行う放送大学は「教養学部」のみの体制を保持している。

もちろん、新構想大学は「国家管理大学」として日教組や野党勢力の批判を浴びたが、放送大学の開学が遅れた理由は別にある。荒れ狂った学生運動は一九七〇年代には急速に衰え、大学大衆化によって「勤労青年に開かれた大学」の必要性が改めて問い直されていた。情報化社会のテレビ教材において「教養としての教育」の視点を強調したのは、西本三十二の息子である玉川大学助教授・西本洋一である。

　最近、教育をレジャーとして、あるいは生きがいとして考えようとする機運が出てきたことは注目に価いする。教養としての教育ということ自体、決して目新しいことではないが、日本の近代化一〇〇年の歴史のなかで、教育の主流は職業生活の準備に主眼がおかれていた。実用が専門と同義語に解釈され、教養は実用や専門のかげにかくれてしまったのである。（H1972-8: 45）

一九七〇年の国民生活時間調査では、国民全体のテレビ視聴時間は三時間五分で五年前と大差ないが、「二〇才から二五才」で二時間二〇分から二時間六分へ減少し、「四〇代の女性」で三時間九分から三時間四〇分へ増加している。前者は受験競争の過熱、後者は家事労働の短縮が主要原因と考えられるが、「選抜を含む教育」から「選抜なしの教育」へとテレビ利用のパラダイム・シフトが起こったことを読み取るべきだろう。

文部省視聴覚教育課は一六歳以上を対象に「放送大学に関する世論調査」(一九七一年二月)を実施したが、放送大学の利用方法では「資格・単位と関係なく番組を視聴する」が七〇%と圧倒的であり、その社会的需要も「学位」から「教養」へ移動していた。

NHK教育テレビの通信講座番組の放送時間数も一九七四年に最大の二二時間を記録したが、それ以後は急速に減少した。一九八二年には最盛期の半分の一〇時間半にまで落ち込んでいる(**図17**)。

高度経済成長にともなう高校進学率の上昇により、中学卒の勤労青年に学習機会を提供するNHK学園の性格も大きく変化していった。NHK教育テレビは、通信制教育の停滞を主婦層を対象とする生涯教育の拡大で乗り越えようと試みた。一九八二年には《通信高校講座》は視聴対象の拡大をめざして《高校講座》と改称している(一九九一年から《教育セミナー——NHK高校講座》に改題)。また、放送大学学園法成立の一九八一年、一六年間続いたNHKのテレビ《市民大学講座》は終了する。この番組を単位取得対象とす

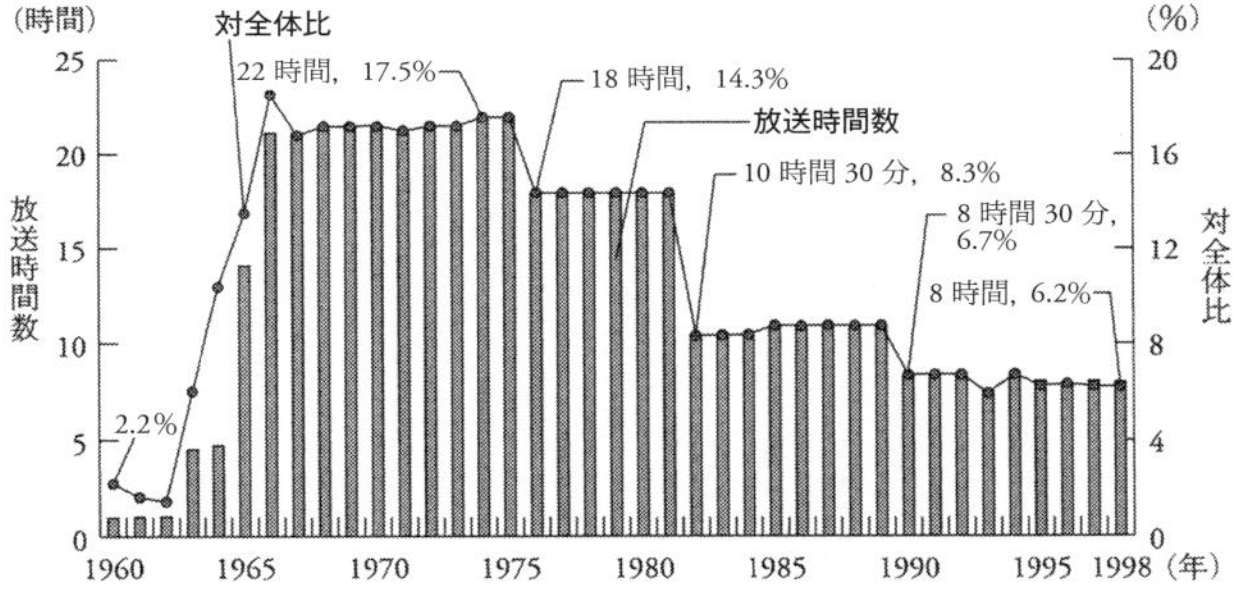

図 17　NHK 教育テレビの通信講座番組放送時間数(再放送を含む一週間分)（出典：古田尚輝「教育テレビ 40 年　学校教育番組の変遷　その 2　通信講座番組」『放送研究と調査』1999 年 8 月号 31 頁）

る通信制大学が一九七七年度で存在しなくなったためであり、後継番組の名称は《NHK文化シリーズ》《NHK教養セミナー》となった。「大学」が消えて「教養」が残ったということだろう。

　放送大学は一〇年を超える調査研究の後、ようやく一九八五年四月一日よりテレビとラジオによる授業を開始した。すでに受験競争の緩和や経済的な進学困難者の救済に関する議論は周辺化しており、もっぱら生涯学習の側面が強調された。また、放送大学と併設された放送教育センターは、一九七八年から既存の国立大学においてテレビ利用の公開講座に着手していた。もちろん、その聴講生の多くは生涯学習を目的とする高学歴者であった(H1990-2: 12)。

　こうした勤労青年中心の「教育」から高学歴者・女性中心の「教養」への重心移動は、一九五六年から毎年一月一五日に放送された《NHK青年の主張全国コンクール》での応募、入選作品の内容にも反映している。一九五〇年代のキーワードだった「苦学」「勤労」は、一九七〇年代には「僻地」「医療」へと変化していく。その流れは一九八〇年代以降「環境」「国際化」にたどり着き、一九九〇年から名称も《NHK青春メッセージ》に変わった。だが、大学進学率が史上初めて五〇%を超えた二〇〇四年(短大等含む五〇・七%)、この長寿番組も終了している(この「国民的番組」の社会的機能については、拙著『青年の主張――まなざしのメディア史』河出ブックス・二〇一七年を参照されたい)。

有閑主婦の教養趣味

たしかにテレビが子どもに与えた影響も大きいが、女性が受けた影響はそれに優るとも劣らない。テレビが家庭に送り込む情報世界は、家庭の壁を境とした公／私の領域を溶解させた。小説家・大江健三郎は、こう指摘している。

団地の主婦たちは四角の窓から外の世界をのぞく。テレビは、やはりその四角の窓のひとつだ。テレビが普及していなかったなら、主婦たちが日本の政治家の顔と声とに、今ほど深いなじみをもつことはなかったろう。政治番組をうつしだすテレビによって、進歩的インテリたちは保守政治家を見なおし、団地の主婦たちは進歩的政治家を見なおすということが実際におこなわれているのではないか？　それは日本の政治にとって健全なことである。（大江 1962: 66）

そもそもテレビが登場する以前、都市のOLと農村の主婦が「女性」という立場で連帯しうる情報システムは存在しなかった。実際、「新聞の時代」の女性参政権運動は、ほとんど大衆的と呼べる基盤をもたなかった。当然、参政権運動は男女関係に何ら革命的な変化をもたらしてはいない。アメリカで女性の投票率が男性と並ぶのは、テレビ普及率が八〇％に達した一九五六年大統領選挙以後である。まさに「テレビの時代」のフェミニズムの盛り上がりこそ、伝統的な男女関係を根底から揺さぶったのである。その意味で、「テレ・フェミニズム」は、それ以前の女性解放運動とは質を異にする社会運動であった。

一九五〇年代前半の街頭テレビ時代はともかく、テレビの「お茶の間」進出が及ぼした最大の政治的影響は、女性の投票率上昇である。テレビは情報の空間的・時間的障壁を取り除き、誰でも政治情報に接することを可能にする。そのため、女性と政治の関係はテレビ普及によって劇的に変化した。女性の投票率は、一九六〇年代まで特に国政選挙レベルで男性に比べて著しく低かった。西本三十二はテレビ映りが当落を分けたケネディ対ニクソンの一九六〇年大統領選挙に比すべき日本政治の画期として、《私の秘密》

（ＮＨＫ総合、一九五五—六七年）出演の藤原あき（自民党）が女性票によりトップ当選した一九六二年参議院選挙を挙げている（H1963-2: 18）。藤原は、いわゆる「タレント議員」のはしりである。だが、当時はタレント議員を積極的に評価する識者の声も少なくなかった。

> 候補者がどういう人間であるかを知りもせず、したがって国会議員に適しているか否かの判断もたず、誰かの指示や買収で投票している人が、おどろくほど多いのである。（その実情を知ると、怒りと絶望で体がふるえる。）その実情を考えたら、《私の秘密》でくり返し、カンのいい、男性に負けない藤原あきを見、だから一応は彼女を知った上で、自分の判断で彼女に投票した人たちを「目も耳もある」マシな選挙民だと評価しないわけにはいかなくなるのだ。仮りに「視力・聴力に難があるとしても」である。（瓜生 1965: 267・強調は原文）

それでも一九六七年衆議院選挙まで、国政選挙の投票率では男性が女性より高かった。しかし、一九六九年総選挙で初めて女性票が一・二七ポイント上回り、その後は二〇〇五年総選挙まで女性票の優位が続いていた（二〇〇九年総選挙より再び男性投票率が上回っている）。

ＮＨＫは一九六四年より女性に向けて教育・教養テレビ番組の利用を促進するため、「くらしに生かす放送利用運動」を開始した。こうした社会教育活動は戦前のラジオ番組にまで遡ることができる。一九二六年に《婦人講座》、一九二七年に《家庭大学講座》の放送が始まっている。一九三四年《婦人講座》は《婦人の時間》と改められ、一九三六年には新たに《生活改善講座》が加わった。一九四一年、日米開戦の翌日から女性番組は《戦時家庭の時間》に統合されたが、敗戦後一九四五年一〇月から《戦時家庭の時間》と同じ時間枠でＣＩＥは民主化宣伝番組《婦人の時間》を開始する。さらに一九四七年《主婦日記》、一九五〇年《女性教室》を経て、一九五九年《ＮＨＫ婦人学級》と展開されてきた。

こうした女性向けラジオ放送講座は、テレビ普及とともに飛躍的に発展する。「一九七二年度教育教養番組利用状況調査」によれば、地方公共団体が主催して行った放送利用は、全国で三七〇ヶ所、約四万六〇〇〇人が放送学習に参加した(H1973-9: 98)。参加者の大半が婦人であることは、利用番組リストから明らかだろう。上位から《おかあさんの勉強室》《こんにちは奥さん》《藍より青く》《中学生日記》《明るい農村》《きょうの健康》《大学講座》《農業教室》《若い広場》《教養特集》と続く。《中学生日記》や《若い広場》が示すように、家庭教育学級やＰＴＡ学習会などでも利用されていた。逆に《英語会話》や《市民大学講座》などの利用が少ないのは、こうした社会教育活動が昼間の集団視聴を基本としているためだが、個人視聴とスクーリングを組み合わせた「個人学習奨励事業」

も一九七二年秋田県や広島県で開始された。

こうしたテレビによる社会教育活動も一九八〇年代には下火になるが、一九七二年まで約一四年間続いた《NHK婦人学級》は放送教育運動の大いなる遺産となっていた。NHK放送総局長から放送大学学園理事に就任した川上行蔵はこう証言する。

通信制広域学校の存在がNHKの財政に重い負担となっていましたが、これを救ってくれたのが婦人方でした。各種カルチャーセンターに参加していた婦人方が、NHK学園が開設した社会通信教育に毎年数万人も参加され、受講料という形で負担してくださったからです。(H1994-4: 64)

女性向け教養番組は、もちろんNHKの独占ではない。母親の間で根強いテレビ有害論を否定すべく、民間放送もさまざまな活動を展開した。毎日放送主催の「おかあさんの体験記」審査員を続けた経験から大阪女子大学教授・山吉長《やまよしはじめ》は、一九六〇年代前半の女性視聴者の変化をこう分析している。

多くの母親たちが、テレビの悪影響をヒステリックに談じ合ったかつての後向きの構えから、これを積極的に利用して、日常生活を豊かにしようとする前向きの構えに前進しつつあるということである。茶の間の映画館であるテレビに娯楽を求め、茶の間の公民館としてテレビに教養を求め、茶の間の図書館ともいうべきテレビに教育を求めつつある母親たちの群像に接してまことに力強い思いをした次第である。(H1964-2: 18)

「お茶の間の公民館」「お茶の間の図書館」を利用する女性視聴者の増加により、一九六〇年代後半には教養番組も一つの転機を迎えていた。

民放教育専門局の消滅

勤労青年「教育」から主婦「教養」への重心移動が、教育放送体制にも大きな変化をもたらしていた。一九七三年の民放教育専門局の消滅も一つの画期といえるだろう。それまで学校放送番組を続けてきた民放教育専門局、すなわちＮＥＴと東京12チャンネルの放送免許は、ついに総合局(一般局)に切り替えられた。すでに一九六四年九月八日に郵政大臣に提出された臨時放送関係法制調査会の答申で「営利法人たる教育専門局はすでに、適当な時期に廃止すべきである」と指摘されていた(全国朝日放送 1984: 78)。そのため、準教育局は一九六七年の再免許で一般局になっており、ＮＨＫ教育テレビの全国ネット化を待って民放教育局の一般局化は当然視されていた。一九七三年一〇月五日実際には両局ともプロ野球中継を教養番組とするなど、首をかしげたくなるような番組を「教育・教養番組」と苦しい弁解をせざるをえない状態だった。

とはいえ放送教育関係者の反発は強く、一九七三年一〇月三〇日郵政省は新たに一般局となった両局に「教育」二〇%、「教養」三〇%以上というかつての準教育局と同じ条件を求めた。また同時に、他の一般局に対しても従来の「教育・教養三〇%以上」を「教育一〇%、教養二〇%以上」に改め、教育・教養番組重視の姿勢が強調された。この結果、民放各局が郵政省(現・総務省)に提出している平均番組比率では、今日まで「教育」一〇%、「教養」二〇%以上の免許条件が維持されている。もちろん、「教育」・「教養」が「娯楽」より多い数字は、視聴者の実感とはかけはなれているのだが。

しかし、NET教育部長・松村敏弘は、この一般局化こそ教育番組の対象を学校から、社会に拡大していく転換なのだと釈明している。

一五年前教育放送イコール学校向け番組だという発想はけっして間違っていなかったし、マンネリ化した教育放送番組を敬遠しはじめた教育現場の発想も間違ってはいないはずである。（略）「四角い壁に囲まれた教室」への教育番組ではなく、「いつでも、どこでも、だれでも」が使える「社会に開かれた」教育番組こそ必要な時期になってきたのではなかろうか。（H1973-12: 85）

たしかに「四角い壁に囲まれた教室」での教育番組利用は空洞化していた。「社会に開かれた」教育番組とは、教養番組ということになるのだろうか。

「テレビ的教養観」調査

そうした変化は、内閣府政府広報室の「教育・教養番組に関する世論調査」（一九六八年）からも見て取れる。もちろん、「よく見る番組」の上位に教育・教養番組がくるわけではなく、テレビを見る動機（複数回答）として「教養を高めてくれるから」九・九％や「勉強になるから」六・六％はむしろ低い。だが、この世論調査の目的だった次の問いへの回答が重要である。

この地域でテレビ放送局を一つふやすとしたら、教育番組や教養番組を主として放送する局をふやすのと、娯楽番組を主として放送する局をふやすのと、どちらがよいと思いますか。

「どちらともいえない(半々ぐらい)」三五・八％が多数だが、「教育・教養番組中心の局」二八・五％は「娯楽番組中心の局」二三・二％を上回っている。教養・教育番組の重要性というタテマエを多くの国民が共有していた。こうした動向を踏まえて一九七〇年代前半にはＮＨＫを中心に教養番組に関する調査研究がさかんに行われている(藤岡 2005: 235–281)。

むしろここで注目したいのは、教育専門局の一般局化をめざした民間放送側の模索である。右の内閣府広報室調査から日本民間放送連盟放送研究所顧問の金沢覚太郎は、教育・教養番組への関心は田舎にゆくほど減少し、逆に娯楽番組への関心は都市になるほど減少する事実を指摘する。そこから、教育・教養と娯楽の番組ジャンルを融合した「知識番組」に可能性を見出している(金沢 1970: 229)。元日本教育テレビ教育編成局次長である金沢は、ＮＨＫが調査分析用の番組分類として教育・教養番組と報道番組を一括して「情報番組」と称した事例をさらに発展させ、娯楽番組、広告まで全ジャンルを統括する「知識番組」の概念を提唱した。

知識産業としての放送活動が高度知的大衆を視聴対象とせざるを得なくなるであろう脱工業化社会の段階時期を考察すれば、娯楽も宗教さえも情報概念に包含されてくるであろうから、情報番組と娯楽番組の対位もしくは並立は、さらに知識番組にまで止揚されてゆくべき予測は容易に了解されるであろう。(同：68)

一九七三年の日本教育テレビ、東京12チャンネルの一般局化を射程に入れていた戦略的発言であったことはまちがいない。

財団法人放送番組センターによる一九七〇年代初頭の「教養番組」意識調査も、こうした情勢の中で行われている。一九六八年に設立された同センターは、ＮＨＫと民間放送各社が放送界の健全な発達をめざして共同事業を行う組織であり、教育性や教養性の高いテレビ番組の放送権を確保し、各局への配給を行ってきた。テレビショッピングという「番組」が開拓される以前には、地方の独立ＵＨＦ局が同センターの配給番組を積極的に利用していた。

放送番組センターが東京大学教授・竹内郁郎らを中心に実施した『「教養番組」に対する視聴者の意識調査』(一九七〇年)は、「テレビ的教養観」という概念を提起した画期的なものである。東京都練馬区の主婦(二五—五四歳)を対象に同ライブラリー所蔵の教養番組フィルム四本を視聴させた上で、彼女たちの「テレビ的教養観」を分析している。

視聴前に行った「一般的教養観」の調査では、主婦の九五％が「教養を身につけたい」と回答している。特に年齢や学歴が高くなるほど、教養獲得要求も高い。また、

「過去における教養獲得の阻害条件」では、複数回答だが「自分自身の努力が足りなかった」が七割近くに達している。裏を返せば、「教養」が「自分自身の努力」によって獲得されるものだとの一般的認識が存在していたわけである。さらに、テレビ視聴時間の短い人ほど教養獲得要求が高く、「選択的な視聴」と教養獲得欲求の相関が示唆されている(放送番組センター 1970: 12)。

また、他人に比べて恥ずかしくないかを問う「教養自信度」でも、四時間半以上の長時間視聴者は教養への自信度が大きく揺らいでいる。さらに、長時間視聴者は自らの教養不足の原因を「あまり教養の必要について考えなかった」「子どもや家族のことに追われた」「上の学校にいけなかった」と回答する場合が多く、長時間視聴と出身階層の相関をうかがわせる。「教養獲得のため実行している方法」も問われているが、「新聞・雑誌を読む」「テレビやラジオの教養番組を視聴する」「本を読む」といったメディア媒介的なものが多く、社会教育活動、講演会、サークル、通信教育などの直接的参加は総じて低い。さらに注目すべきことは、テレビ・ラジオの教養番組の利用は高学歴層で高く、低学歴層ではテレビが娯楽メディアとして利用されていることである

竹内らは、活字的教養とテレビ的教養の比較から六つの「テレビ属性」を挙げている。

①アクセシビリティ＝テレビはスイッチひとつで容易に知識を獲得することができ

る〝手がるさ〟をもっていること。

②非セレクティビリティ＝テレビによる教養は、あらかじめ用意された内容を、あまり選択的な努力なしに受取ることができること。

③帰納的・経験的思考＝テレビによる知識獲得過程は、具象的なものから出発して法則に到達するという方向をとる。

④画一性＝テレビが時間拘束的なマス・メディアであることから、たくさんの人々に画一的な教養内容を与えるということ。

⑤生活指針としての活用＝テレビで放送される卑近な事象やフィクショナルなドラマのなかから、〝生き方〟についての指針や助言を得ていること。

⑥理解容易度＝テレビはむずかしいことでも、かみくだいてわかりやすく教えてくれること。（同：30–37）

こうしたテレビ属性から構成される教養とは、「スイッチひとつで、選択的な努力を必要とせず、卑近な具体例からかみくだいて説明される画一的な内容」である。だとすれば、「苦労の末に自主的な選択を通じて獲得する抽象的かつ難解な思弁の糧」である伝統的な教養とは対照的となるだろう。

しかし、六つのテレビ属性を主婦の「テレビ的教養観」の強度から個別に検証した結果、①アクセシビリティ、②非セレクティビリティは「弱い属性」、④画一性、⑤生活指針としての活用は「比較的弱い属性」、③帰納的・経験的思考、⑥理解容易度は「強い属性」であることが判明する。つまり、テレビ的教養観の持ち主も教養の獲得には「努力が必要」で「自ら積極的に選択する」べきだと考えているわけである。とすれば、「具象的でわかりやすい」テレビ的教養は、活字的教養との断続性を強調するより、連続的なものと考えるべきではなかろうか。

さらに注目すべきは、テレビ的教養観が強いほど自分の教養に自信があり、教養獲得の手段として書籍や趣味サークルを挙げていることである。一方、テレビ的教養観が弱い層では、教養獲得の手段として書籍が少なく、むしろ新聞・雑誌やテレビ・ラジオが多い。結局、テレビ的教養観の強さは、活字的教養の高さとも相関している(同：47f)。この調査は地域もサンプル数も限られており、統計的検定も用いられていないが、得られた仮説は示唆的である。

①テレビ的教養観の定着に最も影響を与えるのは、年齢と学歴である。(図18)
②テレビ的教養観の強い層では、自分の教養への自信と不安が共存している。(図19)
③テレビ的教養観の概念形成にとって、帰納的・経験的思考と理解容易度が中核をなす特性である。

ただし、②の自信と不安の共存という特徴は、教養はともかく教養主義においては活

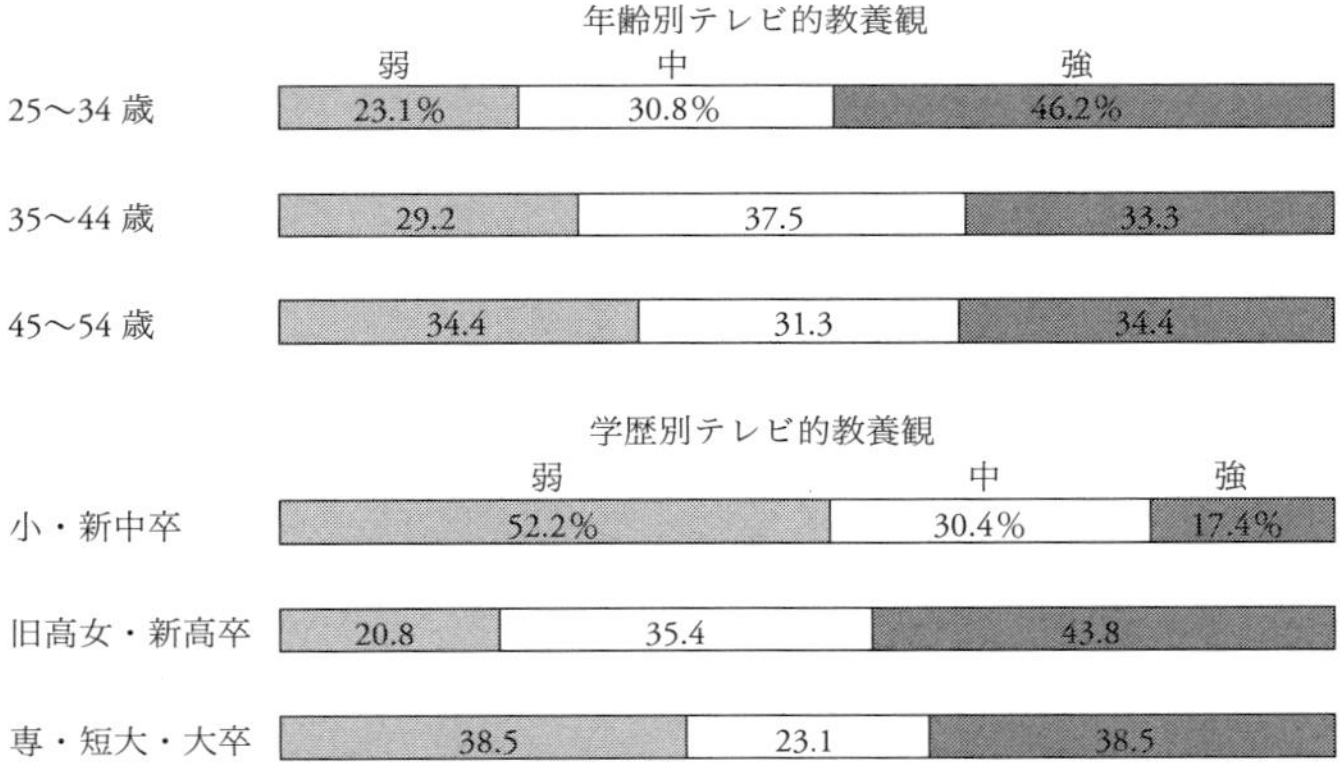

図 18 「年齢別テレビ的教養観の浸透度」と「学歴別テレビ的教養観の浸透度」
（出典：放送番組センター『「教養番組」に対する視聴者の意識調査』39 頁）

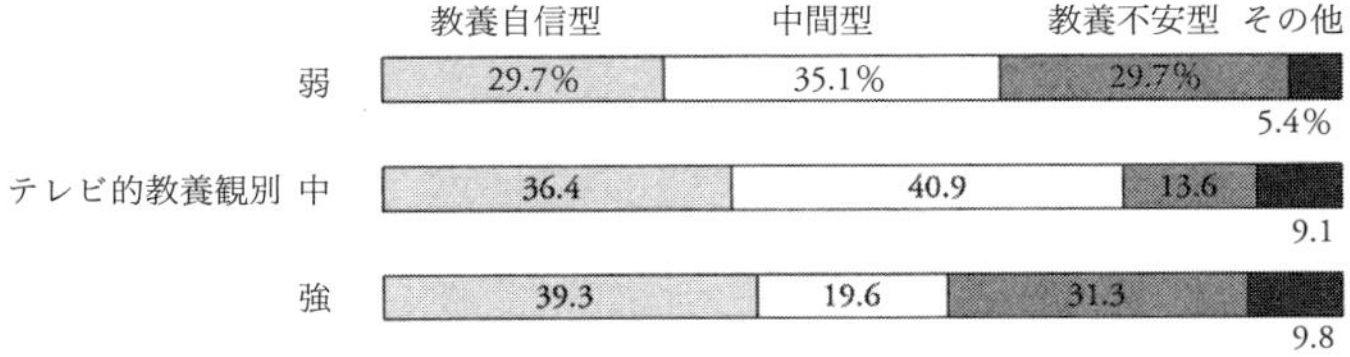

図 19 テレビ的教養観と教養自信度 （出典：放送番組センター『「教養番組」に対する視聴者の意識調査』41-42 頁）

字時代の学生と変わらない。いつの時代も「高いつもりで低いのが教養」とされてきた。この調査からは、「主婦」という新しい教養主義者の出現を読み取るべきなのだろう。

この視聴者調査に続いて、放送番組センターは民間テレビVHF局四八社、UHF局三〇社、制作プロダクション一二社の教育・教養番組制作経験者一三五三名へのアンケート調査を実施している。最終報告『「教養番組」をめぐる視聴者、制作者の意識の分析』(一九七一年一〇月)で、二つの調査は次のように総括されている。

> 制作者のほうはどちらかというと内面的な自己充実あるいは自己向上を教養概念と結びつける傾向が視聴者よりも強く、これに対して視聴者〔主婦〕のほうは、対人関係のなかで自分の評価を高めるのに資するような知識や行動を教養概念に結びつける傾向が、制作者よりも強いように思われる。(放送番組センター 1971-10)

高学歴の男性がほとんどである制作者が「内面的な自己充実」という古典的な教養主義に固執するのに対して、主婦という新しい教養主義者は「対人関係のなかで自己の評価を高める行動」を重視しているといえよう。それは、社会的信頼や市民参加を高める人と人とのつながり、すなわち「社会関係資本《ソーシャル・キャピタル》」(一般的信頼性・関係積極性・集団活動性)を重視する教養主義ということになるだろう。

実のところ、放送大学の学生とは、そうした新しい教養主義者の典型なのかもしれない。最初の放送大学卒業生の平均年齢は四四・三歳で、四〇歳代が四〇・八％、女性が五八・五％である。つまり放送大学生の平均的モデルは、四〇歳代の中年主婦であった。当時の女性のライフ・サイクルでは、四〇歳代は末子が中学校に入る年代であり、これ以後の一〇年から一五年が生涯学習の意欲の最昂揚期だといわれていた(H1989-7: 35)。

社会教育の終焉

「生涯学習」とは一九六五年にポール・ラングランがユネスコ第三回成人教育推進国際委員会で提唱した概念である。科学技術の進展や長寿化などに対処するため、教育機会を青年期に集中せず、生涯にわたって提供することが求められた。日本では波多野完治が『社会教育の新しい方向』(一九六七年)で紹介し、当初は「生涯教育」と呼ばれていた。一九七一年社会教育審議会は答申「急激な社会構造の変化に対処する社会教育のあり方について」において、家庭教育、学校教育、社会教育を統合する生涯教育の視点を打ち出した。日教組の教研集会でも、一九七三年には教育機器の導入に関して「生涯教育」が言及された。

技術革新の現代を生き抜いていくには、生涯を通して永続的に学習をつづけていかなければならない、改めて〈生涯教育〉という主張が生まれ、これからの教育全般にわたって強く影響を与えていくことが推測される。(略)われわれも、従来の教材や教育放送を全面的に変革する必要に迫られているのではないか。(N1973: 580)

年齢という「時間」に焦点を当てる生涯教育の枠組みにおいて、教育の主体は学校など「場所」から自由になる。さらに「性別」も重要ではなくなる。社会教育の主体も、女性から高齢者にシフトしつつあった。文部省社会教育局審議官・五十嵐淳はインタビュー「生涯教育とテレビ」でこう述べている。

婦人教育については、その内容がいったい何なのか、大変疑問に思っている点もあります。婦人の地位の向上ということなのか、育児教育なのか家庭教育なのか。日本はすでに地位の向上という面では観念のうえでは解決ずみだと思っているんです。アメリカなどのほうがむしろ遅れている。だから、このことは婦人教育の中心からは除外してもいいと思うんです。(略)高齢者教育はまた別の観点が必要でしょうね。それは「生きがい論」ですよ。そこでは健康の問題、ボランティアの問題、趣味の問題の三つが中心になると思うんですが、なかでも健康については医学的な知識が要求されます。(H1975-12: 12)

この発言がなされたのは男女雇用機会均等法成立の一〇年前である。ややフライング気味だが、高齢化社会を見越した政策的発言だろう。たしかに、一九八〇年代以降、テレビ教養番組の編成で健康番組、趣味講座、ボランティア特集は重要な柱になっていった。こうした高齢者向けテレビ編成は、次章で見るVTR普及とあいまって公民館などにおける講座型学習を空洞化させていった。松下圭一は「社会教育の終焉」をメディア普及との関連でこう述べている。

この事態のなかで、社会教育行政が力点をおこうとした映画・レコードなどの視聴覚手法も消えさっていく。視聴覚センターや公民館視聴覚室は無用になる。というのはテレビの普及、それにレコード、ビデオ、テープ機器も大量生産されて商品として家庭にはいりこんでいったからである。その結果、視聴覚系の情報ないし資料は、活字系の情報ないし資料とおなじく、社会教育行政をはなれて整理・保存・活用されていくことになる。（松下 1986: 104）

社会教育の時代は終わり、生涯学習の時代が始まろうとしていた。教育社会学者・新堀通也は「生のための教育は、ゆりかごから墓場まで継続しなくてはならぬ。生涯教育育の実態に「情報の変化という車にのる白ネズミのような人間像」を見て、「教育という名の〝生涯管理〟」と批判することも可能である(松下 1986: 118)。

一九八四年七月一日「生涯教育・学習に関する国民の要請」に応えるために、文部省は一九五二年以来続いた視聴覚教育課を廃止し、社会教育局に図書館関係、社会通信教育関係の事務にニュー・メディア関連も加えた「学習情報課」を新たに発足させた。放送教育は情報教育と生涯教育の一部になった。さらに一九八八年七月、文部省は「新しい風、生涯学習」をキャッチフレーズに社会教育局を生涯学習局に改称した。省内六局中の序列五位だった社会教育局は、生涯学習局となって初等中等教育局を飛び越えて筆頭部局に昇格する(二〇〇一年の文部科学省新設により生涯学習政策局と改称、さらに二〇一八年の機構改正で総合教育政策局となる)。場所と関係に規定された「教育」から、個人の自発性を引き出す「学習」への変化でもある。それは、強制する権力から共生する権力へ、ハードな権力からソフトな権力への脱皮である。

社会教育から生涯学習への変化は、テレビ教育にも大きな影響を与えた。社会教育というと公民館や婦人教室に集まってみんなで生活改善を討議するまじめな集団学習のイメージが強かったが、生涯学習では個人的な趣味や健康問題といった、古い教育概念を超えた内容も含まれる。放送教育の射程は文部省(現・文部科学省)、郵政省(現・総務省)

の管轄領域を超えて、労働省や厚生省(現・厚生労働省)の領域にも拡散していった。放送大学が最初の卒業生を送り出した一九八九年、ＮＨＫ学校教育部長・八重樫克羅は「新年度番組の基本構想」でこう語っている。

我が国の成人学習人口は四〇〇〇万人を超え、学校教育人口は二六〇〇万人近くいます。今後は何らかの形で学んでみたいことがあるという成人は91・2％にも達しています。教育テレビの役割はますます大きくなっていきます。(H1989-4: 27)

生涯学習社会において成人全体を対象とする「教育テレビ」の役割はますます大きくなっていたが、学校教育人口に対象を限定する「学校放送」の役割はいよいよ揺らいでいた。また、成人学習人口の中核である主婦が担う「対人関係のなかで自己の評価を高める」教養主義——あえてテレビ的教養主義と呼ぶ——は、「内面的な自己充実」を追求した読書、鑑賞、稽古などの伝統的な教養主義にも大きな影響を与えていた。

第四章　テレビ教育国家の黄昏

「教育が国家の統治行為であるということは、裏返して見れば、近代以降の国民は無知である自由、あるいは無知である権利を持ってはいないことを意味します。」

（山崎正和『文明としての教育』二〇〇七年）

1　ファミコン世代のテレビ離れ

テレビ文化の空虚な明るさ

一九七九年、八〇歳を迎える西本三十二（明治三二年生まれ）は近代教育を次のように回顧している。

明治以来一〇〇年間、日本の学校教育は、欧米風の四ヽつヽのヽ壁ヽでヽ仕ヽ切ヽらヽれヽたヽ教ヽ室ヽに机・椅子を並べて、一人の教師が、黒板とチョークによって、掛図、地図、標本などを補助教材として教科書で教える、教師中心、教科書中心の一斉授業のパターンを作りあげてきた。(H1979-1: 11)

そして来《きた》るべき一九八〇年代に向けて、西本は教育のポスト・モダンを次のように展望している。

人類が二一世紀を迎えるころには、放送衛星からの放送番組の提供は日常化するであろう。また放送大学も大いにその機能を発揮し、ラジオ・テレビは、世界を通じて、なくてはならぬ重要な教育ミディアとなるにちがいない。一九七九年を迎え、一九八〇年代が、放送教育の輝かしい発展によって、ラジオ・テレビを二一世紀における教育の「新宇宙図絵」たらしめるための黎明期の一〇年であることを望みたい。(同 : 15)

「新宇宙図絵」とは、世界最古の絵入り教科書であるコメニウス『世界図絵』(一六五八年)の近代パラダイムへの挑戦を意味している。同一年齢・同時入学・同一学年・同一内容・同時卒業といった単線型普通教育、すなわち近代学校システムを提唱したのもコメニウスであった。しかし、皮肉にも「四つの壁で仕切られた教室」の限界を批判していた西本は、なぜか宇宙時代にも「学校放送」という枠組みから逃れられていない。学校放送という自ら打ち立てたパラダイムを超えることはできなかったというべきだろう。

一九七七年一二月にＮＨＫ放送世論調査所が行った「日本人のテレビ観」調査では、国民の八三％が毎日テレビを見ており(新聞を毎日読むは七五％)、テレビをほとんど(ぜんぜん)見ない人は二％にとどまった。大多数の国民はテレビの報道や娯楽に満足しており、八割近くがテレビ批判を考えたことはないと答えていた(H1978-3: 68f)。一九七〇年代末まで、テレビと国民の蜜月が続いていた。

一九七〇年代末に大阪教育大学助教授・近藤大生は、大阪市の小学生を対象としたテレビ視聴実態調査を実施している。その結果は一九八〇年代に加速化する「知識ギャップ」を先取りしていた。成績上位児童(クラスの上位一〇％以内)は、テレビ視聴(一日平均三時間強)でも読書でも積極的であり、成績下位児童(下位一〇％)はテレビ視聴(一日平均二時間強)も読書も消極的だった。

この結果は、テレビ視聴やマンガにおいても成績下位群で消極的な子どもは、圧倒的な情報量についていけず、消化不良を起こしているようである。テレビ的思考、映像人間などという言葉は、望ましくない意味で使われてきたが、むしろ、テレビ的思考ができたり、映像人間であり得るのは、小学生の段階では、成績上位群で積極的な性格をもった頭の回転の速い子どもということになるのではないか。

(H1980-8: 18)

子どもの「テレビ的思考」に対する肯定的評価は、活字的教養の高さと相関する主婦の「テレビ的教養」の調査結果(前章参照)とも重なる。

しかし、「テレビ的なもの」一般への評価は、当時も——おそらく今も——それほど高くはない。近藤論文と同じ号にNHK学校放送番組班チーフディレクターの後藤田純生が「ピンクレディの模倣は何をもたらしたか」を執筆している。ピンク・レディーの振り付けですばらしいリズム感を発揮する子どもが、学校の音楽授業のリズム学習で生彩を欠く理由を、嗜好の表層/深層から考察している。ピンク・レディーと同じく、阿久悠・小林亜星のCMソング・コンビが企画した「ピンポンパン体操」(フジテレビ・一九七一年)と、《おかあさんといっしょ》(NHK・一九五九年—)の体操を比較し、「模倣」である前者は一過的なブームに終わり、「本物」である後者が残った理由を次のように説明している。

ピンクレディの模倣における、子どものリズム感はやはり本物ではないと言えよう。

もし、それが本物となるためには、これと同じリズムの曲が出てきたときに、自分からそれに身体を合わせて表現できなければならないはずである。つまり、実生活の中でそれが応用できないということは、その行動の要素が、まだ子どもたちの学習される目標の中に入っていないことを意味する。（H1980-8: 27）

教養論でも本物／模倣の議論はあるが、「実生活の中でそれが応用できない」という高い水準からの批判を持ち込めば、大半の教養は模倣で表層的ということにならないだろうか。むしろ、テレビ的教養観の持ち主が教養の獲得には「努力が必要」で「自ら積極的に選択する」べきだと考えていたように、自主性の有無こそが問われるべきだったはずである。

「全員集合」文化の終わり

一九七〇年代末に近藤が見出したテレビ的思考力をもった成績上位児童とは異なる新「テレビっ子」像を、奈良教育大学教授・深谷昌志は一九八一年大阪近郊の小学四年生～六年生二〇〇〇名を対象とした調査から描いている。一九八〇年を境に評価の明暗を分かつ二つの調査といえるだろう。

長時間視聴児の自己像は暗く、彼らは、未来が閉ざされていると感じている。『八時だよ全員集合』《ママ》を見ている子どもたちは、表面的には楽しそうでも、心の中に空虚さがただよっているのである。他の友だちは、テレビを見ないで頑張っているのに、自分は、つい、テレビを見てしまう。しかも、そうした生活が毎日続くので、「がまん強さに欠ける、だめな自分」というイメージが定着することになる。
(H1981-7: 24)

ちなみに、ＴＢＳが一九六九年に放送開始したドリフターズの《8時だョ！　全員集合》は、一九七〇年代には国民的娯楽番組として驚異的な高視聴率を誇っていた。ビデオリサーチの関東地区平均視聴率では二七・三%、最高は一九七三年四月七日の五〇・五%である。一九七〇年代論として『テレビだョ！　全員集合』(二〇〇七年)が執筆されるほど、時代を象徴した番組である。

土曜八時という放送開始時間は、明日は日曜日で学校もなく解放感に浸る子どもたちにとって、心置きなくその王国に参入できる最高の設定だった。その意味で、『全員集合』とは、テレビと生活の一体化が作り出した、子どもが実際、ほとんど神話的に「子ども」でありえたような稀有な空間だったといえるのかもしれない。

（太田 2007：238f）

一方でPTAの「子どもに見せたくない番組」リストでも不動の王座を維持したが、一九七八年に女性レギュラーだったアイドルグループ・キャンディーズが解散すると、かつての勢いはなくなり一九八五年九月で放送を終了している。

深谷の調査でも、「おもしろい番組」「見ているとお母さんがいやな顔をする番組」のトップは《8時だョ！　全員集合》だが、「ためになると思う番組」「だいきらいな番組」「勉強に役立つ番組」「お母さんが見るのをすすめる番組」はすべて《ニュース》であった。東京の中学生を分析した横瀬富士子も深谷と同じ結論に到達している。

一般に、同程度の能力（知能）の持ち主であれば、テレビの視聴時間が少ない者ほど学力は高い。（H1981-7：35）

ちなみに、この一九八〇年代前半の小学生こそ、いわゆる団塊ジュニア世代（一九七一―一九七四年生まれ）であり、格差社会のロスト・ジェネレーションである。テレビ調査史において、この一九八〇年代はレジャーの多様化による「視聴時間減少の時代」とされている（NHK放送文化研究所 2003：151）。一九八〇年の日教組教研集会でも、「ここ数年、分析・批判の面が薄れ、(略)マスコミの現状を分析したものが極端に少ない」(N1980: 537)と総括された。テレビ視聴もテレビ批判もすでに盛りを過ぎていたといえようか。中高生のテレビ視聴時間減少については、教研集会でも入試競争の激化にからめて指摘された。

高校の定員減、学校格差の激化の結果、塾に通う子どもがふえ、それも夜一〇時、一一時におよぶのはめずらしくない。もはや、テレビの視聴時間だけをとりあげても、問題の実態はあきらかにされないところにきている。(N1982: 603)

もちろん、テレビ視聴だけでなく読書の時間も減少していた(同: 607)。本書の作業仮説に従って「選抜なしの教育」を「教養」とみなすならば、偏差値教育(「選抜だけの教育」、すなわち「無教養」)が問題視されたこの時期であればこそ、教研集会は「テレビ的思考」なり「テレビ的教養」に注目すべきだったのかもしれない。だが、一九八二年一一月に中曽根康弘内閣が成立すると、日教組は新保守主義の「教育臨調」と全面的な政治対決に突入していった。一九八三年教研集会の分科会名称は「現代文化と教育」となったが、それはマスコミ文化では括れないメディア文化が出現していたためだろう。視聴覚教育派の関心もオールド・メディアとなったテレビから離れていった。テレビ関連の報告としては、「父母の協力をえて、全校で週一日の〈ノーテレビデー〉をきめて視聴指導にとりくんだ実践」などが報告されている(N1984: 579)。こうした「断視聴」実践は、教師と子どもの「テレビ離れ」によってはじめて現実的になった。

一九八四年に㊎㊇が流行語大賞になるが、年功序列や終身雇用はなお不動であり「一億総中流意識」はまだ揺らいでいなかった。それを背景に生活保守主義が広く浸透していた。NHKの世論調査によれば、一九七三年田中角栄内閣当時「日本に生まれてよかった」と思う人はすでに九一%に達していたが、一九八三年の中曽根内閣時には九六%にまで上昇した。また、エズラ・F・ヴォーゲル『ジャパン・アズ・ナンバーワン』が翻訳されたのは一九七九年だが、「日本は一流国だ」と思う人は同じ一〇年間で四一%(一九七三年)から五七%(一九八三年)に増加している。この一九八三年、藤竹暁はNHK『文研月報』に「テレビと社会――テレビの基本的民主化作用」を発表している。テレビ視聴の日常化で「ライフスタイルとしてのテレビ」が定着したため、日本人はテレビを見ることで、ブラウン管に映る生活がほかならぬ自分の生活であることを確認している、というのである。

現代日本社会にとって、テレビはライフスタイルである。テレビは全社会的規模において、同じ理解水準と感覚水準で、お互いの生活を了解することのできる地盤を用意した。テレビの三十年は、日本社会の高度成長を跳躍台にして、現代的な生活の仕方という「均一的な」ライフスタイルで、日本全土にローラーをかけた過程といってもよいであろう。(略)同じ感応能力で、共有的な鼓動を聞き、感じる社会を、テレビは用意したのであった。(藤竹 1985: 203)

こうした理解水準と感覚水準が共有されていれば、社会的距離感を喪失した中流意識が蔓延したとしても不思議ではない。一九八五年九月のプラザ合意を起点とする「バブル経済」も、一九八〇年代の「一億総中流」社会を空虚な明るさで照らしていた。

ファミコンの「小さな物語」

一九八六年の教研集会で注目されたのは、ファミリーコンピュータに関する報告であった。「ファミリーコンピュータ」(任天堂の登録商標)、通称ファミコンは、一九八三年七月の発売から二年数カ月後の一九八六年には六五〇万台となり、五世帯に一台の割合で使われていた。

略称ファミコンに子どもたちがどれほど長時間にわたってはりついているか、それはテレビの長時間視聴を優にこえている。しかも子どもは一人きりでファミコンと対し、家族たちとはなれ小宇宙を形成しているのである。また、カセットコミュニケーションということばができているように、どれほどのカセットをもっているかが子どもの関係を規制してきている。(NI986 : 554)

いまや子どもにとってブラウン管はテレビの一部というより、ファミコンのモニター画面となった。海外では「ヴィデオゲーム」という呼称が一般的だったファミコンなどは、日本では「テレビゲーム」と総称されることが多かった。このテレビゲームこそ、教師が小学生に太刀打ちできない最初のニュー・メディアだった。その操作レベルで、教師の優位性は完全に消滅していた。子どもが最先端技術に出会う場所は、もはや学校ではなくなっていた。

地域の文化の中心であった学校は、その役割を失い地域の一つの場にすぎなくなってしまっている。(同 : 555)

そうした状況下で、テレビは教師がテレビゲームの有害性を予測する経験的基準になっていた。今日では「一〇〇マス計算の父」として知られる岸本裕史の『見える学力、見えない学力』(一九八一年)から、「テレビ十悪」を引用した教師はこう推測している。

〔岸本はテレビによる〕情緒障害やからだの破壊、無気力、人格のゆがみ、考える力をうしなう、生活のみだれ等を指摘しているが、同様のことがファミリーコンピューターにもいえるのではないだろうか。(N1986: 560)

かくして、教研集会ではテレビゲームは次世代の文化的「公害」と認定された感さえもあった。しかし、ゲーム機メーカーが情報産業の花形として脚光を浴びると、学習用ソフトへの応用可能性などで再評価も生まれてくる。たとえば、P・M・グリーンフィールド『子どものこころを育てるテレビ・テレビゲーム・コンピュータ』(一九八六年)の議論である。グリーンフィールドによれば、テレビゲームはテレビより優れた特性を数多くもっている。受け手が操作できないテレビに対して、テレビゲームは音響や速度など環境を自由に設定でき、自ら参加するゲームは動機づけや目的が明確であり得点やゴールなど達成感をともなう。さらに、規則性やパターンの発見など情報処理に必要な身体技能を高める。こうした能動性に加えて、ロールプレイング・ゲームにある「成長」「進化」という物語性は教育にとって本質的なものである。つまり、物語とは人間の行動を意味のある人生に構成したものであり、こうした物語の構築能力こそ、「生きる力」の本質である。

もちろんテレビゲームの物語がチープな出来合いだと批判する論者も多いが、それを言うなら教養小説であれ名作映画であれ同じ批判は可能である。テレビゲームは子どもたちに物語への主体的参加をうながした。「大きな物語」の消滅がいわれたポスト・モダンの時代に、子どもたちはテレビゲームの中にさまざまな「小さな物語」を発見したのである。それはテレビ教育に接続しようとしたＣＡＩ（コンピュータを用いた学習＝Computer Assisted Instruction）が作り手側の押し付けによって子どもたちの動機づけに失敗したのと対照的である。兵庫県からの報告では、一九八七年現在、子どもの七四％がファミコンを所有していた。

子どもたちは学校から塾へ、そしてファミコンへと忙しく動きまわっており、「時間」「空間」「仲間」の三つはきわめて限定されたものになっている。そのため子どもたちは狭い〝間〟のコミュニケーションしかもちえなくなっている。（N1987: 508・強調は原文）

子どもの狭い〝間〟のコミュニケーションに、放送（broadcast「広範に投げる」が原義）が割り込む余地は少なくなっていた。一九八五年以降、臨時教育審議会（以下、臨教審と略記）が高度情報化社会への学校教育の対応を提起するなかで、学校現場へのコンピュータ導入は急速に進んだ。一九八九年告示の学習指導要領では、中学校の技術・家庭科に「情報基礎」が新設された(一九九三年実施)。文部省は『情報化教育に関する手引』(一九九〇年)を刊行し、旧来の「教育方法開発特別設備補助金制度」に代えて「教育用コンピュータ補助金制度」を導入した。学校における教室テレビの位置は急速に周辺化していった。一九九一年、教研集会の「現代文化と教育」分科会の名称は「情報化と教育」に変わった。

強硬な文部省の補助金政策が一挙に学校をコンピュータ化している。(略)高度情報化社会幻想。街にはワープロ、パソコン、ファミコン等のカタカナ文字があふれ、情報化の波が学校に迫ろうとしている。ビデオ、アニメーション、ウォークマン等々、子どもは遊びも生活も自閉的になりつつある。(N1991:380)

この情報化批判で注目すべきは衛星放送もCATVもハイビジョンも、つまりすでに「テレビ」は問題とされていないことである。日教組において、学校教育へのコンピュータ導入は国家管理と合理化、労働強化を伴う「諸刃の剣」と警戒されたが、学習指導要領にいう「情報活用能力」そのものを否定することまではさすがにできなかった(同:369)。

一九九二年の教研集会からは、「読書教育」と並んで「コンピュータ教育」が小分科会となった。しかし、教室でのパソコン利用の是非をめぐり、かつてのテレビ利用と同様に「反対者はイジテケ沈黙、賛成者はイイ気でお祭りさわぎ」(N1993: 363)が繰り返された。「《クレヨンしんちゃん》を見ない運動」(N1995: 379)についての議論を最後に、以後『日本の教育』でテレビ文化が中心的なテーマとなることはなかった。

すでに一九八〇年代から進んでいた子どものテレビ離れは、一九九〇年代には完全に定着した。NHKの一九九四年一一月調査では、国民全体の週平均視聴時間は三時間三九分だが、小学生は二時間二二分、中学生は二時間一八分、高校生は二時間九分である。つまり、大人よりも子どもは一時間近く視聴時間が短い(H1995-4: 65)。もちろん、そこにはテレビゲームなど娯楽メディアの多様化があった。中高生にとって、テレビはなお友達と共通の話題をもつための情報源であったが、それは数ある選択肢の一つにすぎない。メディア接触に関しては、大人よりも子どものほうが選択の自由をもつに至った。番組を瞬時に選択し理解する「これまでの視聴者とは一線を引いたマルチ・メディア時代の視聴者」が登場したのである(H1996-1: 59)。

〇歳児からの学歴無用論

一九九〇年代に喧伝された「マルチ・メディア」という言葉も最近ではほとんど使われない。コンピュータ利用は技術革新を加速化させ、情報機器とキャッチフレーズの更新期間を極端なまでに短縮した。新技術をキャッチ・アップするために、学校という「場所」を超えた教育が必要とされたのは当然の成り行きである。だが、こうした主張は「IT時代」に特有のものではない。ソニー副社長だった盛田昭夫の『学歴無用論』(一九六六年)が有名だが、同様のことは社長の井深大が「学校放送30周年シンポジウム」(一九六五年)で述べている。

学校さえ出ていればエスカレーター式にあがっていくということで、ほんとうの人格と技りょうを評価することが欠けている。これには教育のあり方とか入学試験を責めるより社会の受取り方を改善しなければならないので、ラジオ・テレビを通じてそれをやっていただきたい。(H1965-6: 55)

ソニーは一九六〇年世界最初のトランジスタテレビを発売し、テレビ視聴をお茶の間という「場所」から解放した。一九六二年には、文部省視聴覚教育課でテレビ教育を担当した青木章心をソニー教育研究所常務理事に迎えている。さらに、井深は一九六九年幼児開発協会、一九七二年ソニー教育振興財団を設立し、メディア教育への関与を深めた。だが、『視聴覚年鑑一九七〇年度版』で監修者・西本三十二と対談した井深は教育界の技術主義的思考を次のように批判している。

今日の科学技術は、経済的な面は別として、どんな教育からの要求でも応じられます。ところが現在の教育は、視聴覚教育を含めて、ハードウェアズが、先に立って、それをどう教育の場に取り入れていったらいいかという考え方が強いですね。しかし、これはちょっとおかしいんじゃないかと思います。ほんとうにいい教育をするにはどうすればいいか、そこから現在あるハードウェアズ、さらに将来に期待できるハードウェアズをどう活用していったらと考えるべきでしょう。（井深 1970: 116）

ティーチング・マシン、CAI、e-ラーニングと続くニュー・メディア教育の無残な失敗例を歴史の後知恵にもつ私たちにとって、耳の痛い正論である。そうした正論が教育界に受け入れられなかった一因は、井深の言動にもあった。井深は一九八二年から中曽根首相の私的諮問機関「文化と教育に関する懇談会」の座長を務めている。井深の教育論は『あと半分の教育――心を置き去りにした日本人』（一九八五年）が大衆向けにして明快である。一九三四年にドイツ宣伝相ゲッベルスが述べたユダヤ陰謀論、「悪平等主義、拝金主義、過度の自由要求、道徳軽視、3S（スポーツ、スクリーン、セックス）の奨励」などの人間獣化計画を引用し、その影響を受けた戦後教育刷新のために教育勅語の復活を唱えていた。そうした復古主義が世間では注目されたが、井深の信念は「戦前の教育も、これまでの教育も失敗ではなかった」という教育国家の全面肯定である。ソニー製品を筆頭に高性能・低価格の〝メイド・イン・ジャパン〟が米国市場を席捲していた一九八〇年代の昂揚感を伝える文章である。

わが国の教育もいまや〝アメリカに追いつく時代〟から、それぞれの長所を補い合う〝比較の時代〟にはいり、さらには「これからは世界の教育が〝日本化〟していく時代だ」といったことさえ考えざるをえないところまで到達していると思います。
(井深 1985: 129)

後述するように、NHKが国産ハイビジョン技術を「世界標準化」しようと考えていたのも同じ一九八〇年代である。興味深いのは、ティーチング・マシンについて井深が述べた次のような発言である。

現在でも、英語の発音といった授業のときには、ティーチング・マシーンがほとんどの学校で使用されています。小は簡単なカセットテープの使用から、大は本格的なLL教室まで。そこで授業の主体となるのは、ネイティブ・スピーカーである外国人の正確な発音です。極論すれば、日本人の先生はむしろ自分で発音しないほうがいいのです。間違った発音を教えては、逆に教育効果という点ではマイナスなのです。数学や算数の授業でも、いずれこうした時代がくるかもしれません。いや、時代の趨勢からみると、間違いなくくるといったほうがいいでしょう。（同：171）

もちろん、そうした時代は来なかったし、私たちが生きているうちには来そうにない。前章で見た西本の「テレビ教師論」を極限まで進めた主張である。タイトルの「あと半分の教育」とは、知育は機械にまかせて、より重要な「人徳」を生身の教師が教えるべきだとの含意である。また、「母親こそが、真の教育の担い手」と唱えられているが、それは幼児と一緒にソニー製テレビを観る母親のイメージだっただろうか。その答えを求めて、井深の『幼稚園では遅すぎる』（一九七一年）を手に取った。多くの幼児教育論と異なり、やはり「テレビ時代」は全面的に肯定されている。

テレビが、時間の観念をもたない幼児にとっては、きわめて正確な時計の役割を果たしているのです。この番組をやっているからパパが会社に行く時間だとか、この番組が終わったからもうじきパパが帰ってくるだろうとか、あの人が出てきたからもう寝る時間だとかいったふうに、つねに規則的に繰り返されるテレビ番組が、幼児の時間の観念をつくる下地となっているのです。（井深 2000：128）

さらに、「二歳になる子どもに正しい日本語を身につけさせるため、ラジオやテレビのニュース番組を毎日聞かせている」(同：130)という母親の実践を非常に有効な方法と絶賛し、テレビ・コマーシャルの教育的再評価まで行っている。

このようなテレビコマーシャルの特質は、繰り返し作用、直截な映像・音声効果という点で、まさに幼児のパターン認識能力に直接訴えかけ、それを伸ばす働きをします。(同：132f)

こうしたテレビCMの手法で制作された《セサミストリート》を井深が教育番組として高く評価するのは当然だろう(同：133)。しかし、続編『0歳からの母親作戦』(一九七九年)では、テレビ礼賛は影を潜めている。むしろ、ヴェルナー・リンクス『第五の壁テレビ』(原著は一九六二年)を引いて「テレビのチャンネルを子どもに渡すな」と主張している。

私はよく口グセで、「コマーシャルとゴジラで育てられた子は、いったいどうなるのか」などといいますが、最近の実情もけっして楽観できるものではないと思います。(略)漢字教育で有名な石井勲さんなどは、「言葉の学習の初期にある赤ちゃんが、テレビばかり視聴していると、人間の言葉でも楽器音や機械音と同じく、脳の右半分に処理されてしまうのではないか」と書かれているくらいです。その意味でも、テレビのチャンネルは、けっして子どもまかせにすることなく、適度にコントロールすることが必要です。くり返しが、その子の好き嫌いを決めるのです。(井深 1979: 107)

一九七一年のテレビ礼賛とはかなり異なる記述である。一九七〇年代にテレビが変わったのか、母親が変わったのか、あるいはソニーが変わったためだろうか。母親については、NHK放送文化研究所が一九九五年九月に東京圏で行った二〜六歳の幼児をもつ母親六〇〇人への調査が存在している。この一九六〇年代生まれを中心とする母親たちの八四%は、テレビやビデオに子守りをさせることが「よく」「ときどき」あると答えている。また、「テレビが子供の知識を豊かにする」という意見を七三%が支持していた(H1996-2: 59)。彼女たちは井深のテレビ礼賛期に生まれ育った母親たちである。

以下ではテレビの変容を、ソニーのビデオテープレコーダー(以下VTRと略記)開発を切り口として概観してみたい。

2　ビデオの普及と公共性の崩壊

ビデオ革命の衝撃

ＶＴＲは東西時差を調整した全米同一テレビ放送を実現すべく、一九五六年アンペックス社によって開発された。日本でもテレビ局スタジオで、まず番組制作と録画配給のために導入されている。一九六一年、ソニーはトランジスタを利用した小型化に成功した。井深大社長は、『放送教育』巻頭言で、この新しい技術を使った教育の必要性を訴えている。

録音機の使い方の点では、日本では、利用者の方でなかなか徹底した使い方を考えてくれます。おそらく、語学以外の教育的な使い方では、米国より日本の方がはるかに進んでいるようです。私のところで、テレビにつづいて、トランジスタ・ビディオ・テープ・レコーダーを完成しましたが、これも教育的におもしろい使い方がどんどん開発していただけるだろうと期待しています。(H1961-3: 1)

その後日本メーカーがＶＴＲの国際シェアを寡占することになるが、その強さは国内の巨大な放送教育市場によって支えられていた。ソニーは一九六二年に放送業務用「PV一〇〇型」、さらに一九六四年オリンピック特需を見越して家庭用「CV二〇〇〇型」を発表した。『放送教育』一九六五年二月号には、ソニー株式会社普及課長・浜崎俊夫、文部省視聴覚教育課長・小川修三と国際基督教大学助教授・中野照海の座談会「テレビ教育の前進」が掲載されている。従来の放送局用VTRは一台二〇〇〇万円、工業用は一台二五〇万円したのに対して、「CV二〇〇〇型」の価格は一九万八〇〇〇円にまで引き下げられた。中野はこの家庭用VTR登場の衝撃を、グーテンベルク印刷機のそれに擬している。

> VTRが非常に高価な段階では、放送局あたりの独占物でした。それが家庭にまで入りこむというのは、たとえば、文字でいえば印刷機が発明されて、どんどん一般にも出てくるというような状態であると言えます。(H1965-2: 32)

「家庭用」と言われているが、現実として「CV二〇〇〇型」は「学校用」であった。『放送教育』編集部も「まず、中学校・高等学校・大学には、一、二台ずつ入れていただきたいものですね」と積極的に呼びかけている。VTRが名実ともに「家庭用」として普及するのは、一九七九年カセット規格をめぐって過熱したVHS方式とベータ方式の販売合戦以後のことである。結果的にソニーのベータ方式は敗北したが、この市場競争が生み出した低価格化、高性能化はＶＴＲの普及率を飛躍させた。

こうしてＶＴＲの家庭需要が成熟するまで一〇年以上の間、その市場を下支えしていたのは学校設備費である。学校では一九七〇年代に入ると、教科担任制で時間割の融通がきかない中学・高校でＶＴＲは急速に普及していった。小学校での普及率も一九七〇年一〇・五％、一九七五年三〇・七％、一九八〇年六二・八％、一九八五年九一・三％と急伸している。この新しい技術が「放送」概念を変える可能性について、日本教育テレビ教育部長から東京造形大学教授に移った白根孝之は一九七〇年代初頭にこう予測している。

ＣＡＴＶの制度化と多様なビデオ・パッケージの商品化という二つのイノベーションが、いま、放送に新しい局面を開く二つのヘッド・ライトのように言われている。なるほどこの二つが全面的に現実のものとなった暁には、エレクトロニクス技術装置を仲介とする同一メッセージの不特定多数に対する同時伝達という放送の定義は改められねばならないし、現行放送システムによる放送の内容と時間の制約は消滅することになろう。（H1971-4: 30）

「ナマ・丸ごと・継続」利用の原則を唱えた『放送教育』も、一九七二年四月号から「NHK録音・映画・録画教材」紹介欄を設けている。「ナマ・丸ごと・継続」利用の前提条件は、「〝いつでも、どこでも、自分の気分次第〟のランダム・アクセス・メディア」(橋元 1992: 97)であるVTRによって切り崩された。つまり、VTRは学校放送の「カンヅメ・選択・分断」利用を可能にしたのである。

「ナマ・丸ごと・継続」利用の破綻

それればかりか、VTRは放送教育と競合していた映画教育の没落をも決定づけた。『視聴覚教育』を発行する財団法人日本映画教育協会は、一九八〇年四月に「日本視聴覚教育協会」と改称している(S1980-3: 23)。そもそも、放送教育は先行する映画教育との差異化の中で、その特性、すなわち放送の同時性、速報性、広範性、経済性などを強調してきた。西本が「ナマ・丸ごと・継続」利用に固執したのは、映画教材の繰り返し利用への優位を示すためでもあった。そのため映画教育の衰退は、それと対抗的に形成された放送教育の教義《ドグマ》も破綻させた。過去に放送された番組ビデオから選択利用する教師にとって、それは「映像」教材ではあっても「放送」教材という認識は乏しい。実際、『放送教育』一九七七年五月号の特集「映像を考える」では、映像研究、映像教育への方向性も示された。東京成徳短期大学教授・滑川道夫は、テレビも本も見るだけではわからず、読まねばわからないと主張している。

「よむ」という機能を、ひとまず「記号の意味化」におくとすれば、テレビは主として、映像記号を「よむ」ことになり、読書は主として文字記号を「よむ」ことになる。(H1977-5: 46)

もちろん映画教育では「映画の文法」という表現が戦前から使われており、「映像を読むこと」は目新しい主張ではない。たとえば白根孝之は『テレビの教育性』でV・プドフキンや中井正一の理論により「映像文章の文法」を詳しく論じている(白根 1965: 50-96)。だが、イギリスのカルチュラル・スタディー研究であるフィスク&ハートレー『テレビを〈読む〉』(原著は一九七八年)と同時期に、日本でも「テレビを読む」機能が注目されていたことは記憶にとどめてよい。VTRの普及が映画教育とテレビ教育を映像教育に溶かし込んだといえるだろう。

こうした映像教育への流れに対して、それでも「ナマ・丸ごと・継続」を放送学習の本流とする西本は座談会「放送利用の多様化とは何か」で、VTRによる選択利用の学習は「支流」にすぎないと主張している。生放送番組を丸ごと利用するほうが教師の力量が問われるため、多くの教師が安易に録画番組の選択利用に流れているのだ、と西本は見ていた。

放送教育では、「教育は教えて育てる」というよりは「共に育つ学習」と解釈することが望ましいと私は考えるのです。シリーズ番組を、教師も生徒も共に視聴し、共に情報に対決し、それを処理するところに学習があり、成長があると考えるのです。(H1975-8: 22)

この「本流」に対しては、大阪大学助教授・水越敏行が鋭い反論を行っている。すなわち、「ナマ・丸ごと・継続」利用は送り手中心の論理であり、学校の時間割にどう位置づけるかのみを念頭においた「本時中心主義」だというのである(H1976-2: 30)。「学校放送の父」西本の急所を突く批判である。さらに、水越の受け手中心主義は家庭視聴の再評価、一般教養番組の教室利用へと発展し、「学校」「放送」という概念をも揺るがすポテンシャルをもっていた。

その後、西本はさらなるVTR普及に直面して、その教義《ドグマ》から「ナマ」は外したが、「丸ごと・継続」には固執し続けた。これに対して、かつて「西本・山下論争」をたたかった山下静雄は「『ナマ』の次に崩れるのは何か」を発表している。第二次西本・山下論争と呼ばれている。

かつてナマで利用しない放送利用は放送教育ではないという神話が行われた時代があるが、いつしか霧と消えた。放送教育と視聴覚教育の連合学会で布留〔武郎〕会長が「ナマで丸ごと継続利用」の根拠を分析して信ずべき根拠のないことを指摘された。この次はどの旗を降ろすことになるのであろうか。たぶん継続利用であろう。その推進力はビデオライブラリーの普及充実と多種教材の選択的利用の増大であろう。（略）ことさらに「放送学習」の語を作りあげてこれこそ真の放送教育であると宣伝した意図は「ナマで丸ごと継続利用」を確立するにあったようだ。しかし歴史の試練の前にナマでという一塁は崩れた。丸ごと継続利用がいつまで持続できるであろうか。（H1978-2: 16）

山下の見通しの正しさを裏付ける調査結果が存在する。NHK放送文化研究所が一九八〇年に実施した小学校視聴覚教育（放送教育）主任対象の全国調査では、「ナマ・丸ごと・継続」という言葉を知っていると答えた者は四三％、これが最も効果的と答えた者は一一％にとどまった（秋山 1981: 27）。

こうして放送教育を変質させたVTRは、一九八〇年代には家庭のテレビ視聴も激変させた。それはテレビ視聴を放送される画一的プログラムから解放したばかりか、ブラウン管から公的な道徳規準を取り払った。実際、各国ともVTR普及を牽引したのは映画を含むアダルト向けソフトである。VTRは公共性を掲げたテレビ放送の限界を、「私的な趣味」の問題として容易に乗り越えていった。放送で性的・暴力的な内容が規制されていても、同じブラウン管にアダルト映像は映るわけである。テレビ受信機をプライベートな装置に変えた家庭用VTRの普及は、「公共の電波」に依拠した公共性論にも深刻な打撃を与えていた。

新自由主義の規制緩和と公共性の動揺

こうしたメディア環境の変化に乗って一九八〇年代初頭、英サッチャー政権、米レーガン政権、西独コール政権、中曽根政権など相次いで成立した新保守主義政権は、テレビ放送の大幅な規制緩和と市場化を断行した。一九八七年、アメリカで放送のフェアネス・ドクトリン(中立公正原則)が撤廃され、翌一九八八年に公共放送の独占が続いていた西ドイツで商業放送が正式に認可された。日本でも放送の大幅な自由化が準備されていた。一九八七年の全放連シンポジウム「ニューメディアの発達とこれからの放送教育」で、東京大学助教授・佐伯胖《ゆたか》は「放送＝パブリックメディア」という概念の危機を訴えている。それに対してＮＨＫ学校教育チーフプロデューサー・武田光弘はこう答えている。

これからは恐らく方向としては総合情報産業と言いますか、ＮＨＫという本体のみならず関連の諸団体も含めて、大きな公共的な情報サービスをする企業体になっていくだろうと思いますが、その中で放送という部分、特に教育テレビジョン、ラジオ第二放送を中心として教育放送サービスをどうしていくのかということが問題となります。そして、まさに放送教育はその中にある、いわば企業が直面している変化への対応という課題の中にあるというふうに言わざる得ないと思うんです。

(H1987-6: 27)

翌一九八八年の放送法の抜本的改正をにらんだ発言である。これによりＮＨＫは大幅に業務範囲を拡大し、関連子会社を設立することが可能となり、民放には有料放送の実施が認められた。一九八九年には教育番組の制作専門プロダクションとして株式会社ＮＨＫエデュケーショナルが設立された。こうした自由化路線でビジネス意識に目覚めたＮＨＫにとって、学校放送が負担に感じられても仕方はあるまい。もちろん、それは受益者負担原則の強調とも連動している。臨時教育審議会第三次答申の「教育の自由化」論では、教科書さえも自由化の対象とされていた。第一章で見たように、放送教育運動は教科書中心主義への批判から始まった教育改革運動である。学校放送の前提そのものが大きく変化していた。

一九八七年NHK学校教育部長に就任した武田光弘は、臨教審答申の「個性重視の原則、生涯学習体系への移行、変化への対応」を意識して、「一人一人に語りかける学校放送」を提唱している。

臨教審ではないですけれども、現在の日本の教育のありようには集団主義的な教育であるとか、画一的な教育であるとか選別、差別の教育とかいろいろな批判がありますす。そういう中で、放送というものはブラウン管を通して一人ひとりの子どもの深いところに強い力をもって働きかけている、そのことで知識を定着させ、もっと大きな人間を作っていくという働きを持っていると思うんですね。(H1987-9: 61f)

放送秩序の原理は公共性から民営化へ、規制保護から競争淘汰へ、多数決から個性重視へ、原則公開から個人情報保護へと大きく転換された。こうした放送の自由化論に対して、日教組教研集会でも「電波の公共性」を訴える議論は早くから行われていた。

テレビのよい番組・悪い番組を考えるには、テレビの「公共性」を離れて論ずることはできない。公共性というとNHKのみを考えがちであるが、電波自体の公共性

というものをもっと正面から考えるべきであろう。(N1978: 532)

だが、教研集会で公共性とテレビ教育をめぐる議論がそれ以上に踏み込んで行われた形跡はない。もちろん、「公共性の構造転換」後の福祉国家型管理社会に対するユルゲン・ハーバーマスのペシミズムを引き写した紋切型は随所に散見できるとしても。

テレビはファシズム性をもっており、子どもには感覚の鈍麻と明日への展望の喪失を、親には欲求不満と虚脱感をもたらしている、げんに、子どもに劇をつくらせると、テレビのコピーばかりであると報告があった。(N1979: 521)

そうした紋切型のテレビ批判の陰で、もっと重要な変化が生まれていた。視聴者はVTR操作によって「テレビの読み書き能力《リテラシー》」を身につけ始めた。映像を止めたり、飛ばしたり、繰り返したり、本のように映像を「読む」習慣がビデオ視聴から自然に体得され、「読み書き能力」のテレビへの応用が子どもの中に芽生えていた。子どものVTR利用は、外国との比較において特に顕著だった。NHK放送文化研究所の小平さち子は、一九八六年当時の状況をこう描いている。

最近では、塾通いで忙しい日本の子どもたちは、見逃せないお気に入り番組を家庭用ＶＴＲに録画しておき、時間がある時にまとめて、あるいは早送り操作を使ってでも見ており、大人たちの間でも、「これも御時世」と受けとめる傾向にある。が、子どもたちのこのようなＶＴＲの利用も、他の多くの国々の人にとっては、驚くべき〝子どもとテレビ〟の関係のようである。(H1986-8: 37)

こうしたＶＴＲ利用をまず教室で学んだ子どもたちも少なくなかったはずである。一九六九年一〇月から『放送教育』裏表紙の広告は、ソニーのＶＴＲとナショナルのＡＶ調整卓の組み合わせが続いていた(図20)。

やがて、子どもたちがビデオカメラで自ら撮影を行うようになると、記録映像の人工性と操作性も身をもって理解できるようになった。映画撮影に比べて、操作も編集も簡単で即時再生が可能なビデオカメラは、まず旅行や誕生日など私的なイベントの記録に利用された。それと類似のシーンを映すテレビに対する人々の態度は、ますます能動的になっていった。ちなみに、『放送教育』裏表紙に「学校向けの決定版」ＶＴＲとしてソニー「ベータマックス」広告が登場したのは、一九七七年二月号からである。すでに当時、大阪大学助教授・麻生誠はテレビ時代には言語運用など伝統的学力の低下は認められるものの、多用な映像やイメージを用いて認知・理解・表現する新しい能力が育ち

図 20　ソニー VTR とナショナル AV 調整卓の広告　(『放送教育』1969 年 10 月号[右]および 1972 年 1 月号[左])

つつあることを指摘している(H1977–9: 54)。

日本で家庭用ビデオカメラの世帯普及率が三〇%を超えたのは一九九四年だが、その前年には《NHKスペシャル　奥ヒマラヤ禁断の王国・ムスタン》(一九九二年放送)で過剰な演出(やらせ)が発覚し、「虚偽報道」として行政指導を受けた。これ以後、「やらせ」はテレビ批評の慣用語となった。そうした映像の読み方は、VTRが生み出した新しいテレビ文化である。だが、あの感動的な名作ドキュメンタリー《山の分校の記録》(一九五九—六〇年・**図12**)にしても、厳密にいえば「やらせ」は存在する。山の分校におけるテレビ教育とその撮影は不可分であり、もちろん第三者が客観的に観察したものではない。「文化の不毛地帯にテレビを入れるとどうなるか」という問題意識から、テレビが分校に運ばれる前の村の様子もあらかじめ「導入シーン」として撮影されていた(H1993-4: 47)。そうした視線であの映像をカットごとに「読んで」いくと、そこに演出があることは明らかである。こうした「映像の読み方」は、もちろんテレビ的教養への基礎学力といえるはずである。私たちは「まるで、愛のようだった」とテレビを見つめる少女のままではいられないのだ。

映画教育の消滅と放送教育の限界

それにしても、一九八〇年以降の『放送教育』に、テレビ論として注目すべき論文は少ない。一つには、テレビ、VTRがほぼ普及し、これを活用した「社会科」「理科」「道徳」など教科ごとの実践研究や新教育課程をめぐる個別対応が特集の中心テーマとなったためである。放送教育運動は停滞期に入っていた。実際、小学校での利用校は下降線をたどっており、中学・高校でのテレビ利用校は一時的に増加したが三割程度にとどまった(H1981-5: 90)。特に、算数や国語の番組利用率は低く、映像が貴重な理科、教科書がない道徳、「特活」関連に利用が集中していた。

一九八二年、映画教育と放送教育の両方に関わった波多野完治は、教育改革運動の「敗北声明」を出している。

昔の映画教育、放送教育、視聴覚教育の来し方をふりかえって、いちばんなつかしくおもい出されるのは、「この近代的教育機器をテコにして、日本の教育の近代化をこころみよう」という意気ごみが、理論家(つまりわたしどものような学者)にも、実際家(現場教師)にも、みなぎっていたことである。映画や放送は、教育改革のためのテコであったのだ。今日の映画や放送は、「星の王子さま」のなかのキツネのいい草ではないが、すっかり「飼いならされ」てしまったようにみえる。つまり日本が明治以来開発してきた一斉授業の体制のなかに行儀よくおさまってしまって、そのなかで文部省カリキュラムを能率よくかまたは能率わるくか、消化する役割を優等生として相つとめているようにみえるのである。(略)映画も放送も、うまい具合に教室過程のなかにとりこまれてしまった。学校のほうが変わったようにはみえない。(H1982-4: 57)

西本三十二とともに「ナマ・丸ごと・継続」利用を指導してきた清中喜平も、一九八四年には次のような「反省」文を書いている。

このラジオ・テレビがニューメディアとして脚光をあびたよき時代に組み立てられ

た理論や実践が、今なお生き残って幅をきかせていることはないか。そこから脱皮できずに、旧《ふる》い殻に閉じこもって、昔の幻影をかたくなに守っているのではないか。これが八三年を送るにあたっての、わたしの最大の反省であった。（略）空中波の電波しかなかった時代とは根本的に異なってくる。そうなると、「放送教育」という呼称にも問題がおきてくることを覚悟せねばなるまい。（H1984-1: 81f）

『放送教育』のタイトルは二〇〇〇年一〇月号の休刊まで継続されたが、西本三十二は一九八八年一月九日に亡くなっている。『放送教育』誌上の訃報はその業績を次のように報じている。

デューイ、キルパトリックなどに学んだ同氏は、学校教育の場を社会と隔離された聖域とするのではなく、社会と学校を結ぶ懸け橋として放送を考え、したがってその放送教育論は常に巨視的であり、つとに放送大学の必要性をとなえるなど先見性に満ちたものであった。（H1988-2: 51）

一方、日本視聴覚教育協会（旧・日本映画教育協会）の『視聴覚教育』には、「時としてその発行部数を競い合ったりする、競合関係の団体」を率いた「よき競争相手」に対する短い追悼文を、日本視聴覚教育協会常任顧問・宮永次雄が寄せている(S1988-2: 54)。VTR普及により一九八〇年に「映画教育」の看板を下した『視聴覚教育』の方が、情報メディア教育への移行でも『放送教育』に先行していた。

西本は翌年のベルリンの壁崩壊、冷戦終結を見ることなく亡くなったわけだが、その死は「放送教育」時代の終わりを象徴している。同年一〇月号の『放送教育』巻頭論文である唐津一「教育と情報技術」が典型だろう。唐津は松下電器産業常務取締役、同技術顧問を経て、当時、東海大学開発技術研究所教授だった。

> 教育という仕事の中身を情報という立場からいま一度眺め直すと明らかに情報産業のひとつとして扱うべきだといってよい。知識を与え、これを使うことを訓練し、さらに、社会に出たとき職業人として、これらの身につけた知識をいかにうまく使うかといったことが、教育の基本的な目的と考えるとまさに情報産業である。(H1988-10: 12)

翌一九八九年四月号から『放送教育』にはサブタイトル「学習・メディア・情報誌」が大きく刷り込まれた。それを編集人・古田善行は「〝学習のためのメディア(ソフトを含めて)についての情報〟を広く提供」する趣旨だと書いている(H1989-4: 88)。しかし、唐津が「情報産業としての教育」を唱えたように、情報教育において教育と産業は互換的である。それはメディア教育においても同様だろう。今日的な意味での「メディア」は第一次大戦後のアメリカ広告業界で「広告媒体」の意味で使われ始めた。メディア教育とは、原義的には「広告媒体」教育である。国民への消費者教育といってもよいメディア教育が情報産業と親和的であるのは自明だろう。唐津は先の文章を次のようにつないでいる。

そうであるとすれば、これらの情報機器を巧みに使いこなすことによって、従来の黒板とチョークの時代では実現できなかったような効率化と教育効果を教育の現場で実現できるのではないかと期待しても差し支えないであろう。これは蒸気機関が人々の筋肉労働の姿を変えたと同様に、コンピュータと通信技術とが黒板とチョークとそしてOHPやVTRによる教育の姿をすっかり変えていくと考えるのが自然であろう。(H1988-10: 12)

「黒板とチョークによる教育」の克服は西本の見果てぬ夢でもあった。しかし、いまやその乗り越え方に「教室」という場所の発想は皆無である。学校「教育」から個人「学習」へ、テレビ「放送」からニュー「メディア」への重心移動は明らかであった。

コンピュータ時代の情報教育

一九八四年文部省は一九五二年以来続いた視聴覚教育課を廃止し、社会教育局所掌の図書館関係、社会通信教育関係の事務にニュー・メディア関連を加えた学習情報課を発足させた。ここに情報教育と生涯学習が合体する。学習情報課がまず手がけたのは「マイクロコンピュータ教育利用開発事業」への新規予算要求である(H1984-10: 15)。一九八五年、社会教育審議会教育放送分科会は「教育におけるマイクロコンピュータの利用について」の中間報告を発表した(H1985-2: 72)。対応の遅さが常に指摘される行政機関としては異例だが、この「教育放送分科会」は同年「教育メディア分科会」と名称変更する。アナログ「放送」がデジタル「メディア」に飲み込まれた瞬間である。また、同年には日本教育工学会が設立され、パソコンの教育利用研究にも弾みがついた。

こうして一九八〇年代半ばに放送教育はメディア教育、より正確にいえばパソコン教育へ変化する。教室テレビ利用の空洞化が進む一方で、学齢前の子ども向け番組《スプーンおばさん》(NHK総合・一九八三―八四年)、《できるかな》(NHK教育・一九七〇―九〇年)など家庭向け番組の視聴率が急増していた。《スプーンおばさん》はノルウェーの作家A・プリョイセンの原作をアニメ化したものだが、三歳から六歳の女子で視聴率二九・五%というNHKアニメの最高記録を打ち立てた。もちろん、国民的アニメ《サザエさん》(フジテレビ系列・一九六九年―)の同年齢女子の視聴率は三八・四%だったが、NHK番組の新潮流として注目された(H1985-4: 96)。まだ教室テレビも使われてはいたが、それはすでにナマ放送の受信ではなく、ビデオ再生に使われることが多かった。学校放送番組以外の一般番組《NHK特集》《海外ドキュメンタリー》《高等学校講座》などの利用率が増加していた(H1985-8: 31)。教育テレビの番組編成も、学校から社会に開かれようとしていた。

こうした教育テレビの脱学校化は、「学校というモダン」に対するポスト・モダンの時代思潮にも棹差《さお》していた。マリー・ウィン『子ども時代を失った子どもたち』(一九八四年)やニール・ポストマン『子どもはもういない――教育と文化への警告』(一九八五年)など、テレビによる「子ども期の消滅」を扱った著作が次々と翻訳されたのもこの時代である。ウィンは、大人が独占していた世俗的な知識、とりわけ性的情報がテレビを通じて子どもに開放された結果、子どもたちから羞恥心を喪失させたという。ポストマンによれば、テレビは活字メディアが生んだ大人と子どもの区別を解体するメディアだった。

テレビは、物理的、経済的、認識的束縛、あるいは想像力の束縛のまったくない他学区自由入学制の技術である。六歳の子どもも六〇歳の人も、テレビに映ることを経験する資格は平等だ。この意味で、テレビは、話し言葉にまさる、極端に平等主義的なコミュニケーションのメディアなのである。(ポストマン 1985: 126f)

この議論に従うならば、西本たちが「教室のテレビ」で克服しようとした教科書中心主義は、すでに「家庭のテレビ」によって無力化されていたというべきだろう。それを歓迎する意見も少なくなかった。「とんでったバナナ」の作詞家・片岡輝はこう述べている。

子ども時代という、大人が考える花園に囲われた生活が、子どもにとって安穏ではあっても、きわめて退屈なものであったことは、かつて子どもであった私たち自身がよく知っているところである。放送によって開かれた新しい知の世界の豊穣さが、子どもたちに一時的な混乱や退廃やアパシーをもたらしたからといって、そのことが放送の価値をいささかも減じるものではない。(H1986-1: 68f)

「子どもの消滅」と相前後して、「新人類」という新造語も登場する。一九八四年にマーケティング情報誌『アクロス』(パルコ出版)で使用され始めたというが、浅田彰などニュー・アカデミズムの惹句、「知と戯れる」も、大人(知)と子ども(戯)の境界線の消失を象徴していた。この状況をさらに推し進め、「〇歳からお年寄りに至るまで、すべての人たち」を学習者とすることが、放送教育の使命と考えられた。坂元昂・東京工業大学教授はこう述べている。

今までの生涯教育というのは学校を卒業した後、ずっと大人が一生勉強を続けていくというとらえられ方をしていたのです。中教審の答申ではそれだけではなくて、〇歳からお年寄りに至るまで、すべての人たちがあらゆる場で学習をしていく、本当に生涯を通して学習をする、そこまで生涯教育の幅が広がりました。そうしますと、放送というのは大変大きな役割を演じることになるわけです。(H1986-4: 22)

今でも「生涯学習」は成人教育のニュアンスで使われることが多いが、当初から子どもの「学校外」教育をも取り込んで下方へと対象を拡大する概念であった。たしかに、本来は文字の読み書き能力を意味したリテラシーを、映像リテラシー、テレビ・リテラシー、ゲーム・リテラシーとスライドさせていけば、子どもと大人の境界はますます曖昧になる。VTR操作やコンピュータ・ゲームなら、大人より子どものほうがはるかに詳しい知識を持つ場合も稀ではない。これ以降、ファミコン少年に情報機器を教えることになった小学校教員のプレッシャーは大変なものだったと思われる。

実際、大部なマニュアルを読みながら苦労して一九八〇年代末、二〇歳代後半からパソコンを始めた私にとっても、今の子どもたちが難なくパソコンを駆使する様子は驚きである。こうしたファミコン経験世代のハイテク機器習熟度について、法政大学助教授・稲増龍夫は鋭い分析をしている。ファミコンで機械の操作感覚を体得してしまった世代は、コンピュータとの付き合い方の原体験が自然とインプットされており、未知の入力装置でも「こうできれば」と感じたときには「必ずできるはず」という信頼感を抱いている。この姿勢こそコンピュータの「教養」ともいうものである。これとは逆に、旧世代は体験的に機械への不信感を抱いており、困難にぶつかるとすぐ機械のせいにして投げやりになってしまうのだ、と(H1992–1: 60)。

もちろん、『放送教育』誌上の「電脳教室」欄では本田毅「スーパーマリオ的授業のすすめ」のように、「面白くなければ授業じゃない」「授業は筋書きのあるドラマだ」を掲げた実践も紹介されている(H1992–6: 45)。しかし、こうした教育実践は誰にも真似のできるものではないだろう。

文部省は一九八五年、学校へのパソコン等導入への補助金制度を新設し、初年度二〇億円を助成した。翌一九八六年には、通産省、文部省の共管で「コンピュータ教育開発センター」CECが発足している。CAIなどコンピュータ教育が、国家の情報化政策として推進されたことは留意しておくべきだろう。行政当局の強力な支援を受けたという意味で、コンピュータ教育は基本的に民間事業であった映画教育よりも、一九五〇年代のテレビ教育の系譜に連なっている。だが、テレビ教育が先行する映画教育との間でメディア特性の違いを強調したように、コンピュータ教育も先行するテレビ教育に対する優位性を比較メディア論で訴えた。マスメディア―パーソナルメディア、集団視聴―個別学習、一方向性―双方向性などである。

しかし皮肉なことだが、パーソナル、個別学習、双方向性の強調が逆にパソコンの学級導入を停滞させ、すでに役目の終わった『放送教育』を二一世紀まで刊行させることになったともいえるだろう。パソコンが個別学習するパーソナルなメディアであるならば、生徒一人一人に行きわたって初めてそのメディア特性に適した活用が可能になる。実際、テレビは教室に一台で十分に機能したが、教室に一台のパソコンをその特性を生かして授業中に活用することは不可能なのである。

それでも情報化への掛け声に応える姿勢だけは、教師の側も示していた。テレビの利用率がここにきて急上昇している。パソコンに比べれば、テレビは使い易い視聴覚メディアになったからである。一九八六年の小学校テレビ放送利用率は九七・六％で記録を更新したが、この数字は空虚である。その空虚さは、子どものレジャー活動時間が増加している数字と同様である。一九八五年度の小学五・六年生の家庭でのテレビ視聴時間は、平日で一時間五五分、日曜日で二時間四一分となり、過去五年間で五〇分近く減少している。それに対して、レジャー活動時間は平日で一時間四〇分と過去五年間で二五分も増加し、日曜日には四時間二九分とテレビを大きく引き離した。五年前にはわずか一八分だった日曜日のレジャー活動とテレビ視聴の差は、一時間四八分に拡大している（NHK世論調査部 1986: 181）。もちろん、ファミコンの存在が大きく、テレビ視聴以上にレジャーのパーソナル化も進んでいた。

一九八六年、NHK教育テレビ・特別シリーズ《ハロー！ コンピューター》の講師として、TRONプロジェクトリーダーだった東京大学講師・坂村健が出演している。坂村は「教師のための〝コンピュータ入門講座〟」で、「電卓を使うと計算ができなくなる」「ワープロを使うと字が書けなくなる」という批判に対して、「だったら何だというんだ」と応じている。

> いったい文字とは何のために書いているのかと考えてみれば、情報の伝達、意志の疎通、人と人とのコミュニケーションのためである。あくまでも目的はコミュニケーションのための手段である。字を書くことが目的ではない。（略）文字を書くことにこだわるのは昔の人間のエゴにすぎない。大昔の人から見れば、新仮名遣いも嘆かわしいということになるだろうし、それと同じことである。（H1986-9: 81）

こうした電脳的思考が学校の教科学習と相容れるとは思えない。坂村が指導したＴＲＯＮプロジェクトは、二〇年後の現在、携帯電話やＩＣカードなど私たちの生活全般に影響を与えている。しかし、またそうした便利な情報社会で「学力崩壊」が深刻な問題となっていることも否定できない。重要なことは、放送教育運動は右の坂村発言を許容するまでに変化したということだろう。

一九八九年になっても小学校のパソコン普及率は二一・八％であり、導入済みであったとしても一校に二・一台の割合だった(HI1989-8: 62)。その前年の文部省「情報教育実態調査」によれば、コンピュータ操作ができる教師は六・九％に過ぎなかった(HI1989-6: 65)。一九八九年当時、学校でのパソコンは、主に校務処理のワープロや表計算に利用されていた。ＣＡＩなど教材学習での「利用あり」は、高等学校で二三・七％、中学校で九・二％、小学校では五・一％にとどまっていた(HI1990-7: 39)。

ハイビジョン教育の狂騒

パソコンに比べて使い易いテレビの学校利用率は落ち込むことはなかったが、放送教育はその概念において揺らぎ始めていた。放送教育開発センター助教授・浜野保樹は、テレビを使う授業を教師自らが放送教育と呼ぶこと自体が、「未熟な技術主義」だと述べている。

技術が授業にとけ込んでいるならば、単に「国語を教えている」とか「理科の授業をやっている」とかいう答えが返ってくるはずである。現状では、まだ「放送教育」という答えが返ってくるのではないかと思う。その意味では、放送はまだ放送ということを意識させる状況にあり、単なる映像になりきっていない。（略）教育の中でメディアの意識が消えているといえるのは、印刷メディアだけかもしれない。だれも、「教科書」教育とは言わない。（H1989-3: 12）

現実にはなおも「放送教育」に固執する現場教師も少なくなかった。しかし、一九八〇年代後半は、この「未熟な技術主義」がハイビジョン導入のために大いに利用されていた。たとえば、教室における「ハイビジョンの可能性」は、以下のごとく語られた。

「身体ごとテレビに吸い込まれるようでした」これは、教室で初めてハイビジョンを見た一生徒の感想である。（同：24）

このような見世物への感動は、何度か視聴すれば消えてなくなることくらい予想できてもよさそうなものである。当時ＮＨＫは「ハイビジョンの広告だけをする民間放送」

と揶揄されるほどハイビジョン・テレビの国際標準化にのめり込み、その技術応用市場として医療、美術分野などになりふり構わぬ攻勢をかけていた。一九八八年ハイビジョン方式のロビー活動でアメリカを訪問したNHK副会長・島桂次は「ハイビジョンの高解像度画面技術が軍事衛星などにも利用できる」とまで表明していた(服部 2001: 447)。国内市場として最も期待されたのが学校教育部門であり、一九九〇年には「ハイビジョンと教育」セミナーも開催された。ハイビジョン大型画面で教室は美術館になりミニ・シアターになるというのである。

子ども側からみれば、直接体験も間接体験もこえた新しい質の体験ができるわけで、学習体験の質的変化に遭遇する。大げさにいえば、二一世紀の人類の新しい体験様式に遭遇することになる。(H1990-1: 41・強調は原文)

およそ、「子ども側から」の発想ではなく、「大げさにいえば」どころか荒唐無稽《こうとうむけい》な展望といえるだろう。それ以上に問題なのは、この「新しい質の体験」の協調が、デールの「経験の円錐」(**図5**参照)が打破したはずの体験至上主義への退行となっていることである。一九九〇年代初頭にも『放送教育』にハイビジョン協賛記事は多いが、研究者はすでに冷めた議論に向かっていた。一九九一年お茶の水女子大学助教授・無藤隆はハイビジョン・テレビの教育効果実験の結果をこう報告している。

このような美しさ、迫力が、即そのまま教育的に見たときに、望ましい効果を生むかというと必ずしもそうとは言えない。教育は、印象の良さを越えて、動機づけを高め、さらに最終的には知的理解につながらなければならないからである。

(H1991-12: 40)

つまり、ハイビジョンの教育効果について何ら実証的な検証がされないまま、その臨場感、「新しい体験様式」だけが強調されていたわけである。

これほど喧伝された理由は、ハイビジョンが新世代テレビの国際標準を勝ち取ろうという郵政省、通産省、自治省、文部省相乗りの「日の丸」プロジェクトだったからである。テクノ・ナショナリズムの追い風も影響していたはずである。だが、もっと学校現場的な動機もあっただろう。つまり、それが一九五〇年代前半のテレビのように高価で一般家庭では購入できない高額の教育機器だったからである。

ハイビジョン・テレビ以外の教育機器では学校と家庭の情報格差は逆転していた。明治の文明開化以来、学校は地域において最先端の科学技術のショーウィンドーだったが、一九九〇年代の学校は「情報産業史博物館」の様相を呈していた。公費購入された機器類は短期間では更新できず、旧式モデルが使用され続けた。子どもたちが使うテレビゲーム機にも32ビットCPUが内蔵されていた当時、買い替えが難しい学校には8ビットや16ビットのパソコンが机の上を占拠していた。ハイビジョン・テレビは学校の情報設備が家庭のそれを追い抜くチャンスの到来だったのだろう。しかも、パソコンに比べて誰でも操作できるハイテク教具だった。一九九四年三月現在でも、コンピュータを操作できる教員は、小学校の二四・四%、中学校四一・五%、高校四七・四%であった(H1995-1: 42)。

「インターネット元年」の一九九五年、デジタル化の流れに押されて、『放送教育』誌上から「ハイビジョン」の言葉は消滅している。デジタル化への対応としては、一九九一年六月一五日より、『放送教育』はニフティサーブのCAIフォーラムに会議室「電脳教室」を開設していた(H1991-7: 46)。同年九月には『放送教育』別冊として『電脳教室』も刊行された。それと入れ替わりに、「放送教育賞」(主催：全放連、NHK、日本放送教育協会)が応募数の減少を理由に廃止された。同賞は一九五〇年「放送教育懸賞論文」として開始され、一九六四年に「学校放送教育賞」、一九八五年に「放送教育賞」と改称されていた。このため、別冊刊行されていた『放送教育賞入賞論文集』も休刊となった(H1991-8: 80)。「放送教育」から「電脳教室」への別冊改題は、「放送」だけでなく「教育」の変質も意味していた。

3　生涯学習社会の自己責任メディア

生涯学習の台頭と学校放送の空洞化

「ゆとりある教育」は、一九七六年教育課程審議会の答申で打ち出された。同年一〇月に開催された第二七回放送教育研究会全国大会のテーマは「生涯にわたって発展するひとりだちの学習をめざして放送の教育的役割と成果を究めよう」である。「ひとりだちの学習」という聞きなれない用語に批判もあったというが(H1976-9: 44)、放送教育に必要だったのも教室での集団視聴から家庭での個人視聴への「ひとりだち」だったはずである。翌年一二月号で『放送教育』は「〈ゆとりと充実〉の教育と放送教育」を特集したが、その巻頭言で城戸幡太郎はこう述べている。

「ゆとり」というのは、従来の「おぼえろ、おぼえろ」の詰め込み主義に対して、「どうしてこうなるんだろう」と疑問を持ち、考えさせるということ、つまり疑問を持ち、考える「ゆとり」を持たせようということです。教科書本位では、とかく詰め込みになりがちですが、放送をうまく利用することで、生徒に疑問を起こさせたり、視聴後にお互いに話し合いをさせることによって集団的な学習が展開できま

す。(H1977-12: 13)

戦前から教育科学運動を指導してきた城戸が「集団的な学習」というパラダイムに囚われているのは仕方のないことである。一般番組やニュース、ドキュメンタリーなど教養番組の積極的な利用は、必ずしも教室での討議を促すことに至らなかったはずである。しかし、結果的にはそれが「テレビ教育」から「テレビ的教養」への流れを加速させることにつながった。テレビ的教養は「教育から選抜を取り除いた」「具体的でわかりやすい」教養なので、生涯学習社会の教養にふさわしい。

一九八一年に中央教育審議会は、生涯教育推進のための具体的な政策を提言する「生涯教育について」を答申した。この答申では「制度変更による生涯教育の実現と生涯学習活動の支援」のように、生涯学習と生涯教育が使い分けられている。これ以後「生涯学習」という言葉が一般化する。垂直的な強制がイメージされがちな「教育」に対して、自発性・自主性、自己の充実などから学習者の地平に立った「学習」が好まれたわけである。

一九八二年一月、ユネスコ主催の「教育とマス・メディアの関係」に関する国際会議で採択された「グルンバルト宣言」は、各国官庁に次の第一項を含む要請を行っている。『放送教育』にはその全文が翻訳されている。

一、就学前教育から大学レベル、成人教育に至る包括的なメディア教育のプログラムを開発し、支持すること。(H1982-8: 32)

こうした「メディア教育」は中曽根内閣の新自由主義路線で積極的に推進されていった。一九八三年の中教審報告では「中等教育の段階では、自己を生涯にわたって教育し続ける意志を形成することが求められている」とされたが、文部省初等中等教育局教科調査官・奥井智久も「放送でやる気をどう育てるか」でこう述べている。

放送というものが持つ意味を「やる気」とつないで考えると、現在進行形でありながら目的をそこに自分で作り出していく、生み出していくというところに大きな価値があるんじゃないでしょうか。(略)結局、最後は放り出されても自分なりにやっていく力を育てることが大事で、これがないと教育にはならないわけです。(H1984-10: 41)

ついに一九八七年、臨教審は「生涯学習体系への移行」を提言した。そこでは学歴社会の弊害の是正が謳われ、「どこで学んでも、いつ学んでも、その成果が適切に評価され、多元的に人間が評価されるよう」な社会の編成がめざされた。こうして「生涯学習」は教育改革の指針となっていった。しかし、生涯学習体系への移行と連動した「ゆとりある教育」の推進は学校の機能低下を引き起こしていた。すでに一九八四年、名古屋大学名誉教授・重松鷹泰は臨教審改革をにらみながら次のように指摘している。

学校の機能そのものが、卒業資格認定ということだけになりそうな気配がある。「勉強は塾でやるもので、学校は休養するところだ」などと公言してはばからぬ高校生も多い。学校こそが学習の場であると、主張しようとしても、通用しない。家で通信教授(プリント学習)を受けたり、家庭教師に習ったり、学習塾や学習教室に行ったりする青少年が激増している。放送電波によって勉強しようというものも、増えてくるのではあるまいか。(H1984-8: 12)

学校機能の低下はその後も進んだが、高校生のなかで「放送電波によって勉強しようというもの」が増加したとはいえないだろう。NHK学園高等学校の役割も、この時期には勤労青年から不登校・中退者の受け皿に変化していた(河崎 2008)。

一九八八年『放送教育』新年号で、文部省社会教育局学習情報課長・沖吉和祐は「生涯学習元年」における「新しい情報リテラシー」を次のように提唱している。

これからの学校放送ということを考えるときには、学校向けということだけではなしに、生涯学習向けというように、範囲を広げた形で考えていく必要があるんじゃないかということが一つあります。(H1988-1: 46)

これは学校放送の解体容認を示唆したものとも読めるだろう。その翌年、NHKは一九九〇年度以降の編成計画で「教育テレビの抜本的な刷新」を打ち出した。

教育テレビは、生涯学習チャンネルとして、学校放送を含む幅広い文化・教育番組や少数者を対象とする番組を提供して、知的欲求や心の豊かさを希求する時代の要請にこたえる。(古田 1998: 17)

このオーディエンス・セグメンテーションの編成方針は、多品種少量生産の時代的要請に応えたものであり、教室の集団視聴から家庭の個人視聴に教育テレビの軸足は移された。この一九九〇年度の定時番組構成において、教育テレビ開局以来首位を占めてきた学校教育番組(三〇・六%)は、生涯学習番組(三三・五%)に凌駕され、一九九八年には幼児から若者向け番組にも抜かれて第三位に転落した(**図21**)。

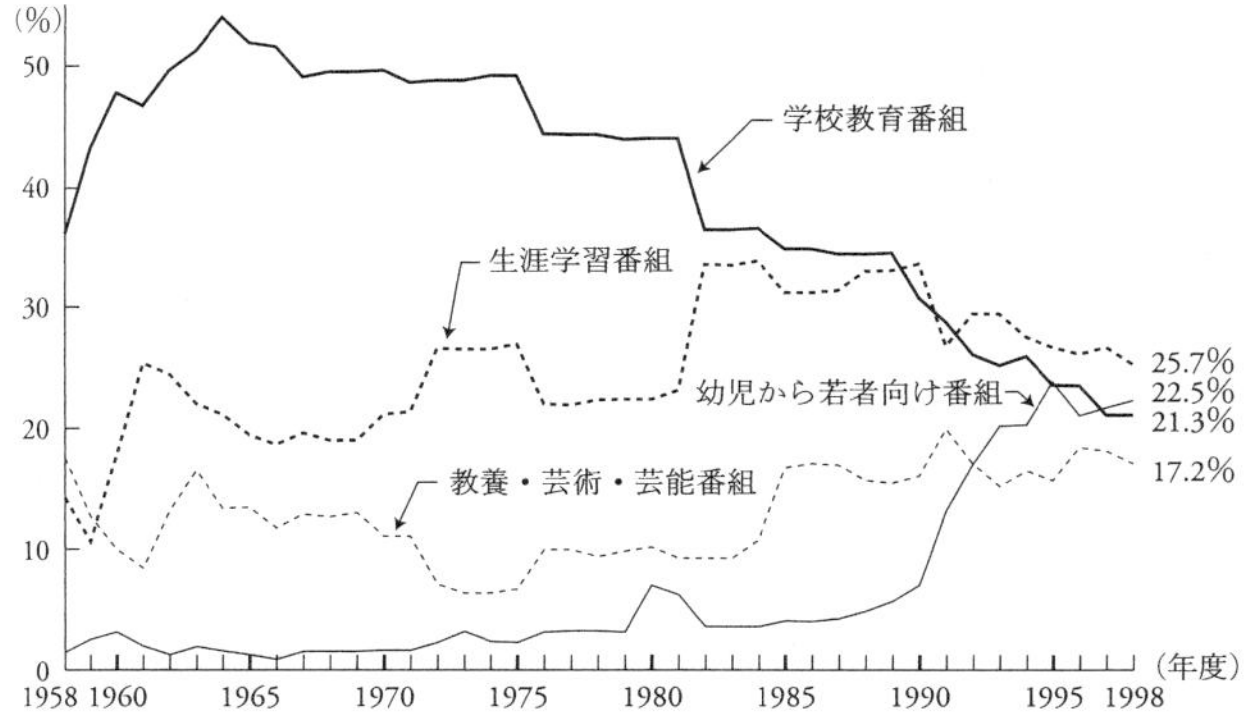

図21　教育テレビ　定時番組(一週間分の放送時間)の構成比率推移
(出典：古田尚輝「教育波から文化・生涯学習波へ」『放送研究と調査』1998年12月号14頁)

一九八九年度「学校放送利用状況」調査の報告では、「利用されている学校放送番組」という見出しにもかかわらず、学校放送の牙城、小学校でも空洞化が進み、その衰退は明らかだった(H1990-6: 48)。『放送教育』誌上でも、学校放送番組より「テレビ語学講座」など生涯学習番組の視聴率が詳しく紹介されている。一九九〇年の調査では、ラジオ語学講座利用者約九八万人に対して、《英語であそぼ》や《セサミストリート》を除くテレビ語学講座利用者は二八〇万人とされていた。「語学を学びたい人」は一六歳以上の国民の三五・六%に達し、学びたい理由は「何かの時に役に立つから」五六・三%、「外国旅行、ホーム・ステイ」三〇・一%、「生きがい、趣味」一九・九%と続き、「仕事上ぜひ必要」は七・〇%

と少なかった(H1991-2: 82)。

「ゆとり教育」の逆説

一九九八年、ＮＨＫ学校放送番組部長・仲居宏二は、番組作成の基本方針で「ゆとり教育」へ大きく舵を切る発言をしている。

今まではオーディオビジュアルだとか、あるいは継続視聴も大切だとか、もう一つ上の理念で事が働いてきたと思うのですが、むしろ一五分の中で、どういう提示をして、どういう順番で「必須」「基礎」「最小限」なものを並べていくか。(H1998-4: 15)

「必須・基礎・最小限」の重視は、「ミスターゆとり教育」と呼ばれた文部官僚・寺脇研の主張でもあった。寺脇は「ゆとり」を生みだす教育改革の中心に自己決定と自己責任の論理があることを強調している。

総合的な学習の時間や選択科目をはじめ、いますすめている教育改革は、自己責任という考え方をベースにしています。(略)勉強するかしないかは子どもたちが自己決定できる立場において、その結果勉強をしなかった、成績が悪かったというのは、自分の責任ですよ、ということです。(寺脇 2001: 182f)

こうした自己決定の要請そのものは、必ずしも目新しいものではない。第一章で見たように戦時下に実践された視聴覚メディアを利用する「進歩的な」国防教育論も自己決定力を求めていた。命令による強制ではなく、自発的参加により個人の能力を全開させること、この要請が今や「戦時」を超えて「生涯」続く課題となった、といえる。

放送教育の理想は生涯学習振興課長として放送大学に関わった寺脇研にも受け継がれていた。寺脇は一〇〇歳で放送大学(科目等履修生)に入学した双子姉妹の姉「きんさん」を例に引きながら、「もっと開かれた大学」を訴えている。

〔衛星放送での〕放送大学の全国化によって大学はだれにでも開かれてきます。年齢に関係なく、行きたいときに大学に行けるという状態になっていきます。そのときに、東京大学に行っているのはエリートで、放送大学で勉強しているのは非エリートだというのは、非常におかしな話です。大学がどこであろうと、その大学でどれだけ勉強するかが大切なことです。(寺脇 1996: 103)

一九五二年生まれの寺脇はまさしくテレビっ子世代の官僚である。だが、映画評論家でもある寺脇自身は、テレビよりも映画の芸術性を高く評価している。

テレビというのは、あくまで総体的メディアだと思うのです。テレビと映画の違いを言うならば、映画は間に人を介在させない絶対的メディアで、見る者と画面とがダイレクトに対峙していく。それは、映画の持つ、芸術としての素晴らしさであると同時に、自分では実際は経験できないけど、人生経験を豊かなものにしていく。いくらメディアが発達したといっても、社会的体験をする機会が少ない子どもにとっては、教育用映画の中で、こういう場合自分はどうなんだろうか、と考えていくことの大きさというのはすごくあると思います。(S1998-9: 9f)

たしかに、映画の「絶対的」体験に対して、日常生活の中で他の経験と併存するテレビ視聴は、断片化された「総体的」体験である。映画鑑賞に匹敵する純度のテレビ鑑賞が成立しにくいことは事実である。可能性があるとすれば、それは教室のテレビ集団視聴ということになる。しかし、教室もまた日常空間であれば、そこで「絶対的メディア」を体験することは困難だろう。それもあってのことだろうが、寺脇は映画を「学校で見せましょう」とは言わない。生涯学習振興課長として「学校」への期待は少ない。

生涯学習社会の映画というのは、学校や映画館が見せてくれるとか、映画会社が見せてくれるという上から与えられるものではなく、自分たちが見たい映画を、自分たちの周りで上映していこうという運動につながっていくべきだと。(同：10)

別の場所では、文部官僚として勇気あることだが、「たかが学校」とまで言い放っている(寺脇 1996：172)。

〔生涯学習とは〕特に義務教育に定められた年齢以上になっても、いつでも、どこでも、だれでも、楽しく学習する権利がある、ということです。それはつまりいつでも、どこでも、だれでも、学習しない権利もある、ということでもあるのです。(同：57)

この「学習しない権利」の是認は生徒の自己責任による脱学校化を加速した。この寺脇発言のあった一九九六年、社会問題化した高校退学者、いわゆるドロップアウトは前年の二・一％から二・五％に急上昇している。もちろん、一官僚の発言の影響などではなく、生涯学習化と情報化の中で進行した必然的現象である。

「放送教育の世紀」の閉幕

一九九七年当時、産業界では「上りの4P、下りの4S」といわれていた(H1997-2: 46)。業績好調の産業部門であるパソコン、PHS、ペーパー、パチンコに比べて、セックス、スクリーン、スクール、スーパーマーケットは少子高齢化で先の見えた衰退部門というわけである。いや、もっと深い含意をテレビ論として読み取るべきだろう。セックスとスクリーンはブラウン管に映る主要な素材だし、集団教育(スクール)と大量流通(スーパーマーケット)は学校放送のシステムを規定していた。学校放送は一九八〇年代から空洞化していたが、一九九二年に元NHK教育テレビプロデューサーの江戸川大学助教授・堀江固功《もとよし》は、「学校教育にとって、なぜ、学校放送が必要なのか？ 今日でも、必要なのか？」と問いかけている。

NHKだけでなく、世界中の公共放送が、子どものための番組の維持、質の向上どころかその確保に苦しんでいる。NHKが、いつまで学校放送の制作を、当然として考え続けるかその保証はない。公共放送としてのNHKに、学校放送の制作を続けてもらう論理を、明確にしなければならない時代がきているのである。(H1992-3: 37)

放送の自由化の中で発せられたこの重要な問いかけが、これまで真摯《しんし》に考察されてきたとは思えない。堀江自身は、「教育ソフト供給能力」の点からこれに自答している。

豊かな教材の提供能力は、メディアにあるわけではなく、社会的な組織にあるのである。この能力を有する組織は、現在の日本ではＮＨＫにしか存在しない。ＮＨＫが教科教育を意識した学校放送を実施することは、継続的に、組織的に豊かな教育ソフト＝教材の提供を保証することになる。そのことによって、パソコンやネットワークは、教科教育の中に、新しい教育の可能性をつくり出せることになるのではないであろうか。(H2000-9: 45)

この回答は説得的だが、テレビがそれ自体ではもはや教育実践の推進力にはならないことの証明でもある。一九九七年七月五日にＮＨＫ教育テレビで放送された《メディアと教育》は、「インターネットが学校になる」を特集し、インターネット教育の能動性を玉川大学助教授・田中義郎はこう述べている。

コンピュータの前にただ座っていても、世界は開かれません。まず自分からスイッチを入れて、キーを押すことで、自分の世界を作っていくという必要がそこにはあるんです。ですから、自分で選択をすると同時に自己責任を伴う世界、そこで自分たちが情報を発信し、学習も自分たちの動機づけに基づいて行っていく。(H1997-10: 43)

「自分で選択をすると同時に自己責任を伴う世界」とは生涯学習社会のことであり、その機軸メディアがインターネットということになる。「インターネットが学校になる」を超えて、「学校がメディアになる」べきだと唱えたのは、東京大学社会情報研究所助手・辻大介である。通信と放送が融合するデジタル時代において、手をこまぬいていれば学校も市場原理の世界に飲み込まれる。教育メディアとして学校の公共性を保持するためには、学校の旧態依然たるメディア形式を改めるべきであると主張している。

まず、「教室」単位の授業制度をやめる。教室という場所と集団に子どもを拘束することをやめて、個人単位の学習へと近づける。それぞれの子どもは、それぞれの教科で、自分にあった内容と進度で学習を進められるようにする。(略)知識や技能を身につけさせるための教科教育は、デジタルメディアを最大限に活用することで、他の教育メディア(塾など)と同等のレベルを確保し、学校の存在理由が形骸化しないようにする。また、こうした知識や技能を得るための教科学習は、学校外(例えば自宅)で行ってもよいものとする。(H1998-9: 34f)

おそらく、「教育崩壊」に対する一つの処方箋ではあるのだろう。実際、辻論文に続くページには「インターネットで広がる不登校児教育」の実践例が紹介されていた(同：36-40)。

『放送教育』は二〇〇〇年一〇月号まで刊行されたが、一九九〇年代末にはほとんどパソコン教育雑誌となっていた。「謹告　月刊「放送教育」休刊にあたって」には、こう述べられている。

時あたかも二一世紀、滔々《とうとう》たる時代の流れと、今まさに情報技術(IT)革命が急速に進展するなかで、弊誌は所期の目的を果たしたものと考え、今月号をもって休刊することといたしました。今後は「放送教育」に関する情報は、主としてインターネット等新たなメディアを通じて全国の先生方をはじめとする学校現場に瞬時に提供していくこととし、同時に先生方からのフィードバックに基づく新たなネットワークの形成を試みていきたいと考えています。(H2000-10: 25)

実際、現在も「放送教育ネットワーク」http://www.nhk-sc.or.jp/kyoiku/ でその活動は続けられている。また、ＮＨＫ学校教育番組部も二〇〇〇年から六カ年計画で「ＮＨＫデジタル教材」開発を行い、ウェブ上でデジタル教材の提供を始めた。さらに、二〇〇七年以降は学校放送をインターネットからダウンロードするサーバー型放送も開始している。教師向けパンフレット『教育テレビ＆ＩＣＴ活用で授業力アップ』(二〇〇七年)には、具体的な実践例も紹介されている。ここではすでに「教育テレビ」はコンテンツ工房であり、「ＩＣＴ」Information and Communication Technology がメディアであるという印象が強い。こうした傾向は、今後ますます加速していくだろう。

いずれにせよ、二〇〇〇年の『放送教育』休刊は、「放送教育の世紀」の閉幕を象徴している。一九二五年のラジオ放送開始時に後藤新平が打ち上げた「国民教化メディア」のパラダイムは、一九三五年の全国学校放送へと発展して「一億総動員」体制を支えた。それに続く一九四一年の戦時国民学校放送からＧＨＱ占領期を挟んで一九五九年の教育テレビ開局に至るプロセスは、教育の機会均等による「一億総中流」社会への道程だった。そうした大衆教育国家の理想は、やがて放送大学の理想に結実した。だが、その理想は放送大学が開学した一九八五年には往年の輝きを失っていた。さらに、ナショナル・メディアであるテレビにかわって国境を越えるインターネットが機軸メディアとなった現在、一億総中流意識は懐かしい「昭和の思い出」として回顧されるのみである。格差社会が喧伝される今日、福祉国家を幻視させた「テレビ的教養の時代」を私たちはもう一度見つめ直すべきではないだろうか。

終章　「テレビ的教養」の可能性

文化細分化のテレビ論

情報社会ともメディア社会とも呼ばれる現在、小中学校では総合的学習でパソコンが活用され、高校では二〇〇三年から教科「情報」が必修化され、大学ではe-ラーニングの活用がさかんに鼓吹されている。そのため今日では新聞newsをもっぱらインターネットの電子版で読む学生も珍しくない。つまり、新聞紙newspaperを「新聞」と略称できた時代は終わろうとしている。また、「通信と放送の融合」によりテレビ番組をインターネットで見る時代がすでに始まっている。

テレビ・システムは、第一章で見たように第一次大戦後の一九二〇年代に各国で「国民統合メディア」として構想された。実際、日本においても戦時＝戦後の「一億総動員メディア」として機能し(第二章)、高度経済成長期に一億総中流意識を製造し(第三章)、「最後の国民化」メディアとして君臨してきた。だが、VTRの普及はテレビゲーム利用とともにテレビ文化の自由化、視聴の自己決定・自己責任論を後押ししていった(第四章)。

そうした傾向は現代日本に特有なものでもない。ロバート・パットナムによれば、一九五〇年代には「電子的暖炉」として家庭の一体感をもたらしたテレビは、一九七〇年代以降のアメリカでは家族のコミュニケーションを阻害するメディアになっていた。

時間日記によれば、夫婦が会話して過ごす、三〜四倍の時間を一緒にテレビを見て過ごしていることが示されており、またそれは家庭外でのコミュニティ活動に費やす時間の六〜七倍に上っている。さらに、世帯内のテレビ数が増加すると、一緒にテレビを見ることすら希になっていくのである。ますますテレビ視聴は、完全に一人で行われるものになっている。(パットナム 2006: 272)

さらに、テレビは「余暇時間を私事化する」ことで、あらゆる社会関係資本(一般的信頼性・関係積極性・集団活動性)に有害であるとも指摘している。

テレビは、個人的にも集団的にも市民参加に対して悪影響を持つことがわかっているが、共同で行う活動に対してとりわけ有害である。テレビ視聴が長くなると(例によって人口統計学的要因を統制しても)個人的活動、例えば手紙を書くといったこと

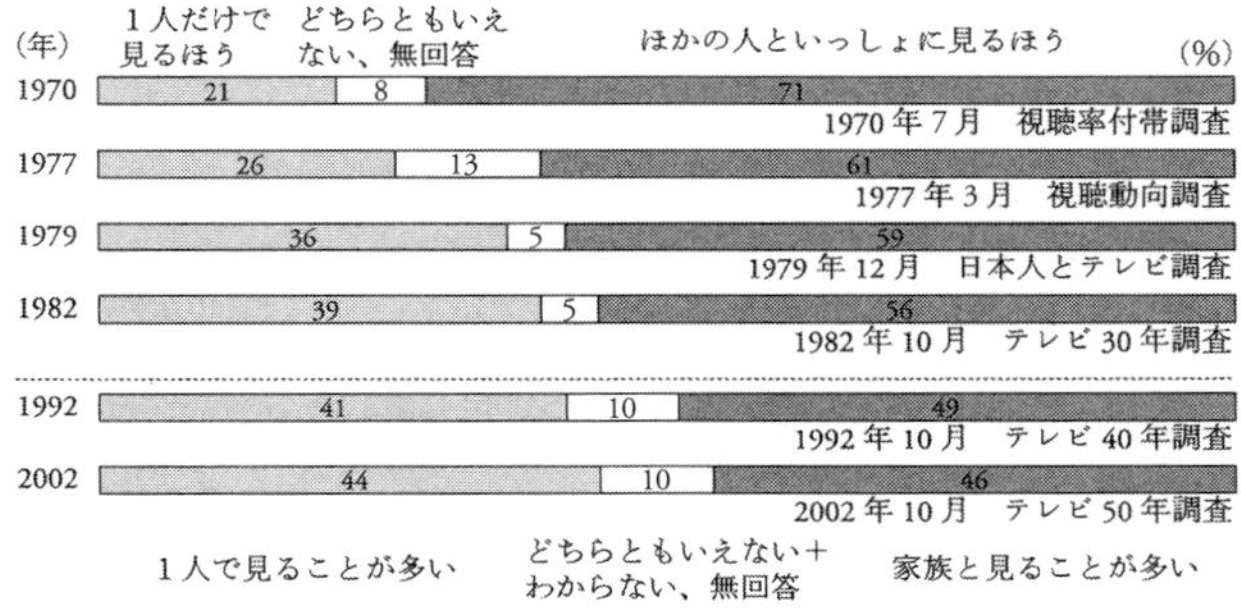

図22　個人視聴の推移（1970–2002年）（出典：NHK放送文化研究所編『テレビ視聴の50年』124頁）

> が約一〇〜一五％削減されるが、同量のテレビ視聴は、公的集会への出席や地域組織での指導的役割を果たすといった集合的活動を、四〇％近くも減少させてしまう。（同：279）

こうして、パットナムはアメリカにおけるコミュニティ崩壊の「唯一最も一貫した予測変数」としてテレビを断罪した（同：280）。

テレビ個人視聴の増加は、日本の場合さらに顕著である（**図22**）。すでに一九九二年のNHK調査で、テレビを「家族と見ることが多い」は過半数を割り、「一人で見ることが多い」が急増している。世帯あたりのテレビ所有台数は、一九八〇年には複数所有が過半数を超え、二〇〇〇年には一台のみの世帯は二八％にまで減少している（NHK放送文化研究所 2003: 123）。もちろん、個人視聴の増加には高齢化、少子化にともなう世帯構成員

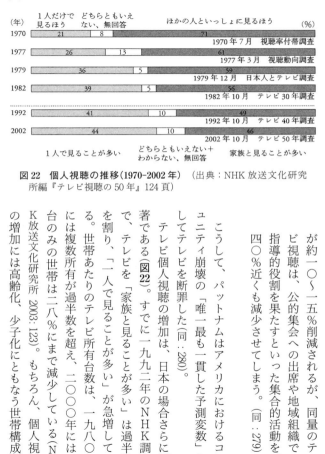

の減少、住宅の個室化などの条件も作用している。また、リモコン装置によるチャンネル切り替えの簡易化や、ハードディスク録画による選択肢の増加など、個人レベルでもテレビ視聴行動の細分化は進行している。

しかし、コミュニケーションを分断するメディアは、テレビだけだろうか。あらゆるメディアは、その本質において文化細分化の機能をもっているのではないだろうか。結論からいえば、対面的接触コミュニケーションを不要にするメディアの本質的な機能に対する理解不足こそ、メディア教育のつまずきの石であったのではなかろうか。たとえば、私たちは意識的に「マスメディア」と「マスコミ」を使い分けているだろうか。多くの人はメディアとコミュニケーションを同義語として混用している。コミュニケーションはラテン語の communis(共有)を語源とする言葉だから、教育的な文脈のみならず「連帯」や「他者理解」のニュアンスを強く帯びている。それに「中間」を意味するメディウム medium の複数名詞メディア media を重ね合わせてもよいだろうか。たしかに「中間物」は間に入って媒介的機能を果たしもするが、それは本来一体であった人々の関係に割り込んで個人単位に細分化する機能を備えている。

メディア史を紐解けば、メディアの発展とはメディア自身の機能分化、すなわち細分化であることも一目瞭然である。初期の「国民雑誌」は、その発展とともに年齢、性別、階級、地域ごとに新たな雑誌に枝分かれし、今日ではスポーツや音楽の趣味ごとに細分化された「スペシャル・インタレスト・マガジン」となっている。この数千種を数える雑誌の機能は人々を結びつけ、共通の話題を提供してきたというよりも、趣味の分断と会話の不成立をもたらしていなかっただろうか。また、居間に置かれて家族団欒のシンボルだったラジオも、一九五〇年代のトランジスタ化によって個人利用の細分化メディアとなった。あらゆるメディアは自ら細分化しつつ、人々の関心を細分化してゆくのである。それはブロードキャストからナローキャスト、さらにポイントキャストへと多チャンネル化で視聴者を絞り込む放送ビジネスの展開についても当てはまる。もちろん、それは最近始まったことでもない。

社会関係資本の衰弱

パットナムは、一九六三年九月二二日付『ニューヨーク・ポスト』で文芸評論家のT・S・エリオットが発した言葉を引用している。

「この娯楽メディアは、何百万もの人々が同じジョークに同時に耳を傾けながら、一方で孤独なままでいることを可能にしている」。（パットナム 2006: 263）

ブラウン管に映る笑顔は視聴者のコミュニケーション欲求を擬似的に解消し、引きこもりの生活を可能にしたわけである。もっと一般的な光景を考えてみよう。そもそも、「お茶の間のテレビ」という表現がイメージさせるほど、テレビが日常的に家族で集団視聴されていただろうか。当時も現在も、家族はそれぞれに仕事があり、いつも食卓に集うわけではない。そして、私たちが楽しい思い出として記憶している団欒シーンは、日常的なものだっただろうか。たとえば、大晦日に《輝け！　日本レコード大賞》から《紅白歌合戦》《ゆく年くる年》を炬燵《こたつ》で見たというような「昭和」の国民的記憶が、どれほど日常的かという問いである。

二〇〇六年の《紅白歌合戦》の視聴率（ビデオリサーチ・関東地区・第二部）は三九・八％だが、一九七二年には八〇・六％という驚異的な数字をはじき出していた。だが、同年二月二三日付『朝日新聞』で、NHKの人気アナウンサーだった鈴木健二は「テレビを消しなさい」と呼びかけていた。ここで家族を「他人の集り」に分断するメディアであるとテレビを糾弾する鈴木は、一九八三年から三年間、《紅白歌合戦》の司会者を務めている。

いったい、いまの日本の家庭で、家族が全員そろう時間が何分あるであろうか。夕食の時にせっかくみんなが集ってすわったのに、顔だけはテレビの方を向いているのである。中の一人は首をねじ曲げて後ろを見て食べているのがいるのである。こ

れが家族であろうか。家族とは顔を見合わせていなくてはいけないものだ。これでは他人の集りである。（鈴木健二 1972）

もちろん、過去を美化すべきではない。テレビ普及の初期でさえ子どもは通常「一人で」視聴していることが多かった。一九五六年に東京都で実施された「テレビのこどもに及ぼす影響」報告書はこう述べている。

友だちの〝大部分〟または〝半分以上〟がテレビをもっていると答えた父兄に、テレビのある子供達はふだん自分の家で「一人で」テレビをみているのかときいてみたところ、90％のものがたいてい「一人で」テレビをみており、友人と「一緒に」テレビをみるようなことは少いと答えている。よって将来テレビジョンが普及して、誰でもテレビをもてるようになったときにテレビは子供達をより社会的にするというよりも、孤立化させるのではなかろうかという心配がある。（H1957-2: 63）

テレビも最初から文化的細分化のメディア特性をもっていたのである。このメディア特性は、一方通行的なテレビとは異なる双方向性メディアとして登場したＣＡＴＶやインターネットでも変わらない。そのメディア特性から人々の「つながり」を増大させると期待されたインターネットの普及も、社会関係資本減退の歯止めとはならなかった。それをパットナムはこう表現している。

コンピュータ・コミュニケーションは情報の共有、意見の収集、解決策の議論にはよいが、サイバースペースにおいて信頼と善意を構築することは難しい。(略)社会関係資本は、効果的なコンピュータ・コミュニケーションにとっての前提条件なのであって、それがもたらす結果ではないということかもしれない。(パットナム 2006: 212)

もちろん、教育は「信頼と善意」によって初めて成り立つコミュニケーションである。だとすれば、メディアに対する人々の誤解のうちで最大のものは、「メディアがコミュニケーションを豊かにし、連帯を促進させる」という教育的幻想である。とりわけ教育工学者には「メディアは教師と生徒を結びつける」と素朴に信じている人が少なくない。しかし、メディア普及は不登校やイジメや学級崩壊を減少させただろうか。

しかも、コンピュータは「信頼と善意」によって生まれた機械ではない。東京大学教授・佐伯胖によれば、本来コンピュータは教育と異質な文化であった。

コンピュータは学校とは無縁の世界で生み出され、発達してきたものである。さらに、コンピュータが実際の教育(むしろ、「訓練」)に取り入れられたのは、第二次大戦中(当時のハイテクを結集した)武器や航空機の操作や補修に関して、シロウト同然の兵士を短期間で「つかいものになるようにする」ことの必要性からであった(いわゆるCAIのはじまり)。(H1992-1:11)

本書第一章を読まれた方には、いずれも既視感のある語り口だろう。敗戦直後に西本三十二がラジオやテレビに夢見た教室革命が、コンピュータに期待されるようになっただけである。佐伯は「コンピュータ教育」ブームが情報処理技術者不足にあえぐ産業界からの圧力であることを熟知した上で、あえて「コンピュータがこの行き詰っている学校教育文化に〝風穴〟をあけ、新しい息吹を吹き込み、学校教育文化の改革へのきっかけをつくるかもしれない」というのである(同:13)。

たしかに学校でのパソコン普及はすでに一九九六年、小学校八九・九%、中学校九九・三%、高校九九・五%まで達していた。しかし、「情報革命が教室を変える――世界のコンピュータ教育」(H1997-7:34)と題された当時の記事を読めば、夢と現実の落差に唖然とするほかない。教室の風景はほとんど変わっていないのである。『放送教育』最終号にNHK学校放送番組部長・吉田圭一郎は「10年後の教室は？」を特別寄稿している。

二〇一〇年の教室を次のように予測した上で、学校放送を再構築しようというのである。

子どもたちは全員、ポータブルのパソコン(あるいは、もっと進化した超軽量の携帯端末)を持っているでしょう。教科書やノートは、小さくて軽いディスクかチップにすべて収められているので、もう重たい鞄を持ち運ぶ必要はありません。学校と家庭とは、すべて高速のインターネットで繋がっています。基本的な事柄では、先生と子どもと両親の間に情報格差はありません。宿題の出し忘れや、伝達事項のモレも今よりぐんと少なくなっているでしょう。さて、教室には大きなスクリーンがあります。そこに写る映像は、先生のパソコンで自由にコントロールできます。

(H2000-10: 30)

たしかに、すべて手のとどく技術である。しかし、そうした需要が本当に教室に存在しているのだろうか。こうした「情報化」を望むのは、子どもだろうか、親たちだろうか、教師だろうか。

情報弱者のメディア・リテラシー

「格差社会化」や「中流崩壊」は、必ずしも統計的に確証された現実とはいえないかもしれない。それにもかかわらず、そうしたシンボル言語が訴求力をもつのは、ただ単に社会移動の減少や賃金格差の拡大が問題なのではなく、イメージとして「中間」medium が衰弱したためである。だとすれば、それは「中流」イメージを映してきたテレビの教育力の衰弱にも起因するだろう。テレビ黄金時代のバラエティー番組の「知的」司会者として一時代を築いた大橋巨泉は、二〇〇五年のインタビューで「テレビの質的劣化が、日本の民度を低下させたか」と問われ、次のように語っている。

その見方は、すごく皮相的だよ。(米国では)ビル・ゲイツもブッシュ家も、ニュースやスポーツ中継以外、テレビなんか見てませんよ。(日本も)勝ち組とか金持ちとかインテリがテレビを見なくなっただけなんですよ。負け組、貧乏人、それから程度の低い人が見ているんです。(金田 2006: 210)

こうした主張は、多くの「情報強者」によって繰り返されてきた。一九五五年生まれのリクルート社初代フェロー(年俸契約社員)で、「スーパーサラリーマン」と呼ばれた藤原和博(二〇〇八年現在は東京都杉並区立和田中学校校長)は、自らのテレビ体験をこう告白している。

もともと私はテレビ世代の申し子で、朝起きるとまずテレビをつけニュースを流しっ放しにして朝食を食べていた。両親の家に住んでいた時代には、たまに夜の10時前に帰ることがあっても、テレビを見ながらスナックをパクつき、結局1日中父とも母ともろくに会話をしなかった。(藤原 2001: 34)

その藤原がフランス滞在体験を経て居間からテレビを撤去したという。次のような印象を語っている。

アッパーミドルクラスの人々の意識の中には明らかに、「リビング(居間)にテレビがあるのは、会話を楽しむだけの教養のない人たちのすることで、クラスが下の証明だ」というイメージがある。(同: 36)

たしかに、ひけらかしの社交を楽しむ上流階級にとって、無料のテレビ視聴は「立派な趣味」ではないだろう。注目すべきことは、かつては「内容」の俗悪性を訴えた反テレビ論が、現在では「形式」の階級性を強調していることである。

実際、今日のテレビはすでに「情報弱者」のメディアである。テレビを長時間視聴しているのは、育児放棄された子どもや寝たきり老人などに象徴される社会的弱者であり、社交・集会・執筆など直接情報行動を意味する活動的社会活動とテレビ視聴時間はおおむね反比例している。『日本人の情報行動1995』によれば、男―女、青年期―高齢者、中学卒―大学卒、低所得―高所得、フルタイム―無職のいずれの属性においても、直接情報行動と「マスメディア接触型」の時間量は逆相関を示していた。それから一〇年後の『日本人の情報行動2005』においては、直接情報行動で男―女が「有意差なし」(東京大学 2006: 31)となっているが、他の属性では同じ傾向を示している。もちろん、この結果をパットナム流にテレビ視聴時間と社会関係資本の関係にストレートに読み替えることには、なお慎重であるべきだろう。同書所収の「社会関係資本と情報行動」で辻大介は、日本の場合にはパットナムの分析とは逆の傾向も見られることを明らかにしている(同：267f)。

それよりも重要なことは、一九九〇年代に情報格差やデジタル・デバイドが取りざたされるようになると、ほこりをかぶっていた教室のテレビがメディア・リテラシー教育として再び利用されるようになったことである。それ以前、「映像リテラシー」という言葉は放送教育の中でも論じられたが、あまり定着しなかった。放送を所管した郵政省(現・総務省)の公的文書で「メディア・リテラシー」が登場したのは、暴力番組制限の「Vチップ」導入が話題となった一九九六年一二月、「多チャンネル時代における放送と視聴者に関する懇談会」の最終報告書である(H2000-2: 12)。自由化にともなう自己責任論の文脈から読み取ることができるが、メディア・リテラシーの概念についての説明はない。

視聴者が多チャンネル時代において放送を積極的に活用するためには、メディア・リテラシーないしは情報リテラシー（情報活用能力）を身につけることが必要であり、そのための環境整備が求められる。（多チャンネル時代 1997: 10）

さらに一九九九年六月、郵政省、NHK、民放連が合同で設置した「青少年と放送に関する専門家会合」の報告書で、メディア・リテラシーは次のように表現された。

青少年と放送の良好な関係を保つとともに、権利の主体としての青少年の自立した判断能力を高めるためには、メディアを選択し、主体的に読み解き、自己発信する能力、すなわちメディア・リテラシーが必要である。（青少年と放送 1999: 3）

メディア・リテラシーに対する政府の公式見解は、郵政省が一九九九年一一月から開催した「放送分野における青少年とメディア・リテラシーに関する調査研究会」（座長：東京大学大学院情報学環学環長・濱田純一）の報告書に示されている。メディア・リテラシーとは「メディア社会を生きる力」であり、「メディアを主体的に読み解く能力」「メディアにアクセスし、活用する能力」「メディアを通じてコミュニケーションを創造する能力。特に、情報の読み手との相互作用的(インタラクティブ)コミュニケーション能力」という三要素が有機的に結合したものと定義されている(http://www.soumu.go.jp/main_sosiki/joho_tsusin/top/hoso/pdf/houkokusho.pdf)。

こうした「官の側から」の推進に警戒しつつ、二〇〇〇年日教組教研集会でも情報格差を埋めるためのメディア・リテラシー実践が呼びかけられている。この年、わが国のコンピュータ出荷台数は史上初めてテレビのそれを上回った。

いま、青少年保護とテレビの議論で、官の側からメディア・リテラシーが必要と打ち出されているのは、本末転倒で要注意だ。情報は力だ。情報化社会ではとくに市場原理で情報が流される。アクセスするには個々の経済力が左右し、情報格差をもたらす恐れは大きい。競争原理のなかでもアクセスの基本能力を子どもたちがもてるようにするのが情報化社会の学校教育の大きな役割だと考える。(N2000: 349)

しかし、こうしたメディア・リテラシーの議論は、それほど目新しいものではない。すでに戦前、全国学校放送の開始に際して、西本三十二はラジオの批判的聴取能力の教育を強調していた。

ラヂオを如何に選択するかの教育、ラヂオを如何に聴くかの教育、更にラヂオを如何に批判するかの教育、ラヂオを如何に利用するかの教育といふ事は、将来の初等教育界に於て大いに議論し、研究されなければならぬ重大なる問題となるに違ひない。（西本 1935: 51f）

私たちはラジオ放送やテレビ放送が開始されたとき、地域格差の是正、機会均等の推進という目標が掲げられていたことを、いま一度想起してみる必要があるのではないだろうか。

教養のセイフティ・ネット

結局、自己決定と自己責任に基づく「生涯学習社会」を「格差社会」の同義語としないためには、現在のテレビが情報弱者のメディアであることを直視した上で、「教育テレビ」の発想を「教養テレビ」に組み替えていくことが必要なのではなかろうか。

その際、「教育」と「教養」を分ける現行放送法の枠組みも問い直すべきだろう。たとえば、二〇〇二年二月に中央教育審議会が文部科学大臣に提出した答申「新しい時代における教養教育の在り方について」を見てみよう。ここで教養と教育は二語一想であり、教養は次のように定義されている。

教養とは、個人が社会とかかわり、経験を積み、体系的な知識や知恵を獲得する過程で身に付ける、ものの見方、考え方、価値観の総体ということができる。（略）人には、その成長段階ごとに身に付けなければならない教養がある。それらを、社会での様々な経験、自己との対話等を通じて一つ一つ身に付け、それぞれの内面に自分の生きる座標軸、すなわち行動の基準とそれを支える価値観を構築していかなければならない。教養は、知的な側面のみならず、社会規範意識と倫理性、感性と美意識、主体的に行動する力、バランス感覚、体力や精神力などを含めた総体的な概念としてとらえるべきものである。(http://www.mext.go.jp/b_menu/shingi/chukyo/chukyo0/toushin/020203/020203a.htm#03)

「その成長段階ごとに身に付けなければならない教養」は、学齢期という時間、教室という空間を超えている。この答申は二〇〇七年の学習指導要領全面改訂に反映されたわけだが、こうした教養観の登場は、第三章で論じた「テレビ的教養」を再評価するきっかけにもなるだろうか。

すでに第三章で見たように、活字との比較メディア論からすれば、テレビ的教養とは「スイッチひとつで、選択的な努力を必要とせず、具体例からかみくだいて説明できる考え方」である。だが、「スイッチひとつで、選択的な努力を必要とせず」はテレビ的教養の獲得プロセスを示す形容であり、「具体例からかみくだいて説明できる考え方」、すなわち帰納的・経験的思考と説明能力のほうが重要である。その意味では、テレビ的教養は活字的教養と切り離されたものではない。テレビから活字への可能性も、教養に関する限り開かれている。かつて「教材の水道」(白根 1965: 101)と呼ばれたテレビが、今こそ「教養の水道」となることを切望したい。

「学力崩壊」と「一億総白痴化」リバイバル

しかし、近年の過熱する教育改革論争の中でテレビ悪玉論が再び浮上してきた。『朝日新聞』記事データベースで見ると、「学級崩壊」の登場は一九九七年四月一五日、「学校崩壊」は翌一九九八年二月一四日、「学力崩壊」は一九九九年八月九日である。この一九九九年、岡部恒治ほか編『分数ができない大学生――21世紀の日本が危ない』がベストセラーになっている。そうした流れを受けて、国語学者・大野晋と数学者・上野健爾は『学力があぶない』(二〇〇一年)で次のようなテレビ批判を展開している。

大野　親が本を読んでいないということでいえば、いまの家庭の婦人は朝から晩までおよそテレビと一緒に暮らしているように思う。伴奏音楽のごとくにテレビをつけておいて、何か耳に刺激的な単語が出てくると画面を見る。そして、つまらなくなるとチャンネルを変える。するとたいてい何かあるんです。そういう状態が起きていて、もう字を読まない。まとまったものを読まないという階層が増えていると思います。（略）

上野　たぶんテレビ放送を一年間やめてテレビゲームを全部撤廃したら、教育は完全に変わるでしょうね。子どもは自分たちで遊ばなければいけなくなるから、いろいろな工夫をします。そうすれば今の教育は根本的に変わると思うのですが、それは無理な話ですね。（大野・上野 2001: 240–241）

テレビ批判の対象はさらに低年齢化し、乳幼児の発達とテレビ視聴をめぐる古典的な論争も再燃した。二〇〇四年二月に日本小児科医会はテレビの長時間視聴が子どもの言語発達を遅らせる原因とし、以下の提言をまとめている。

一、二歳までのテレビ・ビデオ視聴は控えましょう
二、授乳中、食事中のテレビ・ビデオの視聴はやめましょう

三、すべてのメディアへ接触する総時間を制限するのが重要です。一日二時間まで、テレビゲームは一日三〇分までを目安と考えます
四、子ども部屋にはテレビ、ビデオ、パソコンを置かないようにしましょう
五、保護者と子どもでメディアを上手に利用するルールを作りましょう(二〇〇四年二月二〇日付『朝日新聞』)

さらに翌三月に日本小児科学会も「長時間一人でテレビやビデオを見ている乳幼児は言葉や社会性の発達が遅れる」と調査結果を発表した(同三月三〇日付『朝日新聞』)。

これに対して同年七月一七日、日本小児神経学会は「言語の遅れがテレビやビデオ視聴のせいだとする十分な科学的根拠はない」と発表している。テレビとの因果関係を断定的に論じるのは、親に不安を与えるだけだと小児科学会の提言に批判的な意見もあるわけだ(同七月一八日付『朝日新聞』)。またNHK放送文化研究所も同年一〇月、言語発達にはテレビ視聴時間よりも、外遊びや絵本を読む時間が影響するとの調査結果を発表した。さらに、二〇〇六年四月にはNHK放送文化研究所は「〝子どもに良い放送〟プロジェクト」(委員長は東京大学名誉教授・小林登)の中間報告で「テレビをみている一歳児に、母親が番組の内容を語りかけると語彙が豊富になる」などテレビの好影響が実証されたとも発表している(二〇〇六年四月二〇日付『朝日新聞』)。

一連のマスコミ報道において「テレビ脳」や「ゲーム脳」という言葉も一般化したが、それは一億総白痴化の主体だった「国民」を「個人」に細分化した議論と見ることもできよう。だとすれば、約半世紀を経たこのテレビ「白痴化」リバイバルは、本質的な矛盾を抱えている。「白痴化」を批判する大人側がすでに「テレビっ子」世代であり、現在も自分の子どもよりテレビを長く見ている世代なのである。二〇〇〇年一〇月の国民生活時間調査によれば、一〇代の平日のテレビ視聴時間は二時間二分であるのに対し、その親世代(四〇代)では男性二時間四三分、女性三時間三四分となっていた。

もちろん、国際的な比較をすれば、日本の中学生のテレビ・ビデオ視聴時間も決して短くはない。国際教育到達度評価学会(オランダ)が二〇〇三年、四六カ国の中学二年生を対象に調べた調査では日本の中学二年生のテレビ・ビデオ視聴時間は二・七時間で最長(平均一・九時間)であった。しかし、世界最長のテレビ視聴時間が学力低下に影響していると考えるべきでもない。数学の平均得点はシンガポール、韓国、香港、台湾に次いで第五位となっているが、第一位のシンガポールもテレビ・ビデオ視聴時間は二・三時間であり、「コンピュータゲーム」一・四時間と足した数字では、日本の三・六時間を凌駕している。さらに「テレビ・ビデオ・ゲーム・インターネット」総計ではシンガポール五・三時間、韓国四・九時間、香港六・三時間、台湾四・五時間、日本四・二時間であり、成績平均と電子メディア接触時間の相関さえも浮上してくる。

いずれにせよ、学力調査からテレビ・ビデオ視聴時間と平均学力の因果関係を論じるよりも、世界トップのテレビ視聴時間をどのように内容豊かにしてゆくかをまずは考えるべきだろう。その意味で、テレビ問題は今なお教育問題である。

エンター・エデュケーションの公共性

二〇〇六年九月一日に小泉純一郎政権の置土産として竹中平蔵総務大臣が公表した「通信・放送分野の改革に関する工程プログラム」では、NHKの娯楽番組削減、すなわち教育・報道局化の流れが示された。その意図は、竹中大臣の私的諮問機関「通信・放送の在り方に関する懇談会」の最終報告案で、次のように述べられている。

娯楽・スポーツ等の制作部門については、公共性が必ずしも高いとは言えないことから、本体から分離して関連子会社と一体化した新たな子会社とし、民間との競争に晒されるようにすべきである。

つまり、民放でも観ることができる娯楽番組やスポーツ番組に、わざわざ公共放送が高い制作費を支出する必要はないとの立場である。個人的には、すでに歴史的使命を終えた「のど自慢」やプロ野球中継のために高い受信料を払いたいとは私も思わない。しかし、二〇〇六年六月二〇日、ＮＨＫは最終報告案にこう反論している。

公共放送の基本的な役割は、多様で良質な番組や生活を支える基本的な情報を視聴者の皆さまにあまねく分け隔てなく届けることにあり、娯楽番組やスポーツ中継であっても、公共放送にふさわしい内容を責任をもって放送することだと考えます。番組の分野によって、公共性が高い、低いが決まるというものではありません。

ＮＨＫの娯楽番組が「良質な番組」かどうかは敢えて問わないが、ＮＨＫ一局で「多様な番組」と「基本的な情報」をすべてカバーできると考えているのなら、それは思い上がりというべきだろう。わが国には「公共放送すなわち受信料制度」という固定観念があるが、世界の公共テレビ放送二九局のうち純粋に受信料収入で経営されているのはＢＢＣ(イギリス)、ＮＨＫを含め七局に過ぎない(武田 2006: 175)。つまり財源が広告料であるか受信料であるかは、放送の公共性にとって本質的な問題ではない。イギリスでは広告料収入のチャンネル４なども「公共放送」と呼ばれるように、私たちも民放とＮＨＫをセットで公共放送と考えるべきなのである。その上でこそ、「視聴者が番組に要求する権利」である受信料によって運営されるＮＨＫの特別な存在価値も見えてくるはずなのである。

だが、NHKの反論で最も問題なのは、番組によって公共性の高低がないと主張していることである。放送法第一〇六条は放送番組を「教養番組又は教育番組並びに報道番組及び娯楽番組」と分類している。でたらめに並べられたとは考えにくく、「教養(教育)—報道—娯楽」の順番こそ公共性の高低を示すものだ、と私は理解している。その点では、市場万能主義的な小泉＝竹中路線の放送改革でも、本当に公共性の高低が正しく評価されていたかどうか、はなはだ疑問である。

そうした経済効率重視の規制緩和政策への不安は、二〇〇六年日教組教研集会におけるNHK関連労働組合連合会議長・新田豊作の基調報告「メディア・リテラシー教育の積み上げ」によく表現されている。

株式会社の学校や放送と通信を融合させる金儲けの事業展開で、本来の「教育」や「放送」の役割を果たせるのか。今こそ、教育や放送の存在理由をあらためて問いかけ、つきつめるときではないか。義務(公)教育とは、放送の公共性とは、と。特に放送は、ジャーナリズムとして、「権力をチェックする」役割を果たしているのか、と。(N2006: 363)

しかし、今さら、とあえていうが、「本来の『教育』や『放送』の役割」を問うことなどはおそらく無意味である。こうした「本来の役割」は何かを改革するためではなく、何もしないための方便として繰り返し論じられてきた。『日本の教育』を一九五三年度分から通読してみた私には、絶えず論じられていた「本来の役割」によって何か生産的な提言が生まれたとは到底思えない。そうした議論とは無関係に、教育国家から生涯学習社会への展開の中で、「教育」も「放送」も機能を変えてきたはずである。

おそらくは、小泉＝竹中の自由化路線の弊害をアピールする口実なのだろう。新田は右の発言にこう続けている。

> 子どもたちの犯罪が増えているのを、テレビが、ゲームが、インターネットが、子どもたちの心身の発達に影響が大だとの懸念が強くなっている。（同）

メディアが子どもの心身の発達に良くも悪くも影響を及ぼすのは自明のことで、ことさら懸念すべきことではない。むしろ、それを「犯罪」と結びつける安直な発想に無批判なことが問題である。メディア史を紐解けば、あらゆるメディアは「ニュー・メディア」と呼ばれた初期段階でその犯罪誘因性において告発された。明治期の「赤新聞」しかり、大正期の「ジゴマ映画」しかり、昭和期の「プロレス番組」しかりである。現実には不可能なことを仮想させる機能において、活字メディアも電子メディアも変わらない。それにもかかわらず、旧世代にとって不気味なニュー・メディアだけが、いつの時代も犯罪の誘因として糾弾されてきた。不気味な新参者に責任を押し付ける発想は、それこそ「権力をチェックする」役割とは正反対ではなかろうか。こうした方向で、メディア・リテラシー教育が積み上げられるべきではない。

では、竹中総務大臣にNHKはどう反論すべきだったのか。

NHKは娯楽番組をすべて「娯楽的教育(エンターー・エデュケーション)番組」または「教育的娯楽(エデュ・テイメント)」(菊江 1994: 199)たる教養番組にする、と宣言すべきであった。文部省放送教育開発センター長・加藤秀俊は「エンターー・エデュケーション」というアメリカの新造語を紹介しつつ、「娯楽」と「教育」を対峙させる放送法体制を批判している。その際、加藤は戦前の「講談社文化」を称揚する。

わたしなどの世代の人間は、昭和初年の大日本雄弁会講談社(現在の講談社)の絵本や雑誌を見たり読んだりして育った。当時の講談社のスローガンは「面白くて為になる」という名文句であった。これはいまふりかえってみてもみごとな表現だとおもう。教育は面白くない、という先入観がいったいどこでどのようにしてうまれたのかは知らない。ひょっとすると、おのれの教育技術の拙劣さを合理化するために日本近代のある時期に教育者たちみずからが、教育というのは面白くない、と断定

したのかもしれない。(H1991-10: 13)

たしかに、私自身を含めて、NHK総合テレビの《大河ドラマ》で歴史好きになった学生の数は、教育テレビの《高校講座・日本史》の視聴者の数百倍、いや数千倍はいるだろう。そう考えれば、「総合テレビ」「教育テレビ」という二本立て体制そのものも問われることになる。

お茶の水女子大学教授・無藤隆は、子どもにとって「教育番組」と「娯楽番組」を分けることに意味があるのかという根源的な問題を提起している。

娯楽番組もそれなりの世間を教えていることは言うまでもない。(略)娯楽番組は特に現代を舞台にしている場合に、今の世の中の様子をどれほど歪んでいようといやおうなく伝えるのである。ちょっとしたドラマでもその背景には、例えば東京の下町であったり、放送局であったり、などの設定があり、描写がある。どんな小道具にせよ今の様子を表さざるを得ない。(H1999-8: 53)

そうした娯楽番組で世間、いや社会、さらに世界を学んできたという確信が私にもある。そこには誇張や偏向があっただろう。それを読み破っていくことが、メディア・リテラシーの実践ではないだろうか。そこに生まれるものが「テレビ的教養」である。それは「教養」「教育」「娯楽」の枠組みを越えて、テレビ放送全体がもつ包容力に着目することである。娯楽 entertainment の原義も、「人々の関心を心地よくとどめること」であった。

もちろん、「心地よい」テレビ的教養は最良の教養ではないだろう。しかし、より多くの人のより良い輿論 public opinion を生み出す公共圏への入場券として、それは必要な教養である。なぜなら、公共圏 public sphere とは万人の参加可能性を前提としており、具体的でわかりやすい、すなわち「心地よい」教養のみが万人に共有可能だからである。そうしたテレビ的教養すら欠いた人々が存在するとすれば、それは民主主義の危機というべきだろう。テレビ的教養は、国民すべてをカバーする教養のセイフティ・ネットとならなくてはならない。最低限の教養を確保するためには選抜と不可分な学校システムよりも、社会的弱者のメディアであるテレビこそ改革や再生が必要だろう。この意味で現代の公共性論は、テレビ的教養論を前提とするべきなのだ。

一億総博知化の夢へ

先に見たように、日本人はテレビ視聴時間でも教育到達度でも世界トップレベルを維持してきた。学力低下論でよく引き合いに出される「ＯＥＣＤ加盟国における生徒の学習到達度」の結果についても別の読み方が可能だろう。日本の順位の下降ばかりが報道されてきたが、テレビ国家・日本が「成績最上位者と最下位者との差が最小の国」であることは、もっと注目されてもよいはずである。

二〇〇〇年調査で日本は読解力はフィンランドに次ぐ二位グループ、数学的応用力では一位グループに入っている。調査結果によると読解力、数学的リテラシー、科学的リテラシーでトップになった国はそれぞれ、フィンランド、日本、韓国。この三カ国は、成績最上位者と最下位者との差が最小の国のグループにも入っている。(N2003: 389)

少なくとも、以下のことは再確認すべきである。すでに半世紀以上にわたりテレビを長時間視聴し続けた結果として、日本人の学力は大きくは低下していない。今後もさらに格差の少ない社会を維持するのであれば、良質なテレビ文化はますます必要である。だとすれば、テレビを観ないことは市民の美徳ではない。本書の冒頭で紹介した松田道雄の庶民的な語り口を再び引用しておきたい。

あんたら、テレビみんといて、いかんいかんいうとってもあかん。テレビで今やっとるもんがええとはいえんけど、これは、みんなでいうたら、ようなる可能性はあると思うにゃ。テレビかて商売や、たんとの家庭で、これはいかんちゅうもんはやっていかれんようになる。せいぜいたんとの家庭でテレビをみて、これはよかった、あれはいかんいうこと投書したらええにゃ。（松田 1961：201）

この『私は二歳』は、いみじくもＮＨＫ教育テレビと日本教育テレビ（現・テレビ朝日）が開局して丸二年が経過して出版された。私たちはテレビを「育児放棄」すべきではなく、見守る必要があるはずである。そのためには、まずテレビをよく読み、よく批判しなければならない。

一方で、テレビ事業者はそうした批判を積極的に求めるべきだろう。「テレビ放送への提言の戦後史」をまとめた津金澤聰廣はこう述べている。

テレビ事業にとって真に危機的な状況とは、じつはテレビ批判が衰弱するときであり、テレビに対する追従と冷笑の蔓延である。（津金澤 1999：2）

「まるで、愛のようだった」テレビが映し出した夢、一億総博知化に、見切りをつけるのはまだ早いのではないだろうか。

引用文献

＊多くの先行研究を参照したが、紙幅の都合もあり文献リストは本文で直接、言及・引用した著作に限定した。無署名の新聞・雑誌記事については本文中に刊行年月日を記載し、ここでは省略した。

相島敏夫（一九五八）「科学教育と放送教材――学校放送の科学番組について」『放送教育』四月号
青木章心ほか（一九五二）「日本のテレヴィジョンに望む」『放送教育』一一月号
赤尾好夫（一九五七）「特性を生かし健康な番組を」『放送教育』一〇月号
秋山隆志郎（一九八一）「学校放送利用の実態と課題」『文研月報』四月号
朝日新聞社編（一九三〇）『朝日民衆講座　第十七輯　テレヴィジョンの話』朝日新聞社
麻生誠（一九七七）「テレビ時代における映像的学力」『放送教育』九月号
アドルノ、T・W（二〇一一）原千史・小田智敏・柿木伸之訳『自律への教育――講演およびヘルムート・ベッカーとの対話　一九五九〜一九六九年』中央公論新社
阿部真之助・西本三十二（一九六二）「これからの教育放送」『放送教育』四月号
網島毅（一九五三）「テレビジョンと教育放送」『放送教育』二月号

有馬哲夫（二〇〇六）『日本テレビとＣＩＡ――発掘された「正力ファイル」』新潮社
有光成徳（一九五六）「農村におけるテレビの集団聴視」『放送教育』一一月号
――（一九六五）「テレビと家庭視聴」『放送教育』三月号
アンダーソン、Ｂ（一九九七）白石さや・白石隆訳『想像の共同体――ナショナリズムの起源と流行』ＮＴＴ出版
飯田豊（二〇〇五）「「放送」以前におけるテレビジョン技術社会史の射程――昭和初期における公開実験の変容をめぐって」『マス・コミュニケーション研究』第六七号
飯塚銀次（一九五八）「教育・教養番組の性格と位置」『放送教育研究集録』第四号
井内慶次郎（一九九七）「回想――視聴覚教育」『視聴覚教育』九月号
五十嵐淳（一九七五）「生涯教育とテレビ」『放送教育』一二月号
池島重信・吉田正・島浦精二（一九六八）「シリーズ座談会　教養番組よもやま」『放送文化』一〇月号
稲増龍夫（一九九二）「子どもとメディア」『放送教育』一月号
猪瀬直樹（一九九〇）『欲望のメディア』小学館
井深大・海後宗臣・森戸辰男・坂西志保（一九六五）「教育の近代化と放送」『放送教育』六月号
井深大・西本三十二（一九七〇）「一九七〇年代の科学技術と教育」『視聴覚年鑑一九七〇年度版』教育家庭新聞社
井深大（一九七一）『幼稚園では遅すぎる』ごま書房
――（一九七九）『０歳からの母親作戦』ごま書房

――（一九八五）『あと半分の教育――心を置き去りにした日本人』ごま書房
岩間英太郎（一九五七）「放送教育推進の一機会」『放送教育』一一月号
――（一九六四）「弱きを助け強きをくじく」『放送教育』一月号
岩本時雄（一九五二）「テレビ放送はどのように準備されつつあるか」『放送教育』七月号
ウィン、M（一九八四）平賀悦子訳『子ども時代を失った子どもたち』サイマル出版会
上野収蔵（一九四二）「戦争と放送技術」『放送研究』一月号
宇佐美昇三（一九七一）「心の働きと番組の構造」『放送教育』一二月号
梅原茂人（一九七三）「遊びの伝承の媒体として」『放送教育』一〇月号
瓜生忠夫（一九六五）『放送産業――その日本における発展の特異性』法政大学出版局
ＮＨＫ放送文化研究所編（二〇〇三）『テレビ視聴の50年』日本放送出版協会
ＮＨＫ世論調査部編（一九八六）『図説　日本人の生活時間〈１９８５〉』日本放送出版協会
大江健三郎（一九六二）『世界の若者たち』新潮社
太田省一・長谷正人編（二〇〇七）『テレビだョ！　全員集合――自作自演の１９７０年代』青弓社
大野晋・上野健爾（二〇〇一）『学力があぶない』岩波新書
大宅壮一（一九五九）『大宅壮一選集七　マス・コミ』筑摩書房
大宅壮一・竹田厳道（一九六〇）「テレビ礼讃」『ＷＥＥＫＬＹ　マス・コミ』新春特別号
岡部恒治・戸瀬信之・西村和雄編（一九九九）『分数ができない大学生――21世紀の日本が危ない』東洋経済新報社

小川一郎（一九四九）「放送教育の前進のために」『放送教育』六月号
小川修三（一九六三）「学校放送と指導行政」『放送教育』五月号
沖吉和祐（一九八八）「今年は生涯学習元年――新しい基本的能力としての情報リテラシー」『放送教育』一月号
奥井智久（一九八四）「放送でやる気をどう育てるか」『放送教育』一〇月号
小田俊策（一九五七）「社会教養番組の方向――一億白痴化の媒体たらざるために」『放送教育』一〇月号
織田守矢編（一九八九）『大学をテレビ世代へ』同文舘出版
海後宗臣（一九四九）「自律教育に於ける放送の性格」『放送教育』四月号
――（一九六三）「日本教育史における放送教育の系譜」『放送教育』五月号
貝塚茂樹・木原健太郎・高木健太郎・林雄二郎・麻生誠（一九七二）「教育改革への提言」『放送教育』一月号
戒能通孝（一九五八）「言論の自由とテレビジョン」『思想』一一月号
カズヌーヴ、J（一九六三）大賀正喜訳『ラジオ・テレビの社会学』文庫クセジュ
片岡輝（一九八六）「子どもの価値観と道徳教育」『放送教育』一月号
加藤秀俊（一九九一）「娯楽と教育のあいだ」『放送教育』一〇月号
金沢覚太郎（一九五九）『テレビジョン――その社会的性格と位置』東京堂
――（一九六三）「はやりことば」『放送教育』七月号
金沢覚太郎編（一九六六）『テレビ放送読本――今日から明日への編成・制作・技術』実日新書

金沢覚太郎（一九七〇）『テレビの良心――情報化社会における課題』東京堂
金子明雄（一九九八）『東京12チャンネルの挑戦――300チャンネル時代への視点』三一書房
金田信一郎（二〇〇六）『テレビはなぜ、つまらなくなったのか――スターで綴るメディア興亡史』日経BP社
上笙一郎（一九六九）『テレビと幼児』明治図書出版
唐津一（一九八八）「教育と情報技術」『放送教育』一〇月号
川上行蔵（一九五五）「創世紀の熱情を再び！」『視聴覚教育』一月号
――（一九五七）「教育テレビの波紋」『放送教育』九月号
――（一九五八）「新しい門途を」『放送教育』四月号
――（一九九四）「昭和20年代の学校放送」『放送教育』四月号
――（一九九四）「教育テレビ局の誕生」『放送教育』五月号
河崎吉紀（二〇〇八）「福祉としての通信教育――勤労青年からひきこもりへ」佐藤卓己・井上義和編『ラーニング・アロン――通信教育のメディア学』新曜社
河澄清編（一九五一）『日本放送史』日本放送協会
神松一三（二〇〇五）『「日本テレビ放送網構想」と正力松太郎』三重大学出版会
菊江賢治（一九九四）「テレビの教育機能」子安増生・山田冨美雄編『ニューメディア時代の子どもたち』有斐閣選書
岸本裕史（一九八一）『見える学力、見えない学力』国民文庫
北村充史（二〇〇七）『テレビは日本人を「バカ」にしたか？――大宅壮一と「一億総白痴化」

の時代』平凡社新書
城戸幡太郎（一九七七）「これからの教育と放送――新しいメディアとしての映像」『放送教育』一二月号
清中喜平（一九八四）「新しい年を迎えて――放送教育'83を総括する」『放送教育』一月号
倉沢剛（一九四四）『総力戦教育の理論』目黒書店
――（一九五六）「新教育を支えるもの」『放送教育』六月号
グリーンフィールド、P・M（一九八六）無藤隆・鈴木寿子訳『子どものこころを育てるテレビ・テレビゲーム・コンピュータ』サイエンス社
甲田和衛（一九九〇）「生涯学習とメディア」『放送教育』二月号
児島和人（二〇〇五）「食卓の風景の変貌からみたメディア・コミュニケーションの諸類型――検証モデルの設定」『専修社会学』第一七号
小平さち子（一九八六）「海外における〝子どもとテレビ〟の関係」『放送教育』八月号
――（一九九七）「教育放送に関する研究の動向と考察――新しい時代の〝教育とメディア〟研究へ向けて」『ＮＨＫ放送文化研究所年報』第四二集
――（二〇〇二）「子どもとテレビ研究・50年の軌跡と考察――今後の研究と議論の展開のために」『ＮＨＫ放送文化研究所年報』第四七集
児玉邦二（一九八九）「遠隔教育と生涯学習をつなぐもの」『放送教育』七月号
――（一九九三）「「やらせ」を考える」『放送教育』四月号
後藤和彦（一九八四）「楽しみの心理学――そのメカニズム　テレビ」『青年心理』一月号

後藤田純生（一九八〇）「ピンクレディの模倣は何をもたらしたか――放送と子どもたちの音楽環境」『放送教育』八月号
小山栄三（一九五三）「輿論形成の手段としてのマス・コミュニケーション」『東京大学新聞研究所紀要』第二号
小山賢市（一九六一）「イタリア賞と「山の分校の記録」」『放送教育』二月号
近藤大生（一九八〇）「子どもにとってテレビとは――情報の消化不良とこれからの問題」『放送教育』八月号
近藤春雄（一九六〇）『現代人の思考と行動』下、文雅堂書店
佐伯信男（一九七四）「教育における放送利用の促進」『放送教育』四月号
佐伯胖（一九九二）「教育における道具と文化――コンピュータが学校に「入ってくる」ということ」『放送教育』一月号
坂村健（一九八六）「電子思考」『放送教育』九月号
坂元昂（一九八六）「メディア教育のすすめ」『放送教育』四月号
佐藤浩一（一九七一）「幼児番組制作者から見た〈セサミ・ストリート〉」『放送教育』一二月号
佐藤卓己（一九九八）「国民化メディアから帝国化メディアへ――文化細分化のメディア史」野田宣雄編『よみがえる帝国――ドイツ史とポスト国民国家』ミネルヴァ書房
――（二〇〇二）『『キング』の時代――国民大衆雑誌の公共性』岩波書店
――（二〇〇四）『言論統制――情報官・鈴木庫三と教育の国防国家』中公新書
――（二〇〇七）「学校放送から「テレビ的教養」へ」『放送メディア研究』第四号

——（二〇一七）『青年の主張——まなざしのメディア史』河出ブックス
佐藤正晴（二〇〇二）「占領期日本の教育改革と学校放送」『武蔵社会学論集　ソシオロジスト』第四号
佐藤泰一郎（一九五〇）「テレヴイジヨンの話」『放送教育』八月号
三宮宇佐彦（一九五七）「視聴覚教材利用の十年」『放送教育』九月号
塩沢茂（一九六七）『放送をつくった人たち』オリオン出版社
志賀信夫（一九七九）『テレビを創った人びと——巨大テレビにした人間群像』日本工業新聞社
——（一九八一）『テレビを創った人びと——巨大テレビにした人間群像Ⅱ』日本工業新聞社
鹿海信也（一九五七）「放送教育と視覚教材」『放送教育』八月号
重松鷹泰（一九八四）「今、学校が取り組むべきことは」『放送教育』八月号
柴田恒郎（一九八九）「ハイビジョンの可能性——ハイビジョンを利用した授業から」『放送教育』三月号
清水幾太郎（一九五八）「テレビジョン時代」『思想』一一月号
主原正夫（一九五三）「視聴覚教育の根本問題」『視聴覚教育』九月号
シュラム、W（一九五四）学習院大学社会学研究室訳「ニュースの本質」『マス・コミュニケーション——マス・メディアの総合的研究』創元社
庄司寿完（一九五二）「テレヴィジョンと教養」『放送教育』三月号
白石信子（一九九五）「子どもたちのテレビ視聴時間」『放送教育』四月号
——（一九九六）「中・高校生にとってテレビとは」『放送教育』一月号

――（一九九六）「幼児と母親とテレビ」『放送教育』二月号
白根孝之（一九三六）『ナチス教育改革の全貌』中和書院
――（一九四〇）『聖戦の書――戦争のロゴスとパトス』モナス
――（一九四三）『大東亜建設と国防教育』第一出版協会
――（一九五一）「社会・家庭・女性」『家庭科教育』一月号
――（一九五一）「現場見学と視覚教具との結びつき」『視聴覚教育』一〇月号
――（一九五五）「現行教科書制度論――未完成検定制度」『カリキュラム』五月号
――（一九五九）『テレビジョン――その教育機能と歴史的使命』アジア出版社
――（一九六二）「テレビ学校放送――民放の立場から」『放送教育』八月号
――（一九六二）『教育と教育学』鏡浦書房
――（一九六四）『教育テレビジョン』国土社
――（一九六五）『テレビの教育性――映像時代への適合』法政大学出版局
――（一九六七）「DAVIとマクルーハニズム」『視聴覚教育』一二月号
――（一九六八）「オール・チャンネル教育放送時代」『視聴覚教育』四月号
――（一九七一）「放送技術の進歩と教育現場」『放送教育』四月号
新堀通也（一九七九）「生涯教育――日本的見解」『現代のエスプリ146　ラーニング・ソサエティ』至文堂
鈴木庫三（一九四〇）『教育の国防国家』目黒書店
鈴木健二（一九七二）「家の中からの告発――テレビを消しなさい」上、『朝日新聞』二月二三日

鈴木常勝（二〇〇七）『紙芝居がやってきた！』河出書房新社
鈴木博（一九五五）「学校放送のあゆみ――学校放送開始二十周年を迎えて」『視聴覚教育』五月号
――（一九七一）「私の見た〈セサミ・ストリート〉」『放送教育』一二月号
鈴木みどり（二〇〇〇）「メディア・リテラシー教育の21世紀へ向けた課題」『放送教育』二月号
青少年と放送に関する専門家会合（一九九九）『青少年と放送に関する専門家会合取りまとめ』同会合
関野嘉雄（一九五六）「AVの人と顔――波多野完治」『視聴覚教育』二月号
全国朝日放送株式会社総務局社史編纂部編（一九八四）『テレビ朝日社史――ファミリー視聴の25年』全国朝日放送
全国放送教育研究会連盟・日本放送教育学会編（一九八六）『放送教育50年――その歩みと展望』日本放送教育協会
――（一九七一）『放送教育大事典』日本放送教育協会
ソニー広報センター（一九九八）『ソニー自叙伝』ワック出版部
高桑康雄（一九八八）「映像視聴能力の育成と放送教育」『放送教育』二月号
高萩竜太郎（一九五七）「テレビジョンと共に育つたこどもたち」『視聴覚教育』八月号
高橋増雄（一九五六）「自作録音教材の交換」『放送教育』六月号
――（一九五七）「アンテナ線」『放送教育』二月号
――（一九六五）「期待される人間像」『放送教育』四月号

高柳健次郎（一九八六）『テレビ事始――イの字が映った日』有斐閣
竹内洋（二〇〇三）『教養主義の没落――変わりゆくエリート学生文化』中公新書
武田徹（二〇〇六）『NHK問題』ちくま新書
武田光弘・佐伯胖・太田次郎ほか（一九八七）「ニューメディアの発達とこれからの放送教育」『放送教育』六月号
武田光弘（一九八七）「〝人間化〟をめざして――一人一人に語りかける学校放送」『放送教育』九月号
竹村健一（一九六七）『マクルーハンの世界――現代文明の本質とその未来像』講談社
多田俊文（一九九〇）「ハイビジョン時代への始動――教育メディアセミナーから」『放送教育』一月号
多チャンネル時代における視聴者と放送に関する懇談会編（一九九七）『放送多チャンネル時代――視聴者中心の放送に向けて』日刊工業新聞社
田所泉（一九九九）『歌くらべ――明治天皇と昭和天皇』創樹社
田中義郎ほか（一九九七）「インターネットが学校になる」『放送教育』一〇月号
田原総一朗（一九八四）『電通』朝日文庫
――（一九九〇）『テレビ仕掛人たちの興亡』講談社
ダワー、J・W（一九九〇）「役に立った戦争――戦時政治経済の遺産」アステイオン・ディダラス国際共同編集『日米の昭和』TBSブリタニカ
津金澤聰廣（一九九九）「テレビ放送への提言の戦後史」津金澤聰廣・田宮武編『テレビ放送へ

の提言』ミネルヴァ書房
辻功（一九六三）「へき地児童に与えるテレビ学校放送の効果」『放送教育』八月号
辻大介（一九九八）「デジタルメディア時代の「学校」」『放送教育』九月号
ディザード、W・P（一九六八）津川秀夫訳『世界のテレビジョン』現代ジャーナリズム出版会
デール、E（一九五〇）有光成徳訳『学習指導における視聴覚的方法』上・下、政経タイムズ
寺脇研（一九九六）『動き始めた教育改革――教育が変われば日本が変わる!!』主婦の友社
――（一九九八）「文部省生涯学習振興課長に聞く！――生涯学習とメディア」『視聴覚教育』九月号
――（二〇〇一）『21世紀の学校はこうなる――〝ゆとり教育〟の本質はこれだ』新潮ＯＨ！文庫
テレビ東京20年史編纂委員会（一九八四）『テレビ東京20年史』テレビ東京
テレビ東京25年史編纂委員会（一九八九）『テレビ東京25年史』テレビ東京
テレビ東京30年史編纂委員会（一九九四）『テレビ東京30年史』テレビ東京
東京大学社会情報研究所編（一九九七）『日本人の情報行動１９９５』東京大学出版会
東京大学大学院情報学環編（二〇〇六）『日本人の情報行動２００５』東京大学出版会
東京通信工業編（一九五六）『東通工10年のあゆみ』東京通信工業
苫米地貢（一九三六）「ラヂオの普及性と普及方法に就て」『教育』一二月号
豊田昭（一九七三）「テレビ実験放送の頃」『放送教育』四月号
仲居宏二（一九九八）「〝Generativity Crisis〟の時代に――平成10年度学校放送番組制作の基本方

針」『放送教育』四月号
永田鉄山（一九三三）「陸軍の教育」『岩波講座　教育科学』第一八冊、岩波書店
中野照海（一九八八）「ICUのころの西本三十二先生」『放送教育』三月号
滑川道夫（一九七七）「見ることから読むことへ」『放送教育』五月号
西田光男（一九六一）「二者択一の考えは危険」『放送教育』二月号
西本三十二（一九三五）『学校放送の理論と実際』目黒書店
――（一九四二）「学校放送戦時体制の展開」『放送研究』一月号
――（一九四三）『放送教育の諸問題』日本放送出版協会
――（一九四九）「新しい放送教育の出発」『放送教育』六月号
西本三十二編（一九五〇）『放送教育精説』日本放送出版協会
西本三十二（一九五二）「放送教育全国大会への期待」『放送教育』一一月号
――（一九五三）「テレビジョンの教育的利用」『放送教育』二月号
――（一九五三）『放送教育の展望――放送教育二十年』東洋館出版社
――（一九五六）「新学年のカリキュラムと学校放送――利用のための一〇項目」『放送教育』四月号
――（一九五六）「エドガー・ディル博士を迎える――その業績とその経歴」『放送教育』七月号
――（一九五七）「教育テレビへの期待」『放送教育』二月号
西本三十二・関野嘉雄・波多野完治（一九五七）「視聴覚教育と放送教育」下、『放送教育』三月

号
西本三十二・富田竹三郎（一九五七）「視聴覚教育の意義――コミュニケーション革命と教育革命」『放送教育』四月号
西本三十二（一九五七）「新しい教育計画と放送教育」『放送教育』八月号
西本三十二・永田清（一九五七）「教育テレビを語る」上・下、『放送教育』一〇・一一月号
西本三十二監修（一九五七）『日本の通信教育――10年の回顧と展望』日本通信教育学会
西本三十二（一九五八）「未来は誰のものか――テレビ教師論」『放送教育』一〇月号
――（一九五九）「テレビチューター論――うつりゆく教師像」『放送教育』五月号
西本三十二・浅沼博（一九六〇）「学校放送25年――愛宕山時代から「原子力時代の物理学」まで」『放送教育』四月号
西本三十二（一九六〇）『テレビ教育論』日本放送教育協会
西本三十二・豊田昭・山下静雄・有光成徳・鰺坂二夫・田中正吾（一九六一）「これからの放送教育――「二十六年目への提言」」『放送教育』一月号
西本三十二（一九六二）「テレビ時代における教師の役割」『放送教育』一〇月号
――（一九六三）「テレビと教育革新」１・２、『放送教育』二・三月号
西本三十二・西本洋一（一九六四）『教育工学』紀伊國屋新書
西本三十二・前田義徳（一九六五）「世界教育放送へのビジョン」『放送教育』四月号
西本三十二（一九六六）『教育の近代化と放送教育――わが国に於ける学校放送の発達と教育近代化についての一考察』日本放送出版協会

――（一九七二）「〈セサミ・ストリート〉と幼児教育」『放送教育』一二月号
西本三十二ほか（一九七二）「放送を核とする総合学習」『放送教育』八月号
西本三十二（一九七三）「一九七三年の放送教育」『放送教育』一月号
西本三十二ほか（一九七五）「放送利用の多様化とは何か」『放送教育』八月号
西本三十二（一九七六）『放送50年外史』上・下、日本放送教育協会
――（一九七六）「巣鴨プリズンと極東軍事裁判」『放送教育』九月号
――（一九七九）「新しい教育の黎明――「放送教育と教師の役割」に寄せて」『放送教育』一月号
西本洋一（一九七二）「テレビ教材独自の機能を生かす」『放送教育』八月号
日本映画教育協会編（一九七八）『視聴覚教育のあゆみ』同協会
日本テレビ放送網株式会社社史編纂室編（一九七八）『大衆とともに25年〈沿革史〉』日本テレビ放送網
日本放送協会編（一九六〇）『学校放送25年の歩み』日本放送教育協会
――（一九六五）『日本放送史』上・下、日本放送出版協会
――（二〇〇一）『20世紀放送史』上・下、日本放送出版協会
日本民間放送連盟放送研究所編（一九六六）「番組分類の方法――放送の実態を把握するための序説」『民放研究所紀要』第二号
野口悠紀雄（一九九五）『１９４０年体制――さらば「戦時経済」』東洋経済新報社
野田秀春（一九五七）「新テレビ・チャンネル決定まで」『放送教育』八月号

――（一九五七）「テンヤワンヤのテレビ免許」『放送教育』九月号
橋元良明（一九九二）「「電脳社会」のRAM人間――電子コミュニケーションがうむパーソナリティ」『ポップ・コミュニケーション全書――カルトからカラオケまでニッポン「新」現象を解明する』PARCO出版局
波多野完治（一九五五）「視聴覚教育雑感」『カリキュラム』六月号
――（一九五八）「テレビジョンと教育」『思想』一一月号
――（一九六一）「テレビっ子」『放送教育』七月号
――（一九六三）『テレビ教育の心理学』日本放送教育協会
――（一九六三）「西本三十二著「テレビ教育展望」を読んで」『放送教育』八月号
――（一九六四）「アメリカ国民と教育テレビ」『放送教育』二月号
――（一九六七）『社会教育の新しい方向』日本ユネスコ国内委員会
波多野完治・馬場四郎・後藤和彦・大内茂男（一九六八）「マスコミ理論と放送教育」『放送文化』一〇月号
波多野完治（一九七二）「今日のコミュニケーションと教育」『視聴覚教育』一〇月号
――（一九八二）「教育思潮と放送教育」『放送教育』四月号
――（一九九五）「「西本・山下論争」を考える」『放送教育』五月号
服部桂（二〇〇一）「放送の終焉？」ブリンクリー、J、浜野保樹・服部桂訳『デジタルテレビ日米戦争――国家と業界のエゴが「世界標準」を生む構図』アスキー
パットナム、R・D（二〇〇六）柴内康文訳『孤独なボウリング――米国コミュニティの崩壊と

再生』柏書房
浜野保樹（一九八九）「メディアを消すメディア・ハイパーメディア」『放送教育』三月号
早坂茂三（一九九三）『田中角栄回想録』集英社文庫
原克（二〇〇三）『悪魔の発明と大衆操作――メディア全体主義の誕生』集英社新書
ハーリー、J（一九九二）西村辨作・新美明夫訳『滅びゆく思考力――子どもたちの脳が変わる』大修館書店
日高第四郎（一九五三）「テレビジョンと教育」『放送教育』二月号
平林初之輔（一九七五）「テレヴイジョン大学」『平林初之輔文藝評論全集』下、文泉堂書店
フィスク&ハートレー（一九九一）池村六郎訳『テレビを〈読む〉』未來社
深瀬槇雄（一九九七）「これからの教育とメディア」『放送教育』一月号
藤岡英雄（二〇〇五）『学びのメディアとしての放送――放送利用個人学習の研究』学文社
藤田圭一（一九六九）『素顔の放送史』新日本出版社
藤竹暁（一九八五）『テレビメディアの社会力――マジックボックスを解読する』有斐閣選書
藤原和博（二〇〇一）『お金じゃ買えない。』ちくま文庫
布留武郎（一九四七）「教室のラジオ――統計の観察」『放送教育』四月号
――（一九五七）「テレビと子どもの生活」『放送教育』一〇月号
――（一九六三）「「テレビと青少年」調査の系譜」、マレッケ、G、NHK放送学研究室訳『青年の生活とテレビジョン――ハンブルク大学ハンス・ブレドウ放送研究所による調査と研究』日本放送出版協会

――（一九七九）「幻の観艦式」『視聴覚教育』一月号
古田尚輝（一九九八）「教育波から文化・生涯学習波へ――教育テレビ40年　編成の分析」『放送教育と調査』一二月号
――（一九九九）「教育テレビ40年　学校教育番組の変遷　その2――通信講座番組」『放送教育と調査』八月号
ペーターゼン、P（一九四三）大日方勝訳『現代の教育学――新教育科学・教育学便覧』刀江書院
放送番組センター（一九七〇・九）『「教養番組」に対する視聴者の意識調査』放送番組センター
――（一九七一・五）『「教養番組」制作者の意識調査』放送番組センター
――（一九七一・一〇）『「教養番組」をめぐる視聴者、制作者の意識の分析』放送番組センター
ポストマン、N（一九八五）小柴一訳『子どもはもういない――教育と文化への警告』新樹社
堀江固功（一九九二）「教科の論理と放送の論理2――学校放送・原点からの点検」『放送教育』三月号
――（二〇〇〇）「歴史のなかに検証する教育と放送」『放送教育』九月号
堀川直義（一九六〇）「テレビと教養」波多野完治編『現代テレビ講座』第六巻、ダヴィッド社
本田毅（一九九二）「スーパーマリオ的授業のすすめ」『放送教育』六月号
槇尾年正（一九二七）「驚くべき無線遠視の発明」『キング』一〇月号
マクルーハン、M（一九六七）後藤和彦ほか訳『人間拡張の原理』竹内書店
マクルーハン、M&カーペンター、E（二〇〇三）大前正臣・後藤和彦訳『マクルーハン理論

――電子メディアの可能性』平凡社ライブラリー
松下圭一（一九八六）『社会教育の終焉』筑摩書房
松田浩（一九八〇）『ドキュメント　放送戦後史Ⅰ――知られざるその軌跡』双柿舎
松田道雄（一九六一）『私は二歳』岩波新書
松村敏弘（一九七三）「テレビ番組から見た子どもの意識」『放送教育』一月号
――（一九七三）「放送における教育」『放送教育』一二月号
三木清（一九六七）「学生に就いて」『三木清全集』第一三巻、岩波書店
三國一朗（一九八〇）「実説〝一億総白痴化〟事件」『別冊小説新潮』一〇月号
水越敏行（一九七六）「奈良大会への七つの注文」『放送教育』二月号
水野正次（一九五三）「日本放送聴視者連盟設立趣意書」『放送評論』一〇月号
――（一九五五）「日本放送聴視者連盟創立三周年を迎えて」『放送評論』四月号
――（一九五七）『マス・コミへの抵抗』虎書房
――（一九五八）『テレビ――その功罪』三一新書
宮永次雄（一九八八）「追悼・西本三十二先生」『視聴覚教育』二月号
宮原誠一（一九四三）『文化政策論稿』新経済社
――（一九四九）『教育と社会』金子書房
宮原誠一・川上行蔵・西本三十二（一九五四）「放送教育を展望する」『放送教育』四月号
宮原誠一（一九五五）「放送教育らしくないということ」『放送教育』六月号
――（一九六〇）「悪風残夢」『放送教育』一〇月号

無藤隆編（一九八七）『テレビと子どもの発達』東京大学出版会
無藤隆（一九九一）「ハイビジョンは教育にどう役立つか」『放送教育』一二月号
――（一九九九）「テレビのもつ情報・教養機能」『放送教育』八月号
村上聖一（二〇一一）「番組調和原則　法改正で問い直される機能――制度化の理念と運用の実態」『放送研究と調査』二月号
室伏高信（一九五八）『テレビと正力』大日本雄弁会講談社
盛田昭夫（一九五五）「我が国の録音機の現況と将来」『放送教育研究集録』第一号
――（一九五六）「トランジスタ工業と放送教育」『放送教育研究集録』第二号
――（一九六六）『学歴無用論』文藝春秋
森戸辰男・内藤誉三郎・春日由三・西本三十二（一九六四）「学校放送の課題と未来像」『放送教育』一月号
文部省視聴覚教育課（一九五七）「テレビジョンと教育」『放送教育』一〇月号
八重樫克羅（一九八九）「新年度番組の基本構想」『放送教育』四月号
山口勝寿（一九七二）「教育の生産性を高める」『放送教育』九月号
山崎省吾（一九五一）「テレヴィジョンの教育的参加」『放送教育』九月号
山崎正和（二〇〇七）『文明としての教育』新潮新書
山下静雄（一九四〇）「皇国の使命と青年学徒」『教学局叢書特輯』
――（一九五八）「教育の生産性と放送教材」『放送教育』五月号
――（一九七八）「「ナマ」の次に崩れるのは何か」『放送教育』二月号

――（一九八四）『また記す――山下静雄先生遺稿集』山下静雄先生遺稿集刊行会
山之内靖・成田龍一・コシュマン、V編（一九九五）『総力戦と現代化』柏書房
山吉長（一九六四）「娯楽の中に教養を求めて」『放送教育』二月号
湯川秀樹・西本三十二（一九七二）「人間教育と放送」『放送教育』一月号
横瀬富士子（一九八一）「生徒のテレビ視聴の実態――中学校の場合」『放送教育』七月号
吉田行範ほか（一九九〇）「故高橋増雄さんと放送教育」『放送教育』七月号
吉田圭一郎（二〇〇〇）「10年後の教室は？」『放送教育』一〇月号
吉見俊哉（二〇〇三）「テレビが家にやって来た――テレビの空間　テレビの時間」『思想』一二月号
吉村喜好（一九六一）「テレビにも教師の位置を」『放送教育』二月号
讀賣テレビ放送株式会社編（一九七二）「教養番組の意味」『テレビ番組論――見る体験の社会心理史』讀賣テレビ放送
リンクス、W（一九六七）山本透訳『第五の壁　テレビ』東京創元新社
レーニン全集刊行委員会編（一九五九）「無線工学の発展についてイ・ヴェ・スターリンにあてた手紙」『レーニン全集』第三三巻、大月書店
渡辺彰（一九四三）「国體本義透徹の教育施設」伊藤忠好編『大東亜建設と国民学校教育』玉川学園出版部
――（一九六九）『現代TV教育論――現場実践の立場から』新光閣書店

あとがき

本書を含む「日本の〈現代〉」シリーズの企画を編者の猪木武徳先生からお伺いして、すでに四年が経過している。私は二〇〇四年四月国際日本文化研究センターから京都大学大学院教育学研究科に移り、メディアと教育の問題に本格的に取り組み始めた。娯楽や報道にスポットを当てることの多いテレビ史を、教育・教養の視点から書き改める試みは魅力的に思えた。

しかし、二〇〇三年末には東京、大阪などでの地上デジタル放送が開始され、二〇〇五年のライブドア騒動、NHK不祥事などを契機とした放送法改正問題などが続発し、テレビを取り巻く社会的状況はこの間に激変した。また、二〇〇二年から全面実施された「ゆとり」中心の学習指導要領の帰結が、「学力崩壊」として社会問題化している。そうしたリアルタイムの問題関心に引きずられて、本書の構想は何度も書き改められた。私の目には、教育の危機がテレビ放送の危機と二重写しに映っていた。正直いえば、これほど執筆に苦労しようとは思わなかった。

書き上げてみて、ようやく気がついたことがある。本書のテーマは前著『言論統制

――情報官・鈴木庫三と教育の国防国家』(中公新書・二〇〇四年)に接続している、と。同書の主人公・鈴木庫三少佐は、陸軍派遣学生として東京帝国大学で教育学を学んだ異色の軍人である。本書でも西本三十二の自伝に登場している(本書五〇—五一頁参照)。敗戦後、阿蘇に引きこもった鈴木は公職追放が解除されると、大津町公民館長として農村の青年や主婦を対象に社会教育を続けていた。同書の結びの一節を引用させていただきたい。この自問を、私はその後も忘れることができなかった。

この稀有な教育将校は、その後、高度経済成長に邁進する戦後日本をやはり憂いつつ亡くなったのだろうか。一九五五年に五〇%を超えた高校進学率はその後も急上昇を続け、建前としては貧富の差なく高等教育を受ける機会を保障された大衆教育システムができつつあった。はたして、彼が夢見た「誰でも教育を受けられる国」は実現した。だが一方で、国民大衆の進学熱はそれまで一部の富裕階層の「地獄」だった受験勉強を、国民総動員の「戦争」へと変えていった。戦前から使われた「受験地獄」に代り「受験戦争」という新語が登場したのは、ちょうど鈴木が没する一九六〇年代半ばである。「教育の国防国家」を説いた教育将校の目には、それはどのように映っていただろうか。そして、二一世紀の日本。ゆとり教育の下で「受験戦争」は過去の記憶となり、戦中から続いた平等主義の「教育国家」は、大きな曲がり角にさしかかっている。努力はダサく、知識よりも趣味が評価される現代日本で、大志とともに青少年から喧嘩の気概も失われている。鈴木少佐の悲願であった「教育国家」はこのまま終焉を迎えるのであろうか。（佐藤 2004: 408f）

さらにいえば、一九六〇年生まれの私は、それこそ生まれた瞬間からテレビに接していた生粋のテレビっ子であり、本書の記述は自我形成のプロセスを抉《えぐ》り出す、いささかほろ苦さを伴う作業であった。もちろん、近年の大ヒット映画《ALWAYS 三丁目の夕日》のような「テレビが家にやってきた」という思い出に(私の世代ではカラーテレビの記憶だが)、ノスタルジーを感じないわけではない。だがそうした郷愁を極力排して、本書では同時代資料を検討することに努めた。そのため、私は書庫にこもり『日本の教育』『放送教育』『視聴覚教育』の全巻に目を通した。いずれも半世紀以上続いた機関誌だが、教育学の勉強を兼ねて創刊号から丹念に読み進んでいった。

タイトルの「テレビ的教養」という言葉は、直接には『「教養番組」に対する視聴者の意識調査』(放送番組センター・一九七〇年)の「テレビ的教養観」に由来する。この調査報告書にめぐり合い、その企画・実施・分析者の中に竹内郁郎、児島和人両先生の名前を見たときは、本当に運命的なものを感じた。

一九八九年ドイツ留学から帰国した私を学術振興会特別研究員として東京大学新聞研

究所に受け入れてくださったのは竹内郁郎先生であり、その演習で輪読したJ・メイロウィッツ『場所感の喪失』(原著は一九八五年)は私のテレビ論の出発点となった。また、ドイツ史研究者だった私は、児島先生のゼミでメディア調査理論を初めて学んだ。児島先生には『現代社会とメディア・家族・世代』(新曜社・二〇〇八年)に「「放送教育」の時代――もうひとつの放送文化史」を執筆する機会を与えていただいた。それは本書の基本的枠組みをなす論文である。また当時、新聞研究所客員教授でおられた津金澤聰廣先生には、その後多くの共同研究でご指導いただいたが、今回も放送と教育に関する貴重な文献を数多く御恵贈いただいた。私は本書を手にするたびに、先生方の学恩を思い出すことになるだろう。

また、学校放送に関する部分は、拙稿「学校放送から「テレビ的教養」へ」『放送メディア研究』(NHK放送文化研究所)第四号・二〇〇七年三月号の内容を踏まえている。さらに通信放送教育に関する部分は、サントリー文化財団の研究助成研究「通信教育のメディア学的研究」(二〇〇四―二〇〇五年度・研究代表者・佐藤卓己)の研究成果である拙稿「「放送=通信」教育の時代――国防教育国家から生涯学習社会へ」(佐藤卓己・井上義和編『ラーニング・アロン――通信教育のメディア学』二〇〇八年・新曜社)を活用している。その他本書の内容に関わる既出論文としては、「再び〝一億総博知化〟へ」『新・調査情報』(TBS)六三号・二〇〇七年一月号、「テレビは世論製造機か?――「一億総白痴化」

再考」『熱風』(スタジオジブリ)二〇〇七年三月号などもある。いずれも全面的に加筆して第二章の骨子となっている。それぞれ担当いただいた編集者の皆様には特に感謝申し上げたい。私にとって教育学はまだまだ新鮮な領域であり、思わぬ誤解やミスがあろうかと心配している。ご指摘、ご教示を賜れば幸いである。

なお、本書全体は日本学術振興会科学研究費補助金(基盤C)「放送メディア教育の成立と展開」(二〇〇六—二〇〇八年度・研究代表者・佐藤卓己)の成果である。同科研の分担者でもある妻・八寿子は、草稿に鋭い批評と適切な助言をしてくれた。

最後に編者の猪木武徳先生、NTT出版編集部の宮崎志乃さんには原稿の遅れで大変ご心配をおかけしたが、いつも温かく見守っていただいた。本当にありがとうございました。

二〇〇八年三月

佐藤卓己

岩波現代文庫版あとがき
――「テレビの未来へ進むためのバックミラー」

一九五九年に始まった日本の教育テレビ体制が「還暦」を迎える二〇一九年に、本書が装いも新たに文庫として、新たな読者の前に再登場することをまず喜びたい。

「日本の〈現代〉」シリーズの一冊として二〇〇八年に刊行された本書は、「メディア論すなわちメディア史」、つまり「テレビ論すなわちテレビ史」を強く意識して執筆された。インターネット利用の動画配信ビジネス(OTT＝Over The Top)やテクノロジー教育EdTech(Education×Technology)など、本書刊行以後の「新しい」動向について言及がないことに不満をおぼえる読者もいるだろう。しかし、私はあえて今回の文庫化でそうした「現在」の増補を行っていない。それは「メディア論はメディア史である」という信念からである。

そもそもニュー・メディアが「新しい」メディアである理由は、まだその文法が確立していないためである。「新しい」文法を理解するためには過去のメディア編成の文法を知ることが不可欠である。それゆえに、マクルーハンをはじめとする優れたメディア論者はほぼすべてメディア史家だった。私たちがいま直面しているデジタル情報社会へも、「バックミラーを覗きながら前進する」しかないのである。本書はテレビの未来へ進むためのバックミラーといえる。

むろん、若者を中心とする「テレビ離れ」がインターネット普及とともに加速化している事実は重く受けとめるべきだろう。ただし、「テレビ受信機離れ」が「テレビ文化衰退」をストレートに意味するわけではない。今日のテレビはもはや独立のメディアではなく、やがてインターネットの「テレビ機能」に集約されるはずである。自宅のスクリーンで見ていた番組の続きをスマホで見ながら通勤し、職場に到着後デスク上のパソコンで残りを見るという途切れのない連続的なテレビ視聴もすでに行われている。テレビがインターネットの一機能、しかも重要な機能になるからこそ、インターネットを「集合痴」ではなく「集合知」のメディアにするために、いま初期テレビのビジョン、「テレビ的教養」を振り返ることが必要なのだ。

「テレビ的教養」という言葉は、旧版の「あとがき」にもあるように、一九七〇年刊行の視聴者調査報告書に登場した言葉である。とはいえ、その報告書に出会う以前に、私はこの言葉をタイトルにすることを決めていた。それには解説を執筆いただいた藤竹暁先生をふくめ「放送人」出身のテレビ研究者の人間的魅力、特に教師的情熱に接した経験も無視できない。梅棹忠夫は「放送人、偉大なアマチュア――この新しい職業集団の人間学的考察」『放送朝日』一九六一年一〇月号で、初期のテレビ放送事業を「聖職の産業化」、放送人を「モダン聖職者」として評していた。

> わたしは、従来の職業のなかで放送人にいちばんよく似ているのは、学校の先生だとおもう。学校の先生は、教育という仕事にひじょうな創造的エネルギーをそそぎこむわけだが、しかし、その社会的効果というものは検証がはなはだ困難である。かれがつくっているのはものではない。ひとである。しかし、りっぱな人間ができたからといって、特定の教師の、特定の教育的努力の効果であるかどうかは、はなはだはっきりしない。効果はしばしば、上級学校入学率のようなものでかんがえられることになるが、それはテレビの視聴率みたいなもので、効果の内容についてはなにごとをもおしえない。教師の社会的存立をささえている論理の回路を完結させるものは、やはり教育内容の文化性に対する確信以外にはないのである。（『梅棹忠夫著作集』第一四巻一四頁、中央公論社、一九九一年）

もちろん、現在の放送人が、あるいは学校の教師も、梅棹がいう「創造的エネルギー」と「文化性」の期待に応えているかどうか、それは改めて問うべき課題ではある。ちなみに、私は現在、毎日放送番組審議会委員長を務めているが、その限りでは梅棹の議論が古いと感じることは少ない。

第一章の冒頭(本書二六―二七頁)で、私はテレビ文化への知的関心の衰弱と、それがもたらすテレビ史研究の停滞を危惧していたが、研究レベルではその不安は薄らいできた。そうした旧版後の成果をここに取り込むことはできなかった。私の書架に並ぶ単著だけでも、古田尚輝『「鉄腕アトム」の時代――映像産業の攻防』(世界思想社、二〇〇九年)、赤上裕幸『ポスト活字の考古学――「活映」のメディア史1911-1958』(柏書房、二〇一三年)、有馬哲夫『こうしてテレビは始まった――占領・冷戦・再軍備のはざまで』(ミネルヴァ書房、二〇一三年)、飯田豊『テレビが見世物だったころ――初期テレビジョンの考古学』(青弓社、二〇一六年)、村上聖一『戦後日本の放送規制』(日本評論社、二〇一六年)、北浦寛之『テレビ成長期の日本映画――メディア間交渉のなかのドラマ』(名古屋大学出版会、二〇一八年)、武田徹『井深大――生活に革命を』(ミネルヴァ書房、二〇一八年)など、本書の問題意識とつながる研究成果は少なくない。

文庫化にあたり、京都大学大学院教育学研究科で商業教育専門局の博士論文を執筆中の木下浩一さんに原稿のチェックをお願いした。最後に、スマートな文庫に仕上げていただいた岩波書店編集部の堀由貴子さんに感謝したい。

二〇一八年一〇月

佐藤卓己

解説　テレビに何を期待できるか

藤竹　暁

佐藤卓己さんが書いた本書『テレビ的教養』は、テレビメディアに宿る特質を、明らかにしたものである。著者は、放送による国民教育に関する研究者、理論家たちが、戦前、戦中、戦後に展開した言論と行動を、日本放送史を紐どきながら丹念に追跡して、その連続性を明らかにした。本書は、日本の放送研究において、メディアによる教育の可能性に焦点を当て、教育を語りつつ、日本のテレビ文化の本質に迫った、類を見ない業績である。

現代においては、テレビと人間の関係は大きく変わってしまった。かつて日本人にとってテレビは、茶の間に家族が集まり、一緒に楽しむメディアであった。当時、家族の人々はテレビ番組を見ることを通して、お互いに世の中の動きに接しているという感覚を味わっていた。テレビを家庭で一緒に見ることは、世代を越え、さまざまな社会的階層を越えて、同じ〝文化〟に接することを意味し、体験を共有することであった。日本人が現実に日常生活の中で体験している階層差を越えて、共有のテレビ体験がまず先行し、その後を日本の目覚ましい経済成長によって埋め合わせる、豊かな生活の平準化が日本社会で進行したのが、テレビ時代であった。しかし今日では、テレビをめぐる様相は変わり、テレビの力は、こうした意味では稀薄化している。

われわれには、家族で一緒にテレビを見て楽しむという日常は、稀少なものになってしまっている。まず、CS放送(通信衛星を利用した放送)の登場によって、チャンネルはたくさんの数になってしまい、契約したもの以外は思い出すのに苦労する。また録画の方式も簡便化して、かつ保存も簡単である。設定さえすれば、いつでも、どこでも見ることができる。放送時間に縛られることはなくなった。見逃せば、オンデマンドで視聴する方式もある。そしてパソコンでもスマートフォンでも見ることができる。いまやテレビはいろいろな情報機器の一つにすぎない。

本書で著者は、テレビは一億総白痴化を進めるのか、それとも一億総博知化をもたらすのかという大問題に挑戦し、「テレビ的教養」という考え方を提起した。本書を読み返すと、著者の志は、テレビ時代の最盛期において、またその後にやってくる時代において、果たしてテレビはどのような形で、著者の提起するテレビ的教養を生み出すことができるのかを視野に入れている。厖大な見通しを持った理論展開である。

著者の研究姿勢は、国家による国民の意識形成において、メディアが演じる働きを洗い出すことに繋がっている。一方の極には、国家権力が行う言論統制とプロパガンダによる、国民の教化(教育)という方式が考えられる。ところが全体主義的国家が支配する状況ではなく、現代における民主主義国家でも、国家は何とかして好ましい方向に国民意識を誘導しようと、メディアを利用して、目立たず、ソフトに、しかし絶えず努力を惜しまない。メディアと国家との関係は、常に、この両極のどこかに位置づけられよう。

ラジオが荷担した一億総動員化への試み

さて著者は、彼の志を実現するために、いままで娯楽や報道を中心に語られがちであったテレビ史を、教育・教養の視点から書き改めるという斬新な企てに挑戦した。著者はこの試みを「魅力的」と表現しているが、本書を読み始めると、読者もこの魅力的な作業に引き込まれてしまうであろう。読者は冒頭から、いままでのテレビ史とは違った切り口で、日本人にとってテレビとは何であったのかを、考える旅に導かれる。

まず、日本におけるテレビ放送の前史となるテレビの実験期とラジオの普及期において、教育・教養の視点から、これらのメディアに寄せられた期待とその実現過程を明らかにする。それは、新しいメディアが社会に登場すると、人間はそのメディアの持つ可能性に対してどのような願いを寄せるのかということの解明に繋がる。こうして人々がラジオとテレビに抱いた、〝知識〟の普及への期待が分析される。ラジオという新しいメディアの出現は、社会における基礎教育を充実、発展させる、見逃すことのできない手段としての期待と強い関心を、日本社会に呼び起こしたのである。

日本のラジオの成長は、放送が国家目標を達成する手段として、日本社会に組み込まれる経緯であった。日本のラジオの出発は、著者の命名によると、「国民教化メディアの一九二五年体制」の成立に集約される。この言葉が語っている放送の使命は、ラジオの登場期であった一九二〇年代からテレビが成熟期を迎える七〇年代までの、二〇世紀であることを最も鮮明に記憶させた時代の、放送活動を性格づける暗黙の基本理念であった。著者はこの時期を本書の分析対象としている。

放送というメディアが秘めていた特性は、放送という活動自体が、人々の生活を規定し、放送のリズムによって規律づける作用を果たす点に求められる。それはまず、ラジオ放送の初期に、放送局員たちがどうしたら一日を切れ目なく放送し続けられるかに、懸命であったことに示されている。放送局員たちのこうした努力は、まず一日を単位として、さらに曜日の性格に応じて、一週間を単位として、どのように、そしていかに整然と番組を配置し、放送するかに注がれた。

このことは、放送の生み出すリズムが、人々の日常生活のリズムを規定することを示している。放送においては、番組編成の作業が生命であることが了解できよう。したがって、日本人の生活に新しいリズムを作り上げようとすれば、まず編成に手を加えなければならない。日本人の生活リズムを規律した好例は、一九二八年に定着した「ラジオ体操」であった。「ラジオ体操」は翌年から、日曜祝祭日を除いた毎早朝、全国中継で放送された定時番組となった。一日の始まりを告げる「ラジオ体操」は日本で初めて最もポピュラーな番組となり、さらに「ラジオ体操の歌」がつくられた。「ラジオ体操」は、日本人にとっては最初の全国的な共有体験であり、国民的な規模でラジオ体操に参加する人々は、同じリズムに乗って身体を動かしたのである。まさにラジオは、「国民教化メディア」としての特性を発揮したのであった。ラジオ体操は、戦前における日本のシンボリックな毎日の事件として作用したといっても、過言ではない。

戦前のNHKの放送体制が持っていた番組編成における几帳面さと、ラジオを通しての国民の教化とが結びついて、ラジオは国民の日常生活を規律あるものに導いたのである。日本のラジオは当初から、一日の時間の流れの中に、ラジオ番組を規律正しく、どのように位置づけるかに大きな関心を払っていた。定められた番組単位の時間数を厳守することによって、実効性あるものとすることのできる番組編成の基本原則は、日本人にラジオ番組に基づく時間意識を生み出し、定着させることになった。

今日ではほとんど注目されなくなった時間意識であるが、戦前、戦中、そして戦後もテレビの成熟期まで、日本人は番組が始まる時間で、生活の区切りを意識していた。朝のニュースは仕事始めの合図であったし、正午のニュースはお昼の合図であった。夕方のニュースは夕食の合図であり、家族の集合時間を意味した。朝のラジオ体操の時間は、近所の人たちの集合時間であった。こうして、一日の番組の配置、そして週間の番組配置は、日本人の生活習慣を生み出していった。しかし繰り返すように、今日では、日本人の生活におけるラジオとテレビの比重の低下は、放送が生み出す時間意識としての作用を過去のものとしてしまっている。

ラジオによる学校放送は、こうした戦前、戦中の時間意識を底流にして、総動員体制による「一億総動員」に不可欠な柱となった。一方では、ラジオの時間が人々の意識を番組に注目させ、その行動を規律し、他方では、ラジオの普及によって日本人の間に共通の生活空間を体験する機会が生まれ、ラジオによって今までは無縁であった日本各地の事情を知ることになった。人々の共有経験が生み出した生活意識の平準化である。生活意識の平準化は、ラジオを通しての学校教育において、全国共通の教育体験を形成することを容易にした。同じ体験を持った〝国民〟の形成である。

そしてそれは、本書の大きな流れを要約した、著者の次の言葉に集約できる。ラジオが荷担した一億総動員化への試みは、「戦争民主主義に続く占領民主主義を経て「一億総中流化」を推進した」(傍点は著者)過程へとつながった(序章)。

この経緯を検証するために著者は、放送教育関係者の間で基本的な文献とされてきた日本放送教育協会の月刊機関誌『放送教育』を一九四九年の創刊号から二〇〇〇年一〇月の休刊号までと、日本教職員組合(日教組)が毎年開催する教育研究全国集会(教研集会)

の報告書『日本の教育』を一九五三年創刊号から本書執筆当時まで、徹底的に渉猟した。そして教育現場の空気をくみ取りながら、日本におけるテレビ普及の展開過程で、国と推進者たちが、どのような想いを持って、放送教育を完成させようとしたのかの軌跡を、鮮やかに描くことに成功したのである。

この作業は、ともすれば研究者たちが見落としがちな現場の教師と推進者たちとの交流を、放送教育普及のそれぞれの段階において、その紆余曲折をくみ取ろうとした点で優れている。ただ放送教育普及のプロセスを描くのではなく、また放送教育理論の展開を追うだけでもなく、教師たちの必読文献である『放送教育』と、彼らの代表が参加して討論した教研集会の記録である『日本の教育』を、時系列で追うことによって、当時の現場の雰囲気を肌で摑もうと努力したことが、本書の厚みとなった。

教育放送の本当の主導者

著者の発見は、戦前と戦後における放送教育運動の連続性であった。著者は「戦時下で放送教育にたずさわった研究者、理論家が、GHQ占領下で民主教育の指導者になるプロセス」を指摘する(序章)。これはきわめて重要な発見である。ここで中学校一年生の時に敗戦を迎えた私の個人的体験を語ることを許していただきたい。私の小学校時代の先生は、軍国教育に熱心で、それを学校の特色のようになさっておられた。父兄の間では厳格な教育者であると評判でもあった。私は敗戦後わずか数年たって、その先生が民主教育に熱心であったとして表彰されたことを新聞で知った。尊敬していた先生が教育方針を鮮やかに転進なさったことに、私は目を見張ったことを思い出す。

　教育は、国家の方針に従って教育装置に従事する教員が行うものであるという前提に立つとすれば、社会変動によって国家の教育方針が変われば、教員は新しい方針に従うことになるわけで、熱心な軍国主義教育者は、熱心な民主主義教育者になるということなのかもしれない。こうした点でも、「戦時下で放送教育にたずさわった研究者、理論家が、GHQ占領下で民主教育の指導者になる」という著者の発見は、重い響きを持って語りかけてくるだろう。

　興味深い点は、著者が述べているように、「放送教育の父」と呼ばれた西本三十二《みとじ》が、敗戦までNHKの職員であり、かつ彼によって戦時教育の革新がなされたことである。まず西本は、一九三三年九月から、全国放送に先駆けて大阪中央放送局で放送開始した「学校向けラジオ放送」を担当した。日本の放送教育は、西本によって産声《うぶごえ》を上げたのである。西本は当時、大阪中央放送局の社会教育課長であり、以後、西本は戦中、そして戦後に公職追放となりNHKを去るまで、NHKの現場にあって教育放送の制作においても、さらに理論的な指導者として活動した。その後も、西本は放送教育の第一人者であり続けた。

西本の経歴が明らかにしているように、実際に学校放送の番組を制作する主体であったNHKが、日本の放送運動を動かしていたことに注目したい。放送教育を促進するためには、現場の教師が参加し、支えることが不可欠である。NHKは各地方放送局を通じて、放送教育の必要性を理解し、現場で放送教育を実践する教師を発掘し、育成し、教育現場での実践者を支援し続けた。こうした教育状況を作るうえで、NHKはラジオ放送の初期において、すでに東京中央放送局を中心にして、南は九州、北は北海道までの全国放送網の基幹線を完成させ、全国中継放送を可能にしていたことが重要である。日本の教育放送の実際の主導者は、NHKであった。

西本をはじめ、戦時下で放送教育に携わった研究者、理論家たちが、戦後の放送教育の推進発展の功労者となったのには理由がある。彼らはすでに、戦時下において、放送の教育的利用に深い関心を寄せ、熱心に研究していた。そして彼らは戦時下に培《つちか》った放送教育の成果を、戦後に同じNHKという土壌で深化させることができた。NHKは戦前、戦中、戦後において、放送教育に関しては、それが放送の責務であるととらえ、積極的にその役割を担っていた。このことは、メディアは体制に変動が生じた場合、どのようにも対応できることを示している。

戦前、国家目標を達成するための恰好の手段として、放送教育が研究され、推進されたのだが、その活動を支え、実際に番組を開発し、実用化したのはNHKであったし、

NHKの積極的な関与がなければ、本書の分析の対象となる放送教育とその運動は成り立たなかったであろう。さらにもう一歩踏み込んで考えると、放送教育番組の編成と放送だけではなく、国家目標の達成は不可能である。教育番組だけではなく、すべての番組が、つまり編成方針そのものが、この目標を支える基礎とならなければならないのである。

戦時下における放送教育の構想は、国民意識の一元化という壮大な試みを担っていた。戦後の民主教育においても、この構想が引き継がれていたことを、著者はしっかりと摑んでいる。この構想が戦後にも同じ路線で引き継がれることができたのは、この運動に関するNHKの深い関与があったからである。そして一九五九年には、NHK教育テレビ局の本放送開始によって、運動はさらに強固なものとなった。ところが奇しくも、放送教育運動の最盛期はまた、テレビの子供に対する悪影響が広く論じられた時期とも重なっていたことを、著者の分析は描き出す。

これは新しいメディアの社会的受容をめぐる議論が、陥りがちな視点を示している。メディアの登場を論ずる場合、その可能性をとかく過大に評価しがちな点についての指摘である。新しいメディアの可能性を過大に評価することによって、そのメディアの特質を鮮明に描き出すことは、他のメディアとの相対的位置関係を明らかにする利点がある。また論者にとっては、新しい発見をしているという感覚を味わうこともできる。しかし他メディアの特質との関係で、新しいメディアの特質を拡大して洗い出す理論的な考察と、現実におけるメディア利用とは区別しなければならない。放送教育運動が陥った落とし穴は、ここにあった。メディアの力を万能のように考えて、社会を動かそうとすると、どうしても社会体制の全体主義化が必要であることを忘れがちである。

「テレビ教育国家構想」に代わって

日本におけるこの壮大ともいえる放送教育運動は、成就したのだろうか。放送教育運動が最盛期を迎えたのは、一九六〇年代から七〇年代前半であった。先述のようにこの時期はまた、テレビの子供に対する悪影響が広く論じられた時期とも重なっていた。そしてテレビ時代が成熟しつつある時期であった。

放送の教育的利用が華々しく唱えられた一方で、その中核をなすテレビは家族だんらんの主役であった。子供をテレビの前から遠ざけることの難しさが叫ばれ、テレビによる一億総白痴化が話題ともなっていた。その具体的な像の一つとして、家にテレビのない子供が、テレビを見せてくれる家庭に群がる〝テレビ・ジプシー〟という流行語を思い出すことができる。しかしテレビをめぐる非難の渦は、テレビの日常化が進む中で、影を潜め、忘れられるようになった。

テレビは目覚ましい勢いで普及し、さらにその後を追うようにして、電気洗濯機、電気冷蔵庫が普及する高度経済成長の時代がやってきた。一億総中流時代の到来である。

テレビは、家庭の中でことさら珍しい道具ではなくなった。そしてテレビ視聴への飽きがやってくる。この状況を生み出した背景には、テレビ以外にさまざまな情報手段が登場し、楽しむ手段の多様化が用意されたことを、忘れてはならない。日本人の生活は多様化した。

こうした状況はまた、テレビの子供に対する悪影響論を、日常生活の中で忘れさせてしまうことになった。それはやがて、テレビと人間の生活について、ことに取り立てて議論する場を、失わせるように働いた。テレビを見る生活が日常的になると、子供を教える教師の側でも、教育番組で生徒の注目を集め、新しい知識を学ばせることはだんだん難しくなった。日常的な学習の上で、テレビの利用は目立つ効果を期待できなくなる。

それは教師の側での、放送教育に対する効果を実感できる機会を薄れさせる。教師の多くは、熱意を持って放送教育に携わる意欲を、次第に失い始めた。それはまた、放送教育運動を動かしてきた基本軸を揺さぶり、ついには崩壊させることになる。テレビ時代が成熟した結果、テレビがさまざまなメディアの中の一つとなったことから、教師が授業で番組を利用するためには、テレビの番組を生徒に見せるだけでは、効果を期待できなくなった。教師の側での学習が必要となり、番組を読み説き、どう説明し、理解させるかの準備に、時間を割かなければならなくなった。ＮＨＫの放送教育番組の内容は充実の一歩をたどる反面、放送教育運動に対する教師の情熱は冷めていった。

さて、テレビ教育国家構想に代わって、われわれはテレビに何を期待することができるのか。著者が読者に問いかけているのは、この重たい問題である。著者はこの問いに対する回答の手がかりとして、「テレビ的教養」の概念を提起した。テレビ的教養を著者は一言で定義していないのだが、その概要は次のような著者の文章で理解できる。娯楽番組から世の中の事情をいろいろと把握できるという、ある論者の文章を引用して、「そうした娯楽番組で世間、いや社会、さらに世界を学んできたという確信が私にもある。そこには誇張や偏向があっただろう。それを読み破っていくことが、メディア・リテラシーの実践ではないだろうか。そこに生まれるものが「テレビ的教養」である。それは「教養」「教育」「娯楽」の枠組みを越えて、テレビ放送全体がもつ包容力に着目することである。娯楽entertainmentの原義も、「人々の関心を心地よくとどめること」であった」と述べている(終章)。

さらに著者は言葉を加えて、テレビ的教養は最良の教養ではないこと、しかし民主主義の社会を支える人々に必要で、かつ共有可能な教養であること、などを指摘したうえで、「テレビ的教養は、国民すべてをカバーする教養のセイフティ・ネットとならなくてはならない。最低限の教養を確保するためには選抜と不可分な学校システムよりも、社会的弱者のメディアであるテレビこそ改革や再生が必要だろう」と述べている。そのためにはテレビをよく見るだけでは足りない。よく読まなければならないし、批判しなければならないと著者は強調する。

国民レベルでのメディア・リテラシーの実践が必要である。

では、テレビの現状はどう考えたらよいのだろうか。今日では、テレビはもっぱら情報弱者のメディアとなり、情報強者はインターネットを駆使して先端メディアを楽しんでいる。情報強者のメディア活動にテレビが参加する余地は、もうなくなってしまったのであろうか。そこでまず必要なことは、情報強者をテレビに振り向かせることである。情報強者がテレビにふたたび興味を抱き、関心を抱き、それらの番組を社会的な話題にすれば、その情報はインターネット上に広まるばかりでなく、社会的規模で広がり、情報弱者にも届くことになる。

テレビの現状について、「一億総博知化」という視点から、もう一度考え直してみたらどうだろうか。そのためには、テレビの視聴についての既成の考え方を捨てて、生活の中でテレビはどう使えるのかについての、新しい発想を生み出す必要がある。

もう一つ、「情報番組」についての吟味が必要である。今日は情報番組が全盛である。これらの情報番組は、世間の話題を議論しているので、いまの世の中がどのように動いているのかをざっと理解するうえでは、見ていると一応知った気分になる。さて、情報番組が提供する話題は、テレビ的教養を育てるのであろうか。情報番組には、政治、経済をはじめさまざまな社会の事情の理解から、便利な商品の紹介や家庭料理の知識まで、テレビ的教養が満載である。しかし情報番組が取り上げる話題は、われわれに世の中の全体像を的確に把握できるように、紹介されているであろうか。もしも情報番組が提供している話題が、人々の安易な知りたい欲求を満足させるものに限られているとすれば、視聴者は次第に社会の重要で、緊急の問題から目を逸らした世界像を抱くことになりかねない。

現状の情報番組を毎日見ていると、断片的なテレビ的教養は増加し、世の中について考えることに参加している気分にしてくれる。そしてそれで一日が終わり、翌日を迎えることを繰り返す。著者が新しく刊行した『ファシスト的公共性』(岩波書店、二〇一八年)は、こうしたテレビの現状を考えるうえで、重要なヒントを与えてくれる。著者は、かなりのメディア・リテラシーを身につけていても、ある日、「ファシスト的公共性」にわが身を荷担することになるかもしれない危険性を、メディアが秘めていることを示唆している。テレビ的教養について、これからの著者の大胆で、かつ緻密な理論展開を期待している。

（ふじたけ・あきら　学習院大学名誉教授）

本書は二〇〇八年五月、ＮＴＴ出版より刊行された。

人名索引

あ行

た 行

な 行

は 行

ま 行

や 行

ら 行

わ 行

テレビ的教養——一億総博知化への系譜

2019年1月16日 第1刷発行

著 者 佐藤卓己《さとうたくみ》

発行者 岡本 厚

発行所 株式会社 岩波書店
〒101-8002 東京都千代田区一ツ橋2-5-5

案内 03-5210-4000 営業部 03-5210-4111
現代文庫編集部 03-5210-4136
http://www.iwanami.co.jp/

印刷・精興社 製本・中永製本

ISBN 978-4-00-600399-9 Printed in Japan

岩波現代文庫の発足に際して

新しい世紀が目前に迫っている。しかし二〇世紀は、戦争、貧困、差別と抑圧、民族間の憎悪等に対して本質的な解決策を見いだすことができなかったばかりか、文明の名による自然破壊は人類の存続を脅かすまでに拡大した。一方、第二次大戦後より半世紀余の間、ひたすら追い求めてきた物質的豊かさが必ずしも真の幸福に直結せず、むしろ社会のありかたを歪め、人間精神の荒廃をもたらすという逆説を、われわれは人類史上はじめて痛切に体験した。

それゆえ先人たちが第二次世界大戦後の諸問題といかに取り組み、思考し、解決を模索したかの軌跡を読みとくことは、今日の緊急の課題であるにとどまらず、将来にわたって必須の知的営為となるはずである。幸いわれわれの前には、この時代の様ざまな葛藤から生まれた、人文、社会、自然諸科学をはじめ、文学作品、ヒューマン・ドキュメントにいたる広範な分野のすぐれた成果の蓄積が存在する。

岩波現代文庫は、これらの学問的、文芸的な達成を、日本人の思索に切実な影響を与えた諸外国の著作とともに、厳選して収録し、次代に手渡していこうという目的をもって発刊される。いまや、次々に生起する大小の悲喜劇に対してわれわれは傍観者であることは許されない。一人ひとりが生活と思想を再構築すべき時である。

岩波現代文庫は、戦後日本人の知的自叙伝ともいうべき書物群であり、現状に甘んずることなく困難な事態に正対して、持続的に思考し、未来を拓こうとする同時代人の糧となるであろう。

(二〇〇〇年一月)

G372
ラテンアメリカ五〇〇年
―歴史のトルソー―
清水透

ヨーロッパによる「発見」から現代まで、約五〇〇年にわたるラテンアメリカの歴史を、独自の視点から鮮やかに描き出す講義録。

G373
〈仏典をよむ〉1
ブッダの生涯
中村元
前田專學監修

誕生から悪魔との闘い、最後の説法まで、ブッダの生涯に即して語り伝えられている原始仏典を、仏教学の泰斗がわかりやすくよみ解く。〈解説〉前田專學

G374
〈仏典をよむ〉2
真理のことば
中村元
前田專學監修

原始仏典で最も有名な「法句経」、仏弟子たちの「告白」、在家信者の心得など、人の生きる指針を説いた数々の経典をわかりやすく解説。〈解説〉前田專學

G375
〈仏典をよむ〉3
大乗の教え(上)
―般若心経・法華経ほか―
中村元
前田專學監修

『般若心経』『金剛般若経』『維摩経』『法華経』『観音経』など、日本仏教の骨格を形成した初期の重要な大乗仏典をわかりやすく解説。〈解説〉前田專學

G376
〈仏典をよむ〉4
大乗の教え(下)
―浄土三部経・華厳経ほか―
中村元
前田專學監修

浄土教の根本経典である浄土三部経、菩薩行を強調する『華厳経』、護国経典として名高い『金光明経』など日本仏教に重要な影響を与えた経典を解説。〈解説〉前田專學

2019. 1

G377
済州島四・三事件
―「島《タムナ》のくに」の死と再生の物語―
文京洙

一九四八年、米軍政下の朝鮮半島南端・済州島で多くの島民が犠牲となった凄惨な事件。長年封印されてきたその実相に迫り、歴史と真実の恢復への道程を描く。

G378
平面論
―一八八〇年代西欧―
松浦寿輝

イメージの近代は一八八〇年代に始まる。さまざまな芸術を横断しつつ、二〇世紀の思考の風景を決定した表象空間をめぐる、チャレンジングな論考。〈解説〉島田雅彦

G379
新版 哲学の密かな闘い
永井均

人生において考えることは闘うこと――哲学者・永井均の、「常識」を突き崩し、真に考える力を養う思考過程がたどれる論文集。

G380
ラディカル・オーラル・ヒストリー
―オーストラリア先住民アボリジニの歴史実践―
保苅実

他者の〈歴史実践〉との共奏可能性を信じ抜く――それは、差異と断絶を前に立ち竦む世界に、歴史学がもたらすひとつの希望。
〈解説〉本橋哲也

G381
臨床家 河合隼雄
谷川俊太郎
河合俊雄編

多方面で活躍した河合隼雄の臨床家としての姿を、事例発表の記録、教育分析の体験談、インタビューなどを通して多角的に捉える。

2019. 1

G382
思想家　河合隼雄
中沢新一
河合俊雄編

心理学の枠をこえ、神話・昔話研究から日本文化論まで広がりを見せた河合隼雄の著作。多彩な分野の識者たちがその思想を分析する。

G383
河合隼雄語録
カウンセリングの現場から
河合隼雄
河合俊雄編

京大の臨床心理学教室での河合隼雄のコメント集。臨床家はもちろん、教育者、保護者などにも役立つヒント満載の「こころの処方箋」。〈解説〉岩宮恵子

G384
新版 占領の記憶　記憶の占領
—戦後沖縄・日本とアメリカ—
マイク・モラスキー
鈴木直子訳

日本にとって、敗戦後のアメリカ占領は何だったのだろうか。日本本土と沖縄、男性と女性の視点の差異を手掛かりに、占領文学の時空間を読み解く。

G385
沖縄の戦後思想を考える
鹿野政直

苦難の歩みの中で培われてきた曲折に満ちた沖縄の思想像を、深い共感をもって描き出し、沖縄の「いま」と向き合う視座を提示する。

G386
沖縄の淵
—伊波普猷とその時代—
鹿野政直

「沖縄学」の父・伊波普猷。民族文化の自立と従属のはざまで苦闘し続けたその生涯と思索を軸に描き出す、沖縄近代の精神史。

2019.1

G387
『碧巌録』を読む
末木文美士

「宗門第一の書」と称され、日本の禅に多大な影響をあたえた禅教本の最高峰を平易に読み解く。「文字禅」の魅力を伝える入門書。

G388
永遠のファシズム
ウンベルト・エーコ
和田忠彦訳

ネオナチの台頭、難民問題など現代のアクチュアルな問題を取り上げつつファジーなファシズムの危険性を説く、思想的問題提起の書。

G389
自由という牢獄
—責任・公共性・資本主義—
大澤真幸

大澤自由論が最もクリアに提示される主著が文庫に。自由の困難の源泉を探り当て、その新しい概念を提起。河合隼雄学芸賞受賞作。

G390
確率論と私
伊藤清

日本の確率論研究の基礎を築き、多くの俊秀を育てた伊藤清。本書は数学者になった経緯や数学への深い思いを綴ったエッセイ集。

G391-392
幕末維新変革史(上・下)
宮地正人

世界史的一大変革期の複雑な歴史過程の全容を、維新期史料に通暁する著者が筋道立てて描き出す、幕末維新通史の決定版。下巻に略年表・人名索引を収録。

2019.1

岩波現代文庫[学術]

G399

テレビ的教養
—一億総博知化への系譜—

佐藤卓己

「一億総白痴化」が危惧された時代から約半世紀。放送教育運動の軌跡を通して、〈教養のメディア〉としてのテレビ史を活写する。
〈解説〉藤竹　暁

2019. 1